Ruijie Networks

锐捷网络学院系列教程
锐捷网络工程师认证配套教程

U0739942

IPV6 NETWORKING
TECHNOLOGY AND PRACTICE

IPv6组网技术与实践

微课版

梁广民 王隆杰 汪双顶／主编

乔治锡 李巨 孙道远／副主编

人民邮电出版社

北京

图书在版编目（CIP）数据

IPv6 组网技术与实践 ：微课版 / 梁广民，王隆杰，汪双顶主编. -- 北京 ：人民邮电出版社，2025. 5.（锐捷网络学院系列教程）. -- ISBN 978-7-115-64573-9

Ⅰ. TN915.04

中国国家版本馆 CIP 数据核字第 20243XV416 号

内 容 提 要

本书依据《职业教育专业简介（2022 年修订）》，按照"中高本一体化"人才培养方案，参考行业规范编写而成。本书在内容上遵循"宽、新、浅、用"的原则，深入浅出地讲解下一代互联网 IPv6 组网技术，内容包括了解 IPv6 发展历史、认识 IPv6 地址、设备获取 IPv6 地址方法、识别 IPv6 报文、掌握 ICMPv6 协议、掌握 NDP 协议、使用 IPv6 静态路由实现网络连通、使用 RIPng 路由实现网络连通、使用 OSPFv3 路由实现网络连通、配置 VRRP6 实现出口网络备份、保护 IPv6 网络安全技术、掌握 IPv6 over IPv4 过渡技术、了解 NAT-PT 技术等下一代互联网 IPv6 组网技术和组网实践。

本书采取"技术背景→学习目标→技术介绍→技术实践→认证测试"的结构，体现任务驱动教学思想，强化学生对 IPv6 组网技术的实践应用，提高学生 IPv6 组网实践能力。

本书可作为大中专院校计算机及相关专业学生了解下一代互联网 IPv6 组网技术的拓展课程教材，也可作为相关工作人员学习、掌握 IPv6 组网技术的培训参考书。

◆ 主　　编　梁广民　王隆杰　汪双顶
　　副 主 编　乔治锡　李 巨　孙道远
　　责任编辑　刘 尉
　　责任印制　王 郁　焦志炜
◆ 人民邮电出版社出版发行　　北京市丰台区成寿寺路 11 号
　　邮编 100164　电子邮件 315@ptpress.com.cn
　　网址 https://www.ptpress.com.cn
　　三河市君旺印务有限公司印刷
◆ 开本：787×1092　1/16
　　印张：15.5　　　　　　　2025 年 5 月第 1 版
　　字数：343 千字　　　　　2025 年 5 月河北第 1 次印刷

定价：59.80 元

读者服务热线：(010)81055256　印装质量热线：(010)81055316
反盗版热线：(010)81055315

前言

人类已进入移动互联网时代，2017 年 11 月，中共中央办公厅、国务院办公厅印发《推进互联网协议第六版（IPv6）规模部署行动计划》，以适应当前市场发展需求，大力发展基于 IPv6 的下一代互联网技术。

按照《推进互联网协议第六版（IPv6）规模部署行动计划》部署："用 5 到 10 年时间，形成下一代互联网自主技术体系和产业生态，建成全球最大规模的 IPv6 商业应用网络。"这就需要普及和推广 IPv6 组网技术，培养更多的服务下一代互联网、组建和维护 IPv6 网络的专业技术人员。因此，人民邮电出版社特别邀请厂商工程师和院校骨干教师，完成本书的编写任务。

1. 内容特色

为落实和推进党的二十大精神进教材、进课堂、进头脑，编者将"坚持教育优先发展、科技自立自强、人才引领驱动"指导思想融入本书，希望帮助读者培养良好的下一代互联网的运营意识，掌握下一代互联网的专业技能，进一步推进网络强国，助力数字中国的建设目标。

本书通过"讲技术、做任务"的方式，诠释下一代互联网 IPv6 组网技术实践，突出 IPv6 组网技术应用。每个单元都针对其涉及的 IPv6 组网技术构建 IPv6 组网技术应用方案实践，强化学生 IPv6 组网能力。

2. 学时规划

本书是计算机及其相关专业的拓展课程教材。学习本书内容之前建议先了解计算机网络基础、局域网组网技术、网络互联技术等相关内容。本书根据教学计划安排 96 学时，理论、实践各半。不同院校分配给本书的学时可稍有差别，根据实际情况进行增减，建议学时、重难点如下表所示。

课程内容	建议学时	重难点
单元 1　了解 IPv6 发展历史	4 学时	一般了解
单元 2　认识 IPv6 地址	8 学时	教学重点
单元 3　设备获取 IPv6 地址方法	8 学时	教学重点
单元 4　识别 IPv6 报文	4 学时	一般了解
单元 5　掌握 ICMPv6 协议	8 学时	一般了解
单元 6　掌握 NDP 协议	10 学时	一般了解
单元 7　使用 IPv6 静态路由实现网络连通	6 学时	一般了解
单元 8　使用 RIPng 路由实现网络连通	6 学时	一般了解
单元 9　使用 OSPFv3 路由实现网络连通	8 学时	一般了解
单元 10　配置 VRRP6 实现出口网络备份	6 学时	一般了解

续表

课程内容	建议学时	重难点
单元 11　保护 IPv6 网络安全技术	8 学时	教学重点
单元 12　掌握 IPv6 over IPv4 过渡技术	12 学时	教学难点
单元 13　了解 NAT-PT 技术	8 学时	一般了解
合计	96 学时	—

在技术实践环节，本书需要用到的硬件包括二层交换机、三层交换机、路由器、若干测试计算机和双绞线（或制作工具）；也可以使用 EVE、GNS3、Packet Tracer 等模拟器，推荐使用最新版本的锐捷模拟器，读者可在人邮教育社区（www.ryjiaoyu.com）课程资源区下载，搭建模拟器环境开展虚拟化实践。

3.　开发团队

在本书编写过程中，众多来自一线的专业教师及工程师，包括梁广民、王隆杰、汪双顶、乔治锡、李巨、孙道远等，积极承担相应单元的编写开发任务。他们积累了多年教学和工程经验，为讲授下一代互联网 IPv6 组网技能奠定了基础，使得本书内容方便在院校实施，实现全书内容的优化。此外，本书还得到了其他一线教师、技术工程师、产品经理的大力支持。他们拥有多年来自工程一线的工作经验，为本书的真实性、专业性提供了指导。

若需要配套课件 PPT、电子教案、实训案例及教学模拟器等教学资源，请联系编者（邮箱：410395381@qq.com）。

创新教材开发组织委员会

2025 年 3 月

使用说明

为方便在工作中应用，本书采用业界标准拓扑绘制方案。本书使用到的符号、拓扑图，以及命令语法规范约定如下。

- 竖线 "|"，表示分隔符，用于分开可选择的选项。
- 方括号 "[ ]"，表示可选项。
- 双斜线 "//"，表示对该行命令进行解释和说明。

目录

单元 10

配置 VRRP6 实现出口网络备份 ········· 154

单元 11

保护 IPv6 网络安全技术 ···· 169

单元 12

掌握 IPv6 over IPv4 过渡技术 ········· 187

单元 13

了解 NAT-PT 技术 ·········· 227

单元1

了解IPv6发展历史

【技术背景】

2019 年年底，全球 43 亿个 IPv4（Internet Protocol version 4，第 4 版互联网协议）地址已分配完毕。这意味着，已没有 IPv4 地址分配给大型网络基础设施提供商。至此，开始正式启动 IPv6（Internet Protocol version 6，第 6 版互联网协议）地址方案。

下一代互联网技术中的 IPv6 技术能提供充足的网络地址和丰富的应用空间，满足下一代互联网技术升级、产业创新需求，适应"物联网时代"海量地址需求。从 IPv4 技术向 IPv6 技术升级成为下一代互联网发展趋势，掌握 IPv6 技术是大势所趋，如图 1-1 所示。

图 1-1 启动 IPv6

【学习目标】

在本单元中，学生需要了解 IPv6 发展历史，掌握 IPv6 入门知识。具体学习目标如下。

1. 知识目标

（1）了解 IPv6 地址研发历史。

（2）掌握 IPv6 技术特点。

2. 技能目标

学会查看设备上的 IPv6 地址。

3. 素养目标

（1）了解 IPv6 技术的来龙去脉，熟悉我国建设下一代互联网技术的背景。

（2）培养学生系统规范操作网络的良好素养，具备勇担使命的奋斗意识，推进数字中国建设。

【技术介绍】

1.1 了解互联网历史

1969 年，美国国防部发起并建设 ARPAnet。第一个网络节点（大型机）部署在加利福尼亚大学洛杉矶分校（University of California Los Angeles，UCLA）；其余 3 个网络节点分别部署在斯坦福研究所（Stanford Research Institute，SRI）、加利福尼亚大学圣巴巴拉分校（University of California Santa Barbara，UCSB）、犹他大学（The University of Utah）。

1984 年，ARPAnet 连接主机数突破 1 000 台。同年，ARPAnet 分离。美国国防部保留 ARPAnet 母网（骨干网），其余由美国国家科学基金会接管。

1986 年，美国国家科学基金会网络开始运营骨干网，更名为 NSFnet。1989 年，NSFnet 上的主机数突破 100 000 台。

1991 年，NSFnet 成为国家信息基础设施（National Information Infrastructure，NII）骨干网。1996 年，NSFnet 更名为互联网（Internet），接入互联网的主机数突破 19 000 000 台，逐渐发展成为全球互联网络。图 1-2 所示为全球互联网星云。

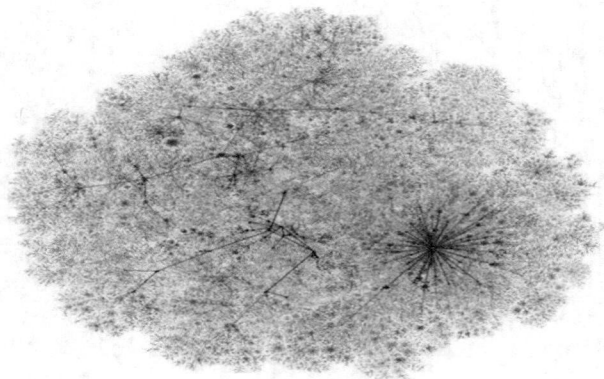

图 1-2 全球互联网星云

1.2 了解 IPv6 技术产生背景

IPv6 技术又称为下一代互联网协议（IP next generation，IPng），俗称下一代互联网，是 IPv4 技术的升级。

1.2.1　IPv4 地址危机

互联网基于传输控制协议/互联网协议（Transmission Control Protocol/Internet Protocol，TCP/IP）族实现不同类型网络之间的互联互通。图 1-3 所示为 TCP/IP 模型中涉及的协议。

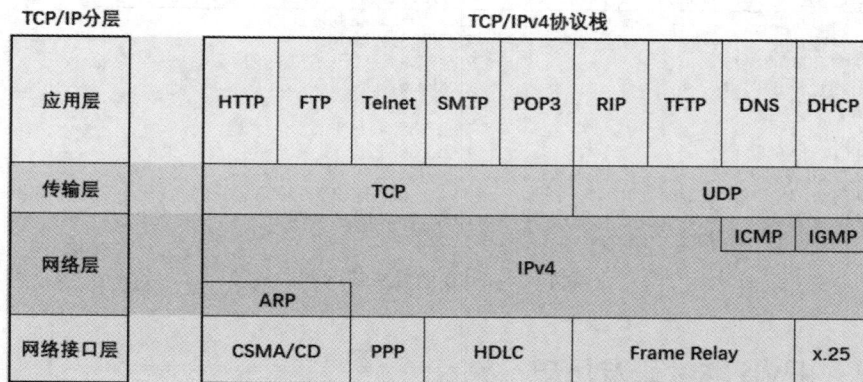

图 1-3　TCP/IP 模型中涉及的协议

IP 是网络层协议，即"网络之间互联的协议"，主要功能是为主机分配 IP 地址，在不同的网络之间进行数据传送，如图 1-4 所示。

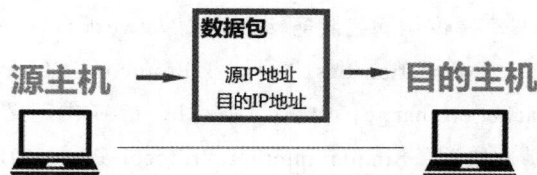

图 1-4　IP 实现网络层通信

每台接入互联网中的主机都需要配置 IP 地址才能正常通信。IP 地址是接入互联网中的设备的唯一编址，因此，每台接入互联网中的主机都需要配置全球唯一的公有 IP 地址。和生活中的门牌号一样，IP 地址具有唯一性。

IPv4 是全球网络通信系统主要协议，具有简单、易于实现、互操作性好等特点。IPv4 地址长度为 32 位，提供大约 43 亿（2^{32}）个地址。图 1-5 所示为人邮社域名地址和 IPv4 地址格式示例。随着互联网普及，IPv4 地址不足的问题日益严重，需要使用新的 IP 地址完成下一代互联网通信任务。

人邮社域名地址：www.ptpress.com.cn
人邮社IP地址：39.96.127.170

图 1-5　IPv4 地址格式示例

1992 年，因特网工程任务组（Internet Engineering Task Force，IETF）提出使用下一代 IP 地址替代 IPv4 方案。下一代 IP 地址（后称为 IPv6）是一种新 IP 寻址协议，能弥补现有

IPv4 的缺陷，实现下一代互联网通信。图 1-6 所示为 IPv6 地址格式示例。

```
连接特定的 DNS 后缀 . . . . . . . : lan
描述. . . . . . . . . . . . . . . : Intel(R) Wireless-AC 9560 160MHz
物理地址. . . . . . . . . . . . . : 50-E0-85-82-52-4E
DHCP 已启用 . . . . . . . . . . . : 是
自动配置已启用 . . . . . . . . . : 是
IPv6 地址 . . . . . . . . . . . . : 2001::11(首选)
本地链接 IPv6 地址. . . . . . . . : fe80::529b:df86:5737:7f0d%10(首选)
IPv4 地址 . . . . . . . . . . . . : 192.168.110.62(首选)
子网掩码 . . . . . . . . . . . . : 255.255.255.0
获得租约的时间 . . . . . . . . . : 2023年6月23日 5:46:42
租约过期的时间 . . . . . . . . . : 2023年6月23日 7:12:41
默认网关. . . . . . . . . . . . . : 2001::1
                                    192.168.110.1
DHCP 服务器 . . . . . . . . . . . : 192.168.110.1
DHCPv6 IAID . . . . . . . . . . . : 156295301
DHCPv6 客户端 DUID . . . . . . . . : 00-01-00-01-25-62-35-24-F8-75-A4-2C-81-8E
DNS 服务器 . . . . . . . . . . . : 192.168.110.1
TCPIP 上的 NetBIOS . . . . . . . : 已启用
```

图 1-6　IPv6 地址格式示例

1.2.2　IPv6 地址研发历史

1993 年，因特网编号分配机构（Internet Assigned Numbers Authority，IANA）对外发布了新地址提案征求，以下 3 个提案获得了推荐。

（1）下一代因特网协议通用体系结构（Common Architecture for Next Generation Internet Protocol，CATNIP）。该方案提议用网络服务接入点（Network Service Access Point，NSAP）地址整合无连接网络协议（Connection Less Network Protocol，CLNP）、IP 和互联网分组交换协议（Internet work Packet eXchange，IPX）（在 RFC 1707 中定义）。

（2）增强的简单因特网协议（Simple Internet Protocol Plus，SIPP）。该提案建议将 IP 地址长度增加到 64 位，改进 IP 包头（在 RFC 1752 中定义）。

（3）CLNP 编址网络上的 TCP/UDP。该提案建议用 CLNP 代替 IP，TCP/UDP 和其他上层协议运行在 CLNP 之上（在 RFC 1347 中定义）。

最后，IETF 推荐使用的提案是 SIPP，建议把 IP 地址的长度扩展为 128 位，IANA 为这个协议分配的版本号是 6。1993 年，IETF 成立了 IPng 工作组。2001 年，IPng 工作组正式更名为 IPv6 工作组。图 1-7 所示为 IPv6 地址研发历史。

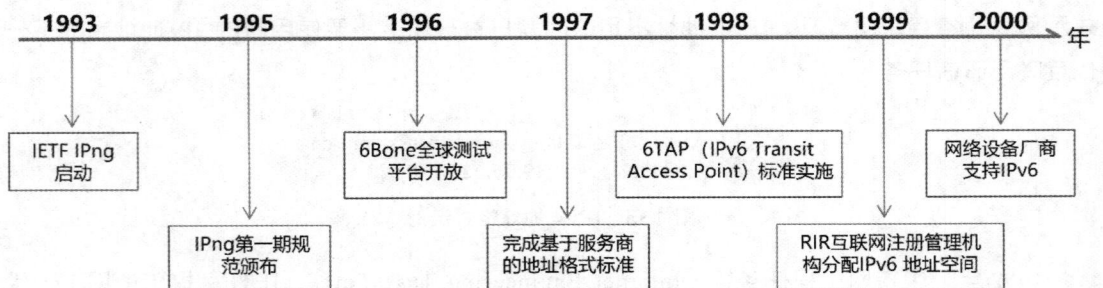

图 1-7　IPv6 地址研发历史

1.2.3　IPv4 地址过渡技术

随着互联网技术发展，互联网连接主机数以指数级速度增长。由于主机数增长，对网络 IPv4 地址需求也越来越多，有限的 IPv4 地址个数已经无法满足越来越多的主机，造成要接入互联网中的主机无法分配到有效 IP 地址的情况出现。

虽然 IPv6 地址已经研发成功，但是硬件设备限制等各种因素导致 IPv6 技术并没有得到大规模推广和应用。在此过渡期间，网络地址转换（Network Address Translation，NAT）技术出现了。

NAT 技术有效缓和了众多主机对 IPv4 地址疯狂需求的局面。NAT 技术能将私有（保留）地址转化为合法 IPv4 地址，其广泛应用于各种类型的互联网接入中。NAT 技术不仅完美地解决了 IPv4 地址不足的问题，还有效地避免了网络外部攻击，可隐藏并保护网络内部计算机。

NAT 技术原理是：在内部网络使用私有 IPv4 地址，在网络出口的 NAT 设备上使用公有 IPv4 地址，配置 NAT 设备完成私有 IPv4 地址和公有 IPv4 地址转换，达到减少公有 IPv4 地址使用的目标，NAT 技术应用场景如图 1-8 所示。

图 1-8　NAT 技术应用场景

但是，NAT 技术是一种广泛部署、解决 IPv4 地址短缺问题的临时解决方案。NAT 技术也有以下缺点。

（1）NAT 技术破坏 IP 端到端通信。如果没有 NAT 技术，则使用 IPv4 只需要连接端点，负责维护网络连接，下层不需要处理任何连接，整个网络清晰、简洁。使用 NAT 技术后，NAT 设备需要关心每条链路通信连接状态，增加了网络连接复杂性。

（2）NAT 技术存在单点失效问题。在网络出口的 NAT 设备上配置 NAT 技术，当 NAT 设备失效或 NAT 链路失效时，很难快速进行重路由，降低了网络的可靠性，如图 1-9 所示。

（3）NAT 技术不支持端到端的安全通信。在端到端通信中，需要对 IP 报头进行加密，以保证安全。其中，IP 报文发送端负责报头完整性封装，接收端负责检查报文完整性。在通信中，任何对报头的修改都会破坏完整性检查。NAT 技术需要对 IP 报头进行修改，因此，在部署 NAT 技术后，无法支持端到端的安全通信。

（4）NAT 技术不能永久解决所有 IPv4 地址短缺问题。NAT 技术采用私有 IPv4 地址和公有 IPv4 地址映射（或端口映射）方法来临时解决 IPv4 地址短缺问题，不是长久之计。

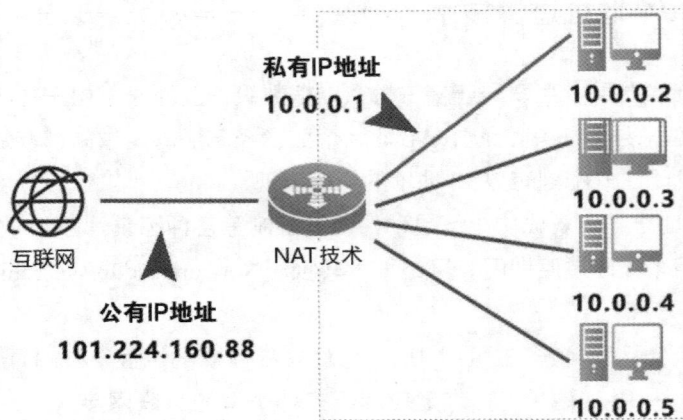

图 1-9　NAT 设备是通信核心

1.2.4　关于 IPv5

日常所说 IPv4 和 IPv6 中的"4"和"6"指 IP 版本号。IPv4、IPv6 都属于 TCP/IP 协议族中的网络层协议，是 IP 地址版本的升级换代。

历史上出现的 IPv5 也基于 IPv4 框架，但不属于 IPv4、IPv6 体系。IPv5 是基于 IPv4 体系的实验性流媒体协议，用于保障互联网络的通信质量。

20 世纪 70 年代后期，Apple、Sun Microsystems 等公司开发了一种流媒体的视频和语音通信技术，使用 IPv5 作为实验性的资源预留协议，解决流媒体通信质量问题。因此，IPv5 也称为互联网流协议（Stream Protocol，ST）。IPv5 能实现实时传输的多媒体应用（如视频和语音）、提供服务质量（Quality of Service，QoS）保障等。

IPv5 与 IPv4、IPv6 的区别如图 1-10 所示。

图 1-10　IPv5 与 IPv4、IPv6 的区别

1.3　掌握 IPv6 技术特点

在 20 世纪 90 年代，IETF 研究表明，互联网将在 2005 年至 2011 年期间耗尽全部的 IPv4

地址空间（实际在 2019 年年底耗尽）。

1.3.1　IPv6 技术特点

新设计的 IPv6 地址简洁、透明，能提高传输效率，适应移动互联网时代需求，具有如下技术特点。

1. 巨大的地址空间

IPv4 地址长度为 32 位，可编址的节点数是 4 294 967 296（即 2^{32}）个，约 43 亿个 IPv4 地址。IPv6 地址长度为 128 位，这就意味着有 2^{128} 个 IPv6 地址。

和 IPv4 相比，IPv6 地址长度是 IPv4 地址长度的 4 倍（从 32 位扩充到 128 位），理论上可提供约 43 亿×43 亿×43 亿×43 亿个地址，IPv4 地址数量和 IPv6 地址数量直观对比如图 1-11 所示。因此，科学家形象地形容 IPv6 地址数量：能为地球上每粒沙子都分配一个 IP 地址。

$$IPv4地址数量：2^{32}$$

$$IPv6地址数量：2^{128}$$

图 1-11　IPv4 地址数量和 IPv6 地址数量直观对比

海量的 IPv6 地址使得几乎每种设备都有一个全球唯一的、可达的地址，如计算机、IP 电话、TV 机顶盒、照相机、传呼机、个人数字助理（Personal Digital Assistant，PDA）、802.11 设备、蜂窝电话、家庭网络和汽车等，满足物联网时代的设备地址需求。

2. 层次化网络结构，提高路由转发效率

如图 1-12 所示，128 位的 IPv6 地址表现出层次化网络结构特征，可以进行层次化网络部署。在这个巨大的地址空间中，可以根据需求使用多层等级结构。

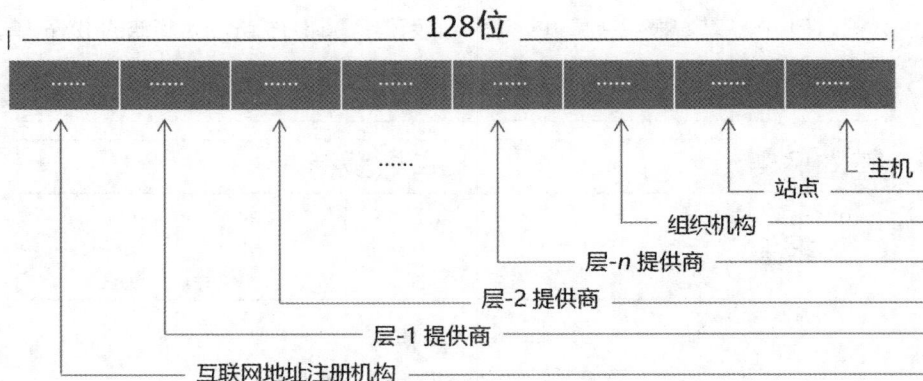

图 1-12　IPv6 地址空间层次化网络结构

在 IPv6 地址部署的网络中，只使用一个全球路由前缀就可以实现多子网设计。分层聚合使得网络中路由表项数量很少，路由转发效率更高，分层聚合 IPv6 地址设计如图 1-13 所示。

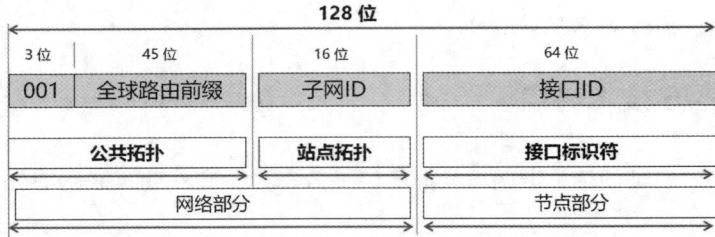

图 1-13　分层聚合 IPv6 地址设计

对因特网服务提供方（the Internet Service Provider，ISP）来说，可以把同一网络中的所有用户 IPv6 地址，通过聚合技术，聚合一个 IPv6 地址前缀，使用一个聚合 IPv6 网络地址对外发布。IPv6 地址聚合技术提高了路由转发效率，优化了 IPv6 路由表，如图 1-14 所示。

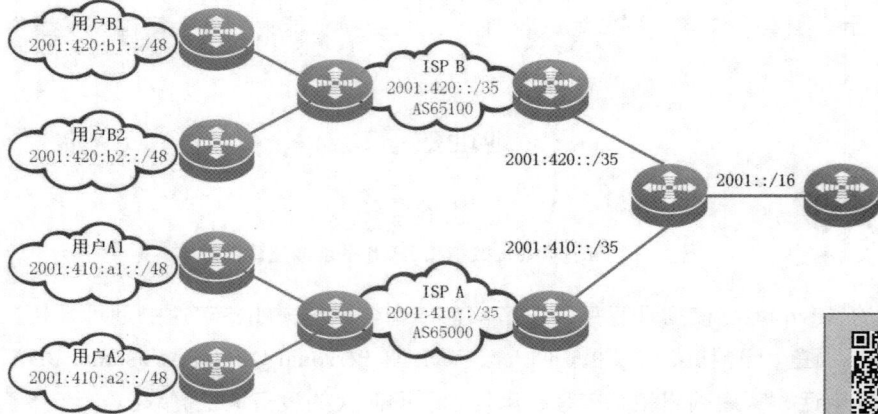

图 1-14　IPv6 地址前缀聚合

了解 IPv6 地址特点

3．IPv6 报头简洁

新设计的 IPv6 报头更简洁，将不必要的信息和选项都移到 IPv6 扩展报头。IPv6 地址长度是 IPv4 的 4 倍，但 IPv6 基本报头只是 IPv4 报头的两倍。图 1-15 所示为简洁的 IPv6 基本报头。

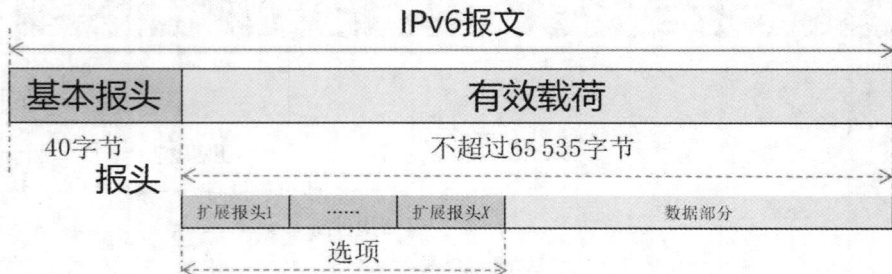

图 1-15　简洁的 IPv6 基本报头

4．无状态自动配置地址，支持移动设备即插即用

IPv6 通过无状态方式自动配置 IPv6 地址，允许主机自己生成一个可路由 IPv6 地址，如图 1-16 所示。

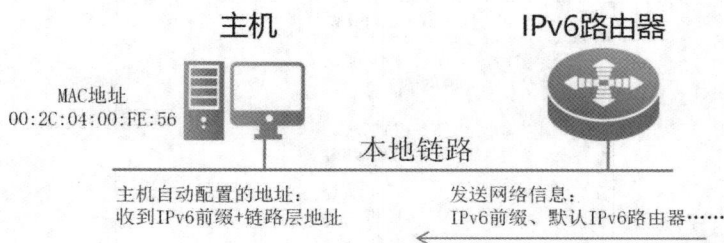

图 1-16　IPv6 地址自动配置

使用 IPv6 的地址自动配置方式，实现移动设备（如移动电话、无线设备）即插即用，满足物联网时代的海量需求，如图 1-17 所示。此外，IPv6 还支持使用 DHCPv6（Dynamic Host Configuration Protocol for IPv6，IPv6 版本的动态主机配置协议）进行有状态自动配置地址。

图 1-17　IPv6 满足物联网时代的海量需求

5．支持端到端安全

在 IPv6 网络中，每台主机都有唯一的 IP 地址，直接访问互联网上的主机，可以实现网络中的主机跟踪。通过实施 IPv6 地址的端到端安全，保障 IPv6 传输的保密性（只有预期接收者能读数据）、完整性（数据在传输过程中没有被篡改）。

6．消除了广播

在 IPv6 中，采用被请求节点组播地址（Solicited-node Multicast Address）技术，这是一种更有效、更有选择性的地址解析技术。在 IPv6 中设计的全部节点组播地址（All-node Multicast Address），本质上与 IPv4 广播地址拥有相同的通信效果。

7．更快路由决策/转发

IPv6 使用简洁报头，推广扩展报头，将不必要的信息放在报头的末尾，如图 1-18 所示。路由器依据报头中最前面的扩展报头信息进行路由决策和转发，加快 IPv6 路由决策和转发的速度。

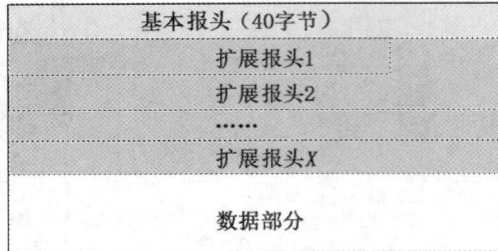

| 基本报头（40字节） |
| 扩展报头1 |
| 扩展报头2 |
| …… |
| 扩展报头X |
| 数据部分 |

图 1-18　IPv6 使用简洁报头

8．支持任播传输

在 IPv6 寻址中引入任播地址，分配给互联网中一组路由器的多个接口（都分配相同任播 IP 地址），主机通过发送 IPv6 数据包到最近接口，以快速接入互联网。

9．新增流标签功能，支持 QoS

在 IPv6 报头中新增流标签功能，源节点使用标识的数据流，如视频会议、互联网电话（Voice over IP，VoIP）等数据流。路由器根据流标签进行处理，加快传输速度，实现 QoS 提升。

1.3.2　我国的 IPv6 技术

随着我国互联网用户逐年增多，中国互联网络信息中心（China Internet Network Information Center，CNNIC）在北京发布的第 48 次《中国互联网络发展状况统计报告》显示：截至 2021 年 6 月，我国网民规模约为 10.11 亿人，较 2020 年 12 月增长 2175 万人，互联网普及率达 71.6%（见图 1-19）。10 亿多用户接入互联网，形成了全球极为庞大、生机勃勃的数字社会。

图 1-19　我国互联网用户发展现状

因此，IPv4 地址短缺问题在我国也日趋严重。面对这一困境，在政府的大力推动下，IPv6 网络建设在我国正如火如荼地进行着。互联网向 IPv6 过渡已成大势所趋。

1．IPv6 地址申请组织

中国电信、中国联通、中国移动都建立了自己的基于 IPv6 的下一代互联网，第二代中国教育和科研计算机网（China Education and Research Network 2，CERNET2）更是最早建设的、纯粹的 IPv6 网络之一。

目前，国内已有多个单位是亚太互联网络信息中心（Asia-Pacific Network Information Center，APNIC）的成员，如 CNNIC、中国电信、中国联通、中国移动等。国内需要 IPv6 地址的单位根据需求以及网络连接情况等，均可向上述单位申请 IPv6 地址。

2．IPv6 技术发展节点

2017 年，中共中央办公厅、国务院办公厅印发了《推进互联网协议第六版（IPv6）规模部署行动计划》，如图 1-20 所示。国内首个针对 IPv6 网络建设完成的公共域名系统（Domain Name System，DNS）服务器（首选地址为 240c::6666，备用地址为 240c::6644）正式发布。

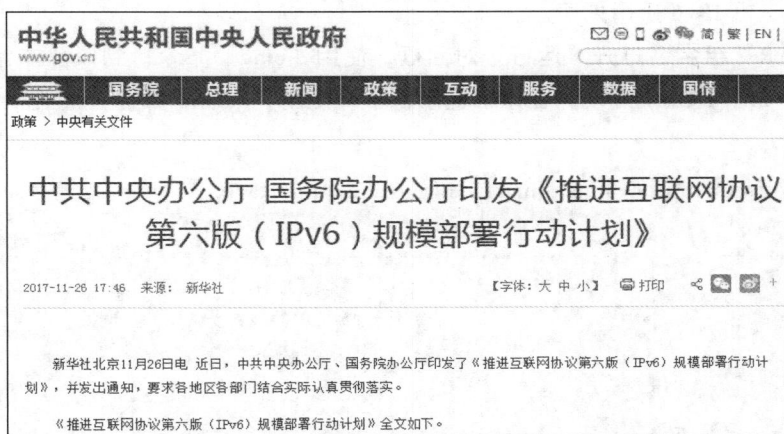

图 1-20　中共中央办公厅、国务院办公厅印发推进 IPv6 网络建设文件

2018 年 6 月，中国电信、中国联通、中国移动三大运营商联合阿里云宣布，将全面对外提供 IPv6 服务。

2018 年 8 月，工业和信息化部在北京召开 IPv6 规模部署及专项督查工作全国电视电话会议，会议指出，我国将分阶段有序推进规模建设 IPv6 网络，实现下一代互联网在经济社会各领域深度融合。

2019 年 4 月，工业和信息化部发布《关于开展 2019 年 IPv6 网络就绪专项行动的通知》，全面推进下一代互联网建设。

2021 年 7 月，工业和信息化部、中央网信办联合印发《IPv6 流量提升三年专项行动计划（2021—2023 年）》，围绕 IPv6 流量提升总体目标，明确了未来 3 年的重点发展任务，标志着我国 IPv6 发展经过网络就绪、端到端贯通等关键阶段后，正式步入"流量提升时代"。同时，中央网信办、国家发展和改革委员会及工业和信息化部联合发布了《关于加快推进互联网协议第六版（IPv6）规模部署和应用工作的通知》，加快推进 IPv6 规模部署和应用。

【技术实践】查看主机 IPv6 地址

【任务描述】

某企业为了适应 IPv6 业务应用需求，对企业内部网络进行了 IPv6 技术升级和改造，实现了网络的互联互通。为了解 IPv6，员工需要学会查看主机 IPv6 地址，独立解决使用 IPv6 上网出现的故障问题。

【设备清单】

测试主机（Windows 7 及以上操作系统）。

【实施步骤】

查看主机 IPv6 地址的步骤如下。

（1）查看主机 IPv6 接口列表。

按"Win+R"组合键打开"运行"对话框，使用"cmd"命令转到磁盘操作系统（Disk Operating System，DOS）环境，在系统提示符下，使用"netsh"命令完成主机 IPv6 接口列表的查询。

C:\Users\Administrator> netsh interface ipv6 show interface

Idx	Met	MTU	状态	名称
1	50	4294967295	connected	Loopback Pseudo-Interface 1
12	25	1500	connected	无线网络连接
14	5	1500	disconnected	无线网络连接 2
11	5	1500	disconnected	本地连接
13	50	1400	disconnected	本地连接* 10

（2）显示主机每个接口的 IPv6 地址列表。

在 DOS 环境的系统提示符下，使用"netsh"命令，按如下步骤完成主机每个接口 IPv6 地址列表的查询。

C:\Users\Administrator> netsh interface ipv6 show address

接口 1: Loopback Pseudo-Interface 1

地址类型	DAD 状态	有效寿命	首选寿命	地址
其他	首选项	infinite	infinite	::1

接口 12: 无线网络连接

地址类型	DAD 状态	有效寿命	首选寿命	地址
其他	首选项	infinite	infinite	fe80::4cdc:d383:a13a:a34b%12

接口 14: 无线网络连接 2

地址类型	DAD 状态	有效寿命	首选寿命	地址
其他	反对	infinite	infinite	fe80::4117:c6d5:aa8:9d10%14

```
接口 11: 本地连接
地址类型          DAD 状态        有效寿命        首选寿命地址
---------      ----------    ----------    ----------  ---------
手动            暂时的          infinite       infinite      2001::1
其他            反对            infinite       infinite      fe80::75bb:2165:8a55:3d83%11
接口 13: 本地连接* 10
地址类型          DAD 状态        有效寿命        首选寿命地址
---------      ----------    ----------    ----------  ---------
其他            反对            infinite       infinite      fe80::dd3c:25ee:bbb3:e60d%13
```

（3）查看主机每个接口邻节点高速缓存中的内容，并将内容按接口排序。

在 DOS 环境的系统提示符下，使用"netsh"命令，按如下步骤完成主机接口邻节点高速缓存中内容的查询（以接口 1 和接口 12 为例）。

C:\Users\Administrator> netsh interface ipv6 show neighbors

```
接口 1: Loopback Pseudo-Interface 1
Internet 地址                物理地址              类型
-------------------      -----------------   ------------------
ff02::c                                      永久
ff02::16                                     永久
ff02::1:2                                     永久
ff05::c                                      永久
接口 12: 无线网络连接
Internet 地址                物理地址              类型
-------------------      -----------------   ------------------
ff02::1                  33-33-00-00-00-01   永久
ff02::2                  33-33-00-00-00-02   永久
ff02::c                  33-33-00-00-00-0c   永久
ff02::16                 33-33-00-00-00-16   永久
ff02::1:2                33-33-00-01-00-02   永久
ff02::1:3                33-33-00-01-00-03   永久
ff02::1:ff3a:a34b        33-33-ff-3a-a3-4b   永久
ff05::c                  33-33-00-00-00-0c   永久
```

（4）查看主机每个接口上的下一个跃点地址。

在 DOS 环境的系统提示符下，使用"netsh"命令，按如下步骤完成主机接口上下一个跃点地址的查询（以接口 1 和接口 11 为例）。

C:\Users\Administrator>netsh interface ipv6 show destinationcache

```
接口 1: Loopback Pseudo-Interface 1
PMTU          目标地址                          下一个跃点地址
----  -------------------------       ---------------------------------
1500          ::1                                     ::1
接口 11: 本地连接
PMTU          目标地址                          下一个跃点地址
----  -------------------------       ---------------------------------
1500  fe80::3e4a:92ff:fec3:570d       fe80::3e4a:92ff:fec3:570d
1500  ff02::1:3                       ff02::1:3
```

13

【认证测试】

下列选择题中每题都只有一个正确选项，把其挑选出来。

1. 下一代互联网中使用的 IPv6 地址长度为（　　　）。

A. 32 位　　　　　　B. 64 位　　　　　　C. 96 位　　　　　　D. 128 位

2. 下列说法中，（　　　）不是 IPv4 在应用中的缺点。

A. 骨干路由器上路由表项数量庞大

B. 不能实现设备即插即用

C. 能实现设备即插即用

D. 不能满足物联网时代发展需求

3. IPv4 中广泛使用的 NAT 技术具有（　　　）的缺点。

A. 支持端到端通信

B. 支持端到端的安全通信

C. 不能永久解决 IP 地址短缺问题

D. 能够实现 NAT 设备上地址自动获取

4. IPv4 和 IPv6 中的 "4" 和 "6" 都是版本号，IPv5 是（　　　）。

A. 第 4 代 IP 地址　　　　　　　　　　B. 第 5 代 IP 地址

C. 第 6 代 IP 地址　　　　　　　　　　D. 以上都不对

5. 对于下一代互联网 IPv6 技术，下面哪个说法是错误的（　　　）。

A. 巨大的地址空间　　　　　　　　　　B. 层次化网络结构

C. 简洁的 IPv6 报头　　　　　　　　　　D. 不再需要手动配置地址

单元2
认识IPv6地址

02

【技术背景】

    IPv6 地址提供当前互联网海量地址,满足各种智能终端接入互联网需求,如个人数字助理、IP 电话、智能汽车等,推动"万物互联时代"的到来。IPv6 地址将 IP 地址长度从 32 位扩展到 128 位,其海量地址空间可以为地球上任何连接网络的设备提供全球唯一 IP 地址,满足物联网时代万物互联的需求,如图 2-1 所示。

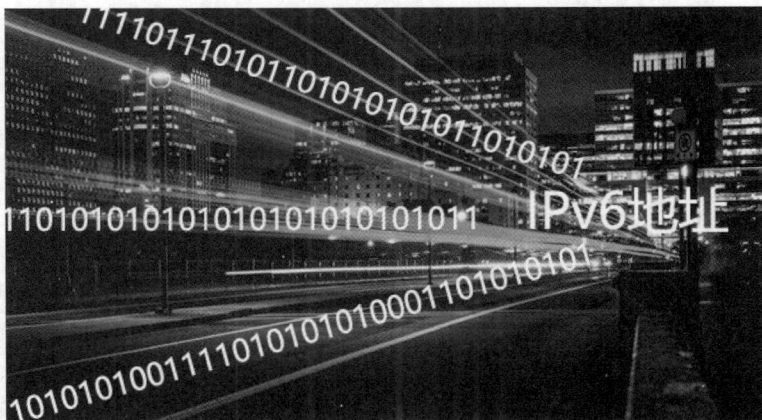

图 2-1　下一代互联网海量 IPv6 地址需求

【学习目标】

    在本单元中,学生需要认识 IPv6 地址,学会配置 IPv6 地址。具体学习目标如下。

1. 知识目标

(1)了解 IPv6 地址格式。

(2)学会区分 IPv6 地址类型。

(3)了解 EUI-64 接口 ID。

(4)了解 IPv6 单播地址,掌握 IPv6 组播地址知识。

2．技能目标

学会配置 IPv6 地址，能实现网络连通。

3．素养目标

（1）了解我国的互联网建设成就，熟悉 IPv6 技术相关的政策和文件。

（2）保持工作环境干净，实现整洁放置物料，遵守 6S 现场管理标准。

（3）学会和同伴友好沟通，建立团队协作关系。小组实训中，做到任务明确，分工合理，落实到位，工作有序。

【技术介绍】

2.1　了解 IPv6 地址格式

下一代互联网的 IPv6 地址，在规划上吸取了 IPv4 地址规划经验，并考虑了移动互联网技术和宽带 IP 技术发展需求。

2.1.1　IPv6 地址和十六进制

与 IPv4 地址采用十进制表示不同，IPv6 地址采用十六进制表示，使用 16 个不同基数：0、1、2、3、4、5、6、7、8、9、A、B、C、D、E、F（进位原则：逢 16 进 1）。

由于十六进制和二进制之间的简单转换关系：每 4 位二进制对应 1 位十六进制。因此，IPv6 地址采用十六进制表示，不仅码短，而且转换简单，如表 2-1 所示。

表 2-1　3 种数制对应关系

十进制	十六进制	二进制
0	0	0000
1	1	0001
2	2	0010
3	3	0011
4	4	0100
5	5	0101
6	6	0110
7	7	0111
8	8	1000
9	9	1001
10	A	1010
11	B	1011
12	C	1100

十进制	十六进制	二进制
13	D	1101
14	E	1110
15	F	1111

2.1.2　IPv6 地址结构

IPv6 地址长度设计为 128 位，科学家表示"其可以为地球上每粒沙子分配一个地址"。128 位的 IPv6 地址格式示例如下。

```
示例1:0010000000000001  0000000000000000  0011001000111000  1101111111100001
示例1:0000000001100011  0000000000000000  0000000000000000  1111111011111011
```

由于 128 位的 IPv6 地址表达太长，经常使用其他简洁的表达格式，下面分别说明。

1．首选格式

IPv6 地址首选格式是最长表达法，即写出全部的地址位，使用十六进制字符来表示 IPv6 地址。

首选格式也称为 IPv6 地址完全形式，由用冒号（：）分开的 8 组十六进制字段组成。每个十六进制字段值可以是 0000 到 FFFF，不区分大小写。IPv6 地址首选格式如图 2-2 所示。

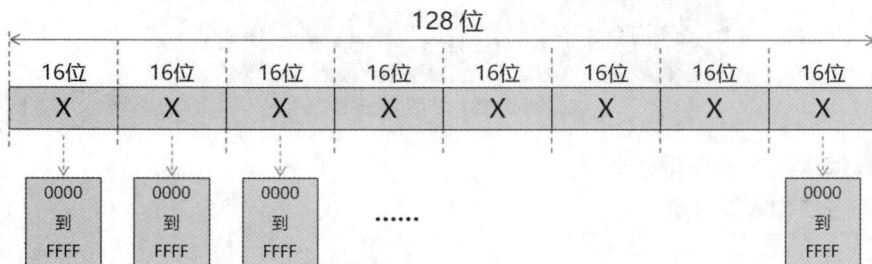

图 2-2　IPv6 地址首选格式

IPv6 地址首选格式范例如下。

```
2001:0002:0000:1234:FDBD:0000:3000:36FF
3FFE:0000:0000:0000:1010:1100:1022:0002
```

首选格式使用"冒分十六进制"书写规则，每组之间用冒号分隔，如图 2-3 所示。因此，以上示例 1 中 128 位的二进制 IPv6 地址，对应十六进制表示为：

```
2001:0000:3238:DFE1:0063:0000:0000:FEFB
```

IPv6地址冒分十六进制格式为

X:X:X:X:X:X:X:X　　（8组）

IPv6地址完整十六进制表示方法为

nnnn:nnnn:nnnn:nnnn:nnnn:nnnn:nnnn:nnnn
（其中，n为0~9、A~F中任意一个数值）

图 2-3　冒分十六进制地址书写规则

2．零压缩表示法

IPv6 地址中经常包含一长串 0，为书写方便，IPv6 提供一些规则来压缩地址长度。

（1）丢弃前导 0

丢弃地址中前导 0，但每个地址块中至少保留一个十六进制字符，这样可以使 IPv6 地址更加简洁，如图 2-4 所示。

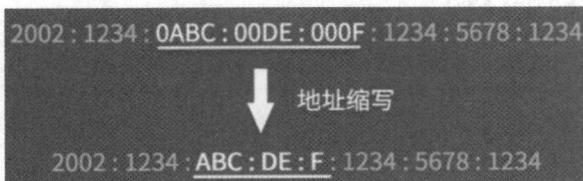

图 2-4　丢弃前导 0

（2）连续 0 压缩

当 IPv6 地址中存在多个连续 0 时，可使用双冒号（::）进行压缩，如图 2-5 所示。

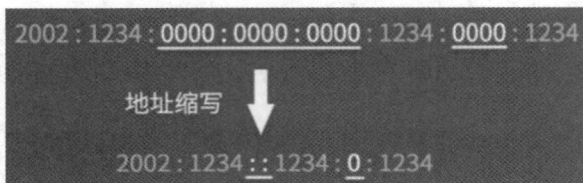

图 2-5　连续 0 压缩

这种在地址格式中使用零压缩的表示方法，在一个 IPv6 地址中只能出现一次。地址中正确的零压缩方法如表 2-2 所示。

表 2-2　地址中正确的零压缩方法

首选格式	使用"::"压缩格式	说明
0000:0000:0000:0000:0000:0000:0000:0000	::	合法压缩
0000:0000:0000:0000:0000:0000:0000:0001	::1	合法压缩
3FFE:0000:0000:0000:1010:1100:1022:0002	3FFE::1010:1100:1022:2	合法压缩
FE80:0000:0000:0000:0000:0000:0000:0008	FE80::8	合法压缩

地址中不正确的零压缩方法如表 2-3 所示。

表 2-3　地址中不正确的零压缩方法

首选格式	使用"::"压缩格式	说明
0000:0000:AAAA:0000:0000:0000:0000:0000	::AAAA::	不合法压缩，多一组"::"
3FFE:0000:0000:0000:1010:1100:0000:0002	3FFE::1010:1100::2	不合法压缩，多一组"::"

3. 内嵌 IPv4 地址的 IPv6 地址表示法

在传统的 IPv4 互联网向 IPv6 互联网过渡期间，在某些特殊场景中，会使用内嵌 IPv4 地址的 IPv6 地址类型。内嵌 IPv4 地址的 IPv6 地址由两部分组成：第一部分使用十六进制表示，第二部分使用十进制表示。图 2-6 所示为内嵌 IPv4 地址的 IPv6 地址格式。

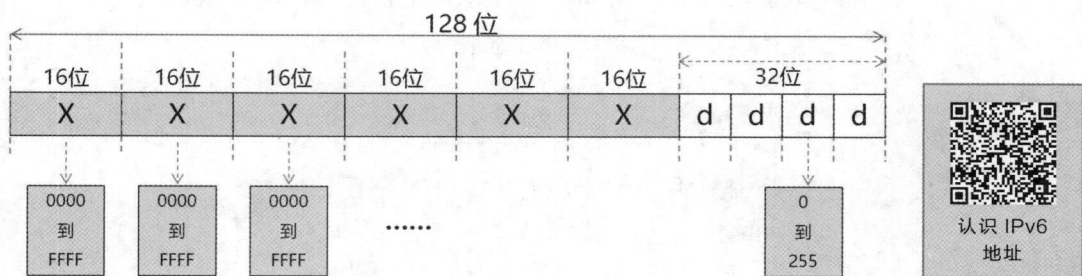

图 2-6 内嵌 IPv4 地址的 IPv6 地址格式

内嵌 IPv4 地址的 IPv6 地址例子如表 2-4 所示。

表 2-4 内嵌 IPv4 地址的 IPv6 地址例子

首选格式	压缩格式 1	压缩格式 2
0000:0000:0000:0000:0000:0000:221.1.13.112	0:0:0:0:0:0:221.1.13.112	:: 221.1.13.112
0000:0000:0000:0000:0000:0000:CE7B:1F01	0:0:0:0:0:0:CE7B:1F01	:: CE7B:1F01

按照应用的场合，这种地址类型通常有如下两种格式。

一是 IPv4 地址兼容 IPv6 地址，即 0000:0000:0000:0000:0000:0000:192.168.1.2，压缩表示为::192.168.1.2。

二是 IPv4 地址映射 IPv6 地址，即 0000:0000:0000:0000:0000:FFFF:192.168.1.2，压缩表示为::FFFF:192.168.1.2。

2.1.3 IPv6 地址前缀结构

1. IPv6 地址结构组成

IPv4 地址结构为"网络号 + 主机号"，IPv6 地址结构为"网络前缀 + 接口 ID"。其中，网络前缀相当于 IPv4 地址中网络号；接口 ID 相当于 IPv4 地址中主机号。图 2-7 所示为 IPv6 地址结构。

2. IPv6 地址前缀表示法

和 IPv4 地址前缀表示法类似，IPv6 地址也使用"地址/前缀长度"表示法：**2001:410::/48**。IPv6 地址前缀通常作为路由或子网标识，但有时 IPv6 地址前缀是固定值，表示特殊网络类型。如使用地址前缀"FE80::"，表示链路本地地址。IPv6 地址前缀表示和功能如图 2-8 所示。

IPv6地址二进制表示

00100001110110100000000011010011000000000000000000010111100111011
00000001010101010000000011111111111111110001010010011100010111010

网络前缀 接口ID

0010000111011010000000011010011　　0000000101010101000000001111111
0000000000000000000010111100111011　　11111110001010001001110001011010

图 2-7　IPv6 地址结构

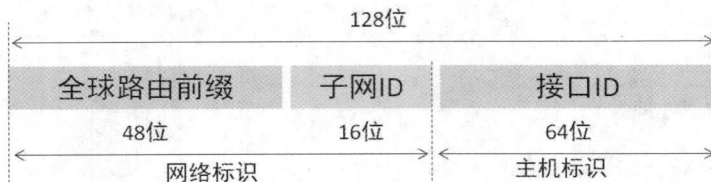

图 2-8　IPv6 地址前缀表示和功能

2.2　区分 IPv6 地址类型

在 IPv6 中，地址指定给网络接口，而不是节点。每个网络接口可以拥有多个 IPv6 地址。

按照寻址方式不同，IPv4 地址有单播地址、组播地址和广播地址 3 种类型。IPv6 地址有单播地址、组播地址和任播地址 3 种类型。图 2-9 所示为多种 IPv6 地址类型。

需要注意，IPv6 地址中没有广播地址，使用组播地址完成 IPv4 地址中广播功能。

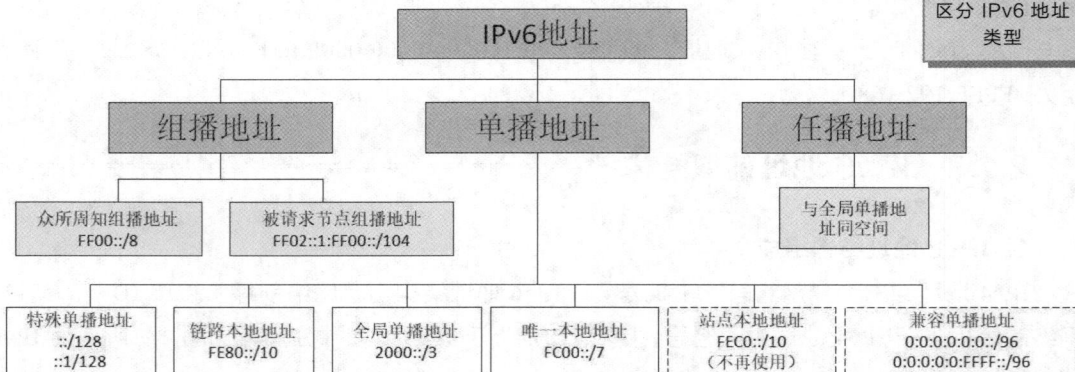

区分 IPv6 地址类型

图 2-9　多种 IPv6 地址类型

2.2.1　IPv6 单播地址

1. 什么是 IPv6 单播地址

IPv6 单播地址（Unicast Address）是标识设备接口地址，如图 2-10 所示，虚线表示数据传输方向。作为单一接口标识符，封装 IPv6 单播地址数据报文，由该地址标识接口接收。

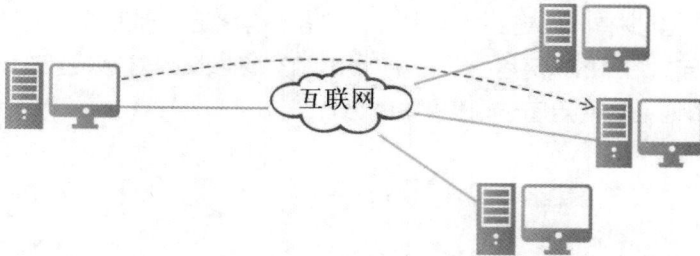

图 2-10　IPv6 单播地址

IPv6 单播地址结构分为网络前缀（Subnet Prefix）和接口 ID（Interface ID），如图 2-11 所示。其中，网络前缀表示接口所属网络；接口 ID 用于标识接口，区分一条链路上不同的接口。

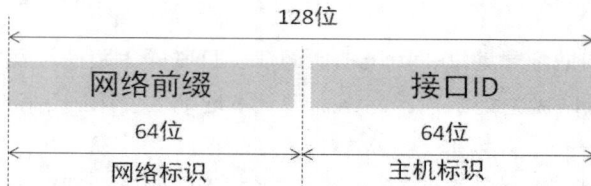

图 2-11　IPv6 单播地址结构

2．IPv6 单播地址类型

类似于 IPv4 地址中公有地址和私有地址功能。根据地址作用范围的不同，IPv6 单播地址分为全局单播地址、本地单播地址、兼容单播地址和特殊单播地址。

（1）全局单播地址

全局单播地址也称为可聚合全球单播地址（Aggregatable Global Unicast Address，AGUA），如图 2-12 所示。

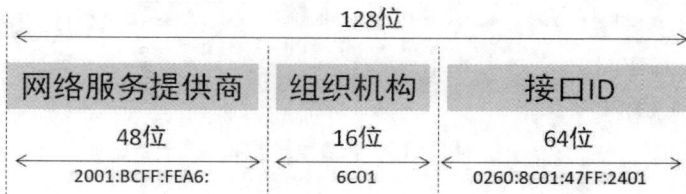

图 2-12　全局单播地址

该类型地址类似于 IPv4 中的公有地址，用于在 IPv6 互联网中进行全局路由，实现网络之间访问。在应用中，该类型地址允许使用路由前缀聚合功能，从而限制互联网中路由表规模。

（2）本地单播地址

① 链路本地地址

每个 IPv6 接口至少有一个链路本地地址，仅用于链路上本地通信，在不同子网中不能路由，如图 2-13 所示。在 IPv6 网络上，主机使用链路本地地址与该条链路上其他相邻主机通信。其中，链路本地地址使用固定前缀"FE80::/10"。

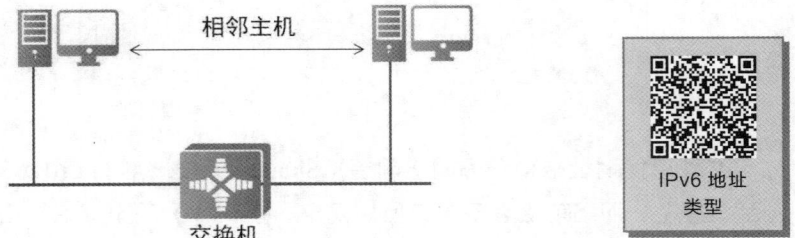

图 2-13　链路本地地址通信范围

② 唯一本地地址

唯一本地地址是本地全局地址，用于本地通信，互联网上路由设备不转发带有该类地址的数据包，其通信范围限制为组织内部网络。唯一本地地址使用固定前缀"FC00::/7"。

③ 站点本地地址

站点本地地址的功能同唯一本地地址，由于多方面的原因，目前不再使用。在新标准中使用唯一本地地址代替。站点本地地址使用固定前缀"FEC0::/10"。

（3）兼容单播地址

在 IPv4 技术向 IPv6 技术过渡期间，使用兼容单播地址（内嵌 IPv4 地址）的特殊地址，实现一台 IPv4 网络中主机，使用现有的 32 位全球 IPv4 单播地址（如 1.1.1.1/32），把其改造为一个特殊的 IPv6 全局单播地址。也即把这个 IPv4 单播地址作为 IPv6 单播地址低 32 位（::1.1.1.1/96），构成特殊 IPv6 全局单播地址，如图 2-14 所示。

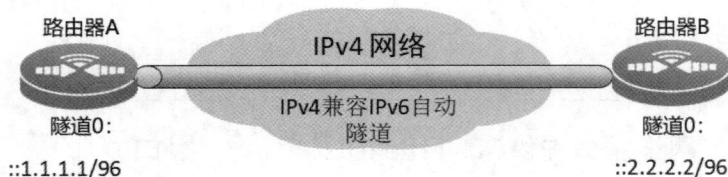

图 2-14　兼容单播地址

在 IPv4 技术向 IPv6 技术过渡期间，还使用另外一种内嵌 IPv4 地址的 IPv6 地址，仅用于组织内部网络通信。这类特殊的嵌入 IPv4 的 IPv6 地址，直接把一台配置 IPv4 地址的主机，转换为配置了 IPv6 地址的主机。

在 IPv4 技术向 IPv6 技术过渡期间，还有一种称为"6to4"的特殊 IPv6 地址，实现两个通过互联网连接，同时运行 IPv4 和 IPv6 的节点之间通信。

（4）特殊单播地址

特殊单播地址包括未指定地址和环回地址。其中，未指定地址（0:0:0:0:0:0:0:0 或 :: ）表示任意网络地址，等价于 IPv4 中任意网络地址 0.0.0.0。环回地址（0:0:0:0:0:0:0:1 或 ::1）标识环回接口，允许节点将数据包发送给自己，等价于 IPv4 环回地址 127.0.0.1。

各种类型单播地址特征如表 2-5 所示。

表 2-5　各种类型单播地址特征

	地址类型	地址前缀（二进制）	IPv6 前缀标识
单播地址	全局单播地址	—	—
	链路本地地址	1111111010	FE80::/10
	唯一本地地址	1111110	FC00::/7（包括 FD00::/8 和不常用的 FC00::/8）
	站点本地地址（已弃用，被唯一本地地址代替）	1111111011	FEC0::/10
	兼容单播地址	—	—
	未指定地址	00…00（128 位 s）	::/128
	环回地址	00…01（128 位 s）	::1/128

需要注意：每个激活的 IPv6 接口上，至少有一个链路本地地址。另外，还可分配任何类型（如单播、组播和任播）的 IPv6 地址。

2.2.2　IPv6 组播地址

1. 什么是 IPv6 组播地址

IPv6 组播地址（Multicast Address）对应一组接口地址（通常分属不同节点），如图 2-15 所示。封装组播地址的 IP 数据包，被发送到由该地址标识的每一个接口。

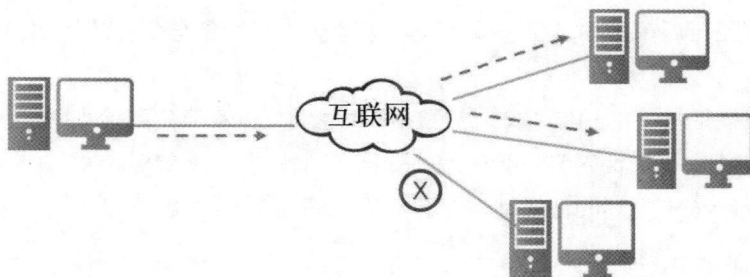

图 2-15　IPv6 组播地址

IPv6 中没有定义广播地址，使用组播地址替代传统广播地址。

加入组播组中的任意 IPv6 节点，可以侦听任意 IPv6 组播地址中产生的组播通信。IPv6 节点可以同时侦听多个组播地址，也可以随时加入或离开组播组。

2. IPv6 组播地址结构

IPv6 组播地址具有明显组播特征，总是以"FF"开始的，也就是最高 8 位固定为 11111111，其结构如图 2-16 所示。组播地址的详细内容将在后文介绍。

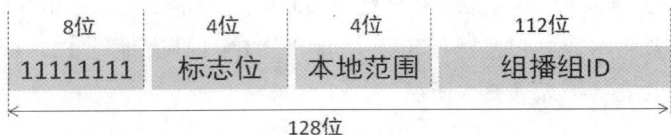

图 2-16　IPv6 组播地址结构

2.2.3　IPv6 任播地址

IPv6 任播地址（Anycast Address）是 IPv6 中特有的地址类型，如图 2-17 所示。IPv6 任播地址与 IPv6 组播地址一样，也可以识别多个接口（通常属于不同的节点），是对应一组接口的地址。

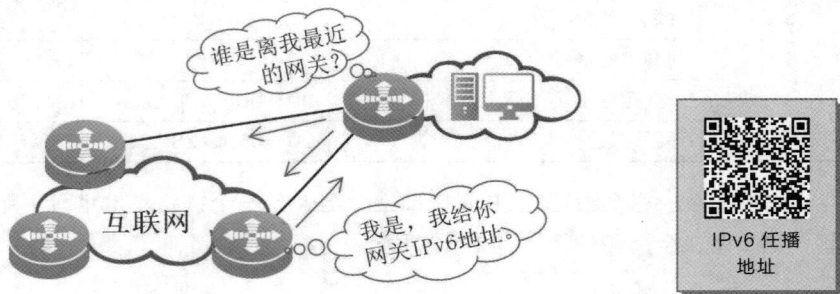

图 2-17　IPv6 任播地址

IPv6 组播地址用于一对多通信，发送到多个接口。但与 IPv6 组播地址不同的是，发送到 IPv6 任播地址的数据包被送到由该 IPv6 任播地址标识的其中一个接口。

在使用 IPv6 任播地址时，需要注意以下几点。

（1）从语法上，任播地址与单播地址没有区别。IPv6 中没有为任播地址规定单独的地址空间。任播地址和全局单播地址位于同一个地址范围，每个参与任播的接口，必须配置一个任播地址。

（2）一个任播地址不能用作 IPv6 数据包中源地址，也不能分配给 IPv6 主机，仅分配给 IPv6 路由器。由路由器决定该 IPv6 数据包是用于任播转发还是单播转发。

（3）目前，IPv6 中规划的任播地址主要应用在移动 IPv6 网络场景。

2.3　了解 EUI-64 接口 ID

1. 什么是 EUI-64 接口 ID

电气电子工程师学会（Institute of Electrical and Electronics Engineers，IEEE）组织规划的 EUI-64 接口 ID 长度为 64 位，其从该接口的链路层地址，即介质访问控制（Medium Access

Control，MAC）地址变化而来，标识链路上每一个接口，生成的接口 ID 具有全球唯一性。

在 IPv6 无状态地址自动配置中，接口利用获取的前缀和 EUI-64 接口 ID，生成 128 位链路本地地址，如图 2-18 所示。

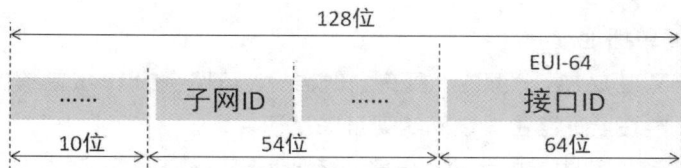

图 2-18　EUI-64 接口 ID 生成链路本地地址后缀

2．EUI-64 接口 ID 生成 IPv6 地址方案

EUI-64 接口 ID 是 IEEE 组织定义的一种 64 位扩展标识符。利用网卡全球唯一 MAC 地址，生成 EUI-64 接口 ID。图 2-19 所示为 MAC 地址生成 EUI-64 接口 ID 过程。

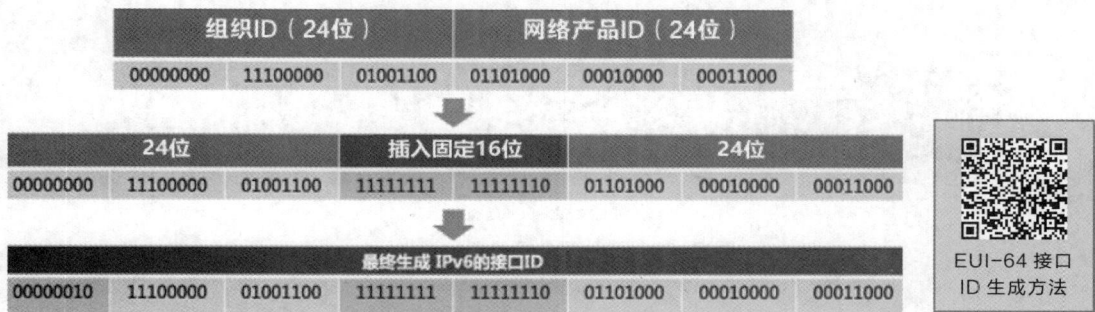

图 2-19　MAC 地址生成 EUI-64 接口 ID 过程

首先，将每一个接口上 48 位的 MAC 地址分为两个 24 位的半分位。然后，将 4 位十六进制值"FFFE"（1111111111111110）插入这两个半分位中间。

接下来，确保 ID 唯一性，从左边起第 7 位，也就是 Universal/Local（全局管理/本地管理，U/L）位，对该位进行取反。其中，U/L 位置 0 表示本地唯一，置 1 表示全球唯一。

最后，得到的这组数就是 EUI-64 接口 ID。

3．应用 EUI-64 接口 ID

使用 EUI-64 格式的接口 ID 地址生成方法，可以自动生成接口上的 IPv6 地址，大大减少配置 IPv6 地址的工作量，也方便移动设备快捷接入。在 IPv6 的 3 种不同类型地址配置方案中，都使用 EUI-64 接口 ID，作为 IPv6 地址后 64 位后缀，生成该接口上 128 位的 IPv6 地址。

尤其采用无状态地址自动配置时，主机（或接口）只需获取 IPv6 前缀，就能与 EUI-64 接口 ID 形成 IPv6 地址。缺点是：任何人都可以通过二层 MAC 地址，推算出三层 IPv6 地址。

2.4　深入了解 IPv6 单播地址

IPv6 单播地址是使用最为广泛的地址之一，丰富多彩的单播地址形式，能够实现下一代互联网即插即用特性。

2.4.1　全局单播地址

1. 什么是全局单播地址

全局单播地址是由 IANA 分配的，具有全球唯一、可聚合的 IPv6 前缀的地址，其相当于 IPv4 中公有地址，能在全球路由器之间实现互联互通。

为减少 IPv6 网络中路由表的大小，全局单播地址可以进行多级路由聚合，多级路由聚合可大大减少整个路由表路由条数，降低路由复杂度。

2. 全局单播地址格式

目前，IANA 仅分配少量的全局单播地址，其第一字段范围仅仅为"0010"到"0011"，如图 2-20 所示。

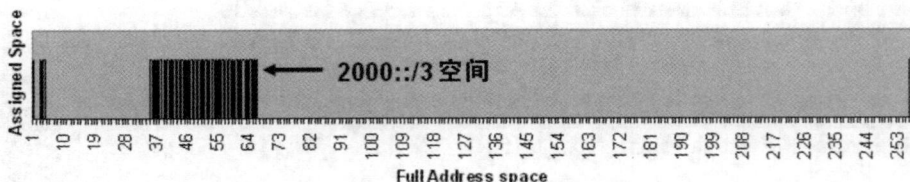

图 2-20　已分配全局单播地址空间

目前，全局单播地址前缀都以"001"开头，前缀统一表示为"2000::/3"。因此，有效地址范围从"2000::"开始到"3FFF:FFFF:…:FFFF"结束。

IANA 预留了从"2003::/16"到"3FFD::/16"的巨大前缀空间，即大约 8192 个前缀（/16），这是未来 IPv6 巨大寻址空间的一个例证。

3. 全局单播地址结构

全局单播地址由全球路由前缀（Global Routing Prefix）、子网 ID 和接口 ID 3 部分组成，体现可聚合、层次化、结构化特征，如图 2-21 所示。

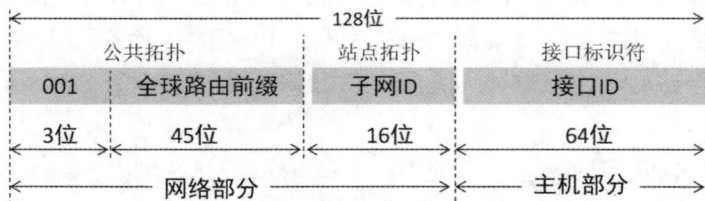

图 2-21　全局唯一单播地址结构

其中，各部分解释如下。

（1）全球路由前缀。由 ISP 指定给一个组织，即从运营商处申请到 IPv6 地址空间为/48，再根据需求进一步规划。目前仅可申请"001"开头地址段。

（2）子网 ID。使用子网 ID 构建本地网络。子网 ID 和 IPv4 中子网号作用相似。

（3）接口 ID。使用 EUI-64 接口 ID 标识一台主机。

2.4.2　链路本地地址

1．什么是链路本地地址

链路本地地址（Link-Local Address）是重要 IPv6 受限地址，当一个节点启用 IPv6 后，节点上的每个接口都自动生成一个链路本地地址。

链路本地地址前缀固定为"FE80::/10"。同一条链路上的 IPv6 节点不做任何配置，就可以实现同一条链路上的节点之间通信。

2．链路本地地址格式

链路本地地址使用固定的前缀"FE80::/10"。其中，节点地址的低 64 位采用 EUI-64 规范生成，如图 2-22 所示。

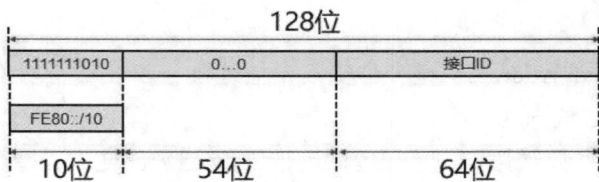

图 2-22　链路本地地址格式

3．生成链路本地地址方法

每个 IPv6 接口至少有一个链路本地地址，使用"ipv6 enable"命令自动产生。此外，一个 IPv6 接口获得一个全局单播地址，也自动产生一个链路本地地址。

在 Windows 和 Linux 操作系统中，本地网卡上开启 IPv6 后，也会给网卡自动配置一个链路本地地址，如图 2-23 所示。在 IPv6 主机上，使用"IPv6 address auto link-local"命令，配置设备自动产生一个链路本地地址。

```
以太网适配器 以太网 2:

   连接特定的 DNS 后缀 . . . . . . . : lan
   描述. . . . . . . . . . . . . . . : Realtek USB GbE Family Controller
   物理地址. . . . . . . . . . . . . : 00-E0-4C-68-04-32
   DHCP 已启用 . . . . . . . . . . . : 是
   自动配置已启用. . . . . . . . . . : 是
   本地链接 IPv6 地址. . . . . . . . : fe80::e076:31e7:1c30:51ab%22(首选)
   IPv4 地址 . . . . . . . . . . . . : 192.168.110.221(首选)
   子网掩码. . . . . . . . . . . . . : 255.255.255.0
   获得租约的时间. . . . . . . . . . : 2022年3月27日 13:36:24
   租约过期的时间. . . . . . . . . . : 2022年3月27日 18:29:12
   默认网关. . . . . . . . . . . . . : 192.168.110.1
   DHCP 服务器 . . . . . . . . . . . : 192.168.110.1
   DHCPv6 IAID . . . . . . . . . . . : 352378956
   DHCPv6 客户端 DUID . . . . . . . . : 00-01-00-01-25-62-35-24-F8-75-A4-2C-81-8E
   DNS 服务器. . . . . . . . . . . . : 202.102.192.68
   TCPIP 上的 NetBIOS . . . . . . . . : 已启用
```

图 2-23　网卡自动配置一个链路本地地址

4．链路本地地址作用

接入 IPv6 网络中的设备要正常工作，必须具有链路本地地址。当一个接口启动 IPv6 协议时，接口会自动生成一个链路本地地址。这种机制使得两个连接到同一链路的 IPv6 节点，不需要做任何配置就可以通信。

此外，该地址由于稳定性、链路唯一性，被用于地址自动配置、邻居发现、路由器发现等传输机制中。此外，IPv6 网络中默认网关也使用链路本地地址。

人们很容易把链路本地地址和 IPv4 中私有地址联系起来。其实，链路本地地址对应 IPv4 网络中的自动专用 IP 寻址（Automatic Private IP Addressing，APIPA）地址，也就是以 169.254.0.0 开头的地址。

该地址典型应用场景是：安装 Windows 系统主机，开机通过自动获取地址方法获取地址失败后，Windows 系统自动分配给网卡一个 169.254.0.0 网段地址，实现链路本地通信。

2.4.3　站点本地地址

1．什么是站点本地地址

站点本地地址（Site-Local Address）是一种受限单播地址，仅在私有网络内部使用。图 2-24 所示为站点本地地址组成样式。

站点本地地址不能自动生成，需要手动配置。由于限制网络内部使用，站点本地地址类似于 IPv4 中私有地址（如 10.0.0.0/8、172.16.0.0/12 和 192.168.0.0/16）。

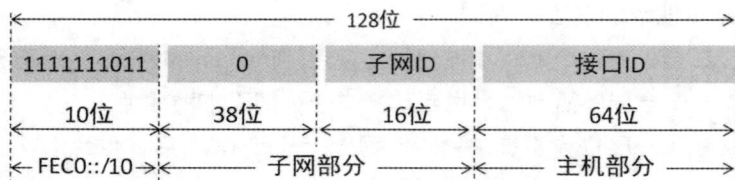

图 2-24　站点本地地址组成样式

2．站点本地地址格式

图 2-25 所示为站点本地地址格式，使用固定前缀"FEC0::/10"，和 54 位子网 ID 组成前缀；后缀为 64 位 EUI-64 接口 ID。

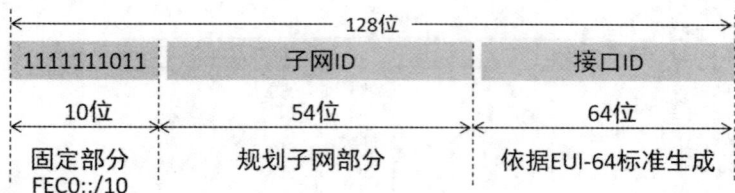

图 2-25　站点本地地址格式

3．站点本地地址作用

在 IPv6 规划中，站点本地地址主要给内部设备使用，例如内网打印机、内网服务器、内网交换机、网桥、网关、无线接入点等，实现内网中设备管理，不连接互联网。

需要特别说明的是：由于该地址在定义标准时模糊，导致在应用中出现地址重复问题，已经停止使用，需要重新定义了新的唯一本地地址来替代。

2.4.4　唯一本地地址

1．什么是唯一本地地址

唯一本地地址（Unique-Local Address）是另一种应用范围受限的地址，是新定义的替代站点本地地址的一种地址类型，是一种解决私有 IPv6 网络内部通信的单播地址。其相当于 IPv4 网络中的私有地址，不允许在公网中使用。

链路本地地址和
其他地址类型

2．唯一本地地址格式

唯一本地地址使用固定前缀"FC00::/7"。图 2-26 所示为唯一本地地址格式。

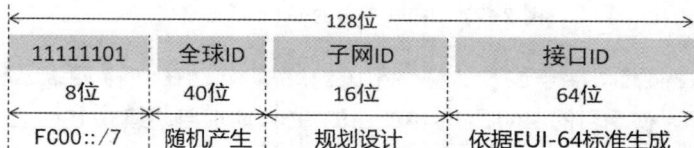

128位			
11111101	全球ID	子网ID	接口ID
8位	40位	16位	64位
FC00::/7	随机产生	规划设计	依据EUI-64标准生成

图 2-26　唯一本地地址格式

3．唯一本地地址特征

任何组织都可以使用唯一本地地址，构建内部私有 IPv6 网络。目前，唯一本地地址已经替代站点本地地址，用于满足私有 IPv6 地址使用需求。唯一本地地址具有如下特点。

- 具有全球唯一的前缀（随机产生，但是冲突概率很低）。
- 进行内部网络之间的私有连接，不必担心地址冲突等问题。
- 具有固定前缀（FC00::/7），方便边缘路由设备进行路由过滤。
- 如果出现路由泄露，该地址不会和其他地址冲突，不会造成互联网上的路由冲突问题。
- 在实际的应用中，上层应用程序都将该地址看作全局单播地址。

2.4.5　兼容单播地址

为了支持 IPv4/IPv6 兼容，设计一种在 IPv6 地址中嵌入 IPv4 地址方法。这种方法把变通的 IPv4 地址放到一种特殊 IPv6 地址格式中，使特定的 IPv6 设备把其作为 IPv4 地址看待。

1．什么是兼容单播地址

在 IPv4 向 IPv6 过渡中，使用一些包含 IPv4 地址的特殊 IPv6 单播地址，在主机和路由器上自动创建 IPv4 隧道，实现在 IPv4 网络上传送 IPv6 数据包。

在自动隧道通信中，为实现 IPv6 数据包穿越 IPv4 网络，定义了内嵌 IPv4 地址的 IPv6 地址，将网络节点中配置的 IPv4 地址直接嵌入 IPv6 地址低 32 位中，构成 IPv4 兼容 IPv6 地址。通过 IPv4 兼容 IPv6 地址，实现孤岛 IPv6 网络之间通信。

2．两种 IPv4 兼容 IPv6 地址格式

有两种不同的嵌入格式来指示使用嵌入地址的设备能力。

（1）IPv4 兼容的 IPv6 地址

IPv4 兼容的 IPv6 地址是由过渡机制使用的特殊 IPv6 单播地址，目的是在主机和路由器上自动创建 IPv4 隧道，以在 IPv4 网络上传送 IPv6 数据包。

图 2-27 所示为 IPv4 兼容的 IPv6 地址格式，前缀由高 96 位全 0 组成，低 32 位以十进制形式的 IPv4 地址表示。例如：0:0:0:0:0:0:192.168.1.2 或者 ::192.168.1.2。

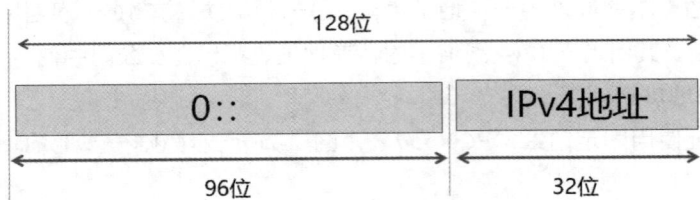

图 2-27　IPv4 兼容的 IPv6 地址格式

IPv4 兼容的 IPv6 地址用于过渡机制，路由器和主机自动在 IPv4 网络上创建隧道，这种机制在两个节点之间，使用目的 IPv6 地址中的目的 IPv4 地址自动建立 IPv4 上的一条 IPv6 over IPv4 隧道，应用动态附带协议转换器的网络地址转换器（Network Address Translater-Protocol Translater，NAT-PT），将目的 IPv4 地址映射成 IPv6 地址。

（2）IPv4 映射的 IPv6 地址

IPv4 映射的 IPv6 地址，即把普通 IPv4 地址映射到 IPv6 地址空间中。该地址只用于 IPv4 设备，地址前缀由高 80 位全 0 组成，然后 16 位设为 1，最后 32 位以十进制形式的 IPv4 地址表示，其格式如图 2-28 所示。

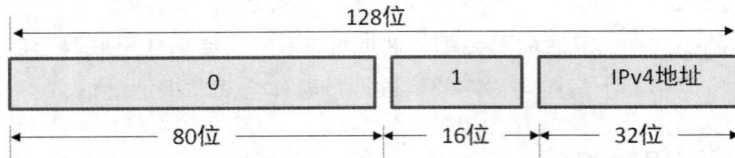

图 2-28　IPv4 映射的 IPv6 地址格式

2.4.6　特殊单播地址

和 IPv4 中存在某些特殊场合使用的 IPv4 地址一样，在 IPv6 中也存在以下这些特殊 IPv6 地址，应用在 IPv6 特殊的环境中。

1．未指定地址

未指定地址表示为"0:0:0:0:0:0:0:0/128"或"::/128"，该地址表示某个接口或节点还没有 IPv6 地址。IPv6 未指定地址可以作为某些报文源 IPv6 地址。其中，源 IPv6 地址是"::/128"

的报文不被路由设备转发。

2．环回地址

环回地址表示为"0:0:0:0:0:0:0:1/128"或"::1/128"，类似 IPv4 中的"127.0.0.1"环回地址。和 IPv4 中环回地址功能一样，IPv6 环回地址主要用于设备给自己发送报文。发往"::1/128"的 IPv6 数据包实际上就是发送给本地，用于本地协议栈回环测试。

综上，IPv4 地址与 IPv6 地址对比如表 2-6 所示。

表 2-6　IPv4 地址与 IPv6 地址对比

特性	IPv4 地址	IPv6 地址
长度	32 位	128 位
段数	4 段	8 段
进制	十进制	十六进制
分隔符	点（.）	冒号（:）
无类别域间路由选择	支持	支持
子网掩码	支持	不支持
按类别分类	A 类、B 类等	不支持
私有网络地址	10.0.0.0/8；172.16.0.0/12；192.168.0.0/16	唯一本地地址
链路本地地址	无法获得有效地址时分配：169.254.0.0/16	每个网络接口必须有一个链路本地地址：FE80::/10
广播地址	支持	不支持
组播地址	224.0.0.0/3	FF00::/8

2.5　掌握 IPv6 组播地址

组播是从一个源节点发送出的 IP 数据包，通过网络传输到多台目的主机的过程，实现一到多传输技术。在 IPv4 中，组播地址的范围是 224.0.0.0/3。其中，IPv4 组播地址的高 3 位设为"111"。在 IPv6 中，组播地址由 IPv6 前缀来定义，其首选格式压缩表示为"FF00::/8"。

2.5.1　IPv6 组播地址结构

1．IPv6 组播地址结构简介

与 IPv4 组播地址相同，IPv6 组播地址用于标识网络中一组接口，这些接口属于不同节点。IPv6 组播地址固定前缀为"FF00::/8"。图 2-29 所示为 IPv6 组播地址结构。

理解 IPv6 组播地址时，需要注意如下几点。

• 任何节点都能成为一个组播组成员。

- 组播地址只能是目标地址。
- 位于组播组中的节点都能收到发往该组播组中的数据。

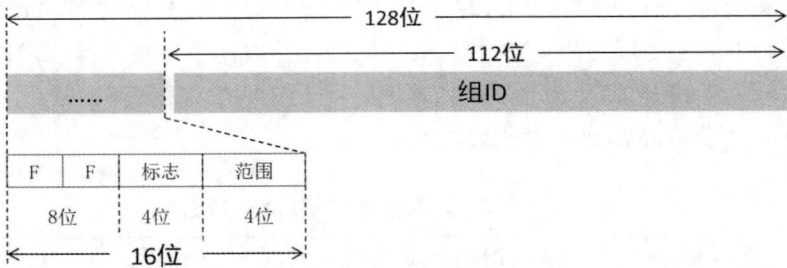

图 2-29　IPv6 组播地址结构

一个 IPv6 组播地址由前缀、标志字段、范围字段以及组 ID 4 个部分组成，如图 2-30 所示。相关信息说明如下。

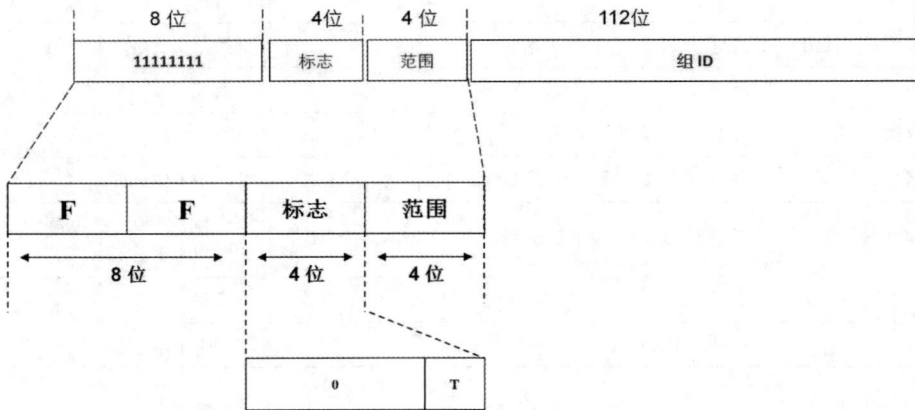

图 2-30　IPv6 组播地址组成

（1）前缀：长度为 8 位，全 1，标识为组播地址。

（2）标志字段：长度为 4 位，目前只使用最后一位（前 3 位为 0）。

当该值为 0 时，表示当前组播地址是一个永久组播地址（永久分配地址）。

当该值为 1 时，表示当前组播地址是一个临时组播地址（非永久分配地址）。

也就是说，前 4 位为 0000 代表是一个永久组播地址，前 4 位为 0001 代表是临时组播地址。

（3）范围字段：长度为 4 位，代表组播范围，目前定义了 1、2、4、5、8 和 E，分别代表不同组播范围，用于限制组播数据流在网络中的发送范围。表 2-7 所示为组播地址范围。

表 2-7　组播地址范围

二进制表示	十六进制表示	范围类型
0001	1	本地接口范围
0010	2	本地链路范围

续表

二进制表示	十六进制表示	范围类型
0100	4	本地管理范围
0101	5	本地站点范围
1000	8	本地组织范围
1110	E	全球范围

（4）组 ID：标识组播组。目前，没有将所有的低 112 位都定义成组 ID，建议仅使用低 32 位作为组 ID，将剩余 80 位置 0（保留位）。

2．IPv6 组播地址和 MAC 地址映射关系

在 TCP/IP 通信中，一个三层 IPv6 组播地址需要映射到二层 MAC 地址，实现三层到二层通信，如图 2-31 所示。

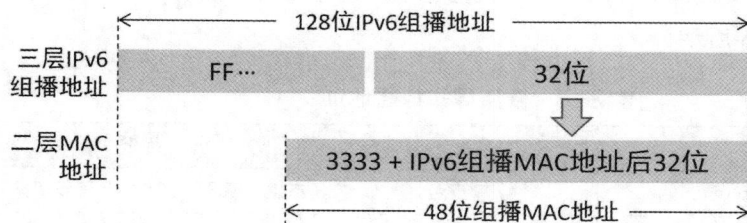

图 2-31　三层 IPv6 组播地址映射到二层 MAC 地址

图 2-32 所示为三层 IPv6 组播地址映射到二层 MAC 地址过程。

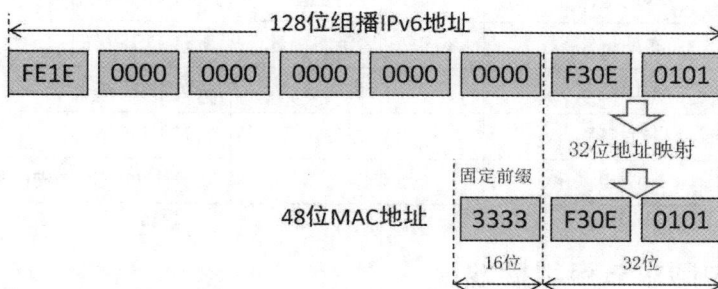

图 2-32　三层 IPv6 组播地址映射到二层 MAC 地址过程

例如：一个三层 IPv6 组播地址"FF02::1"，它对应的二层 MAC 地址是多少？

首先，将用零压缩表示法表示的 IPv6 地址还原为完整格式 IPv6 地址：

FF02:0000:0000:0000:0000:0000:0000:0001

然后，将该 IPv6 地址后 32 位低位二进制位取出，即取出"0000:0001"。最后，将这后 32 位低位二进制位填充到 MAC 地址固定前缀"3333"后，得到 IPv6 组播地址"FF02::1"映射的二层 MAC 地址"3333:0000:0001"，如图 2-33 所示。

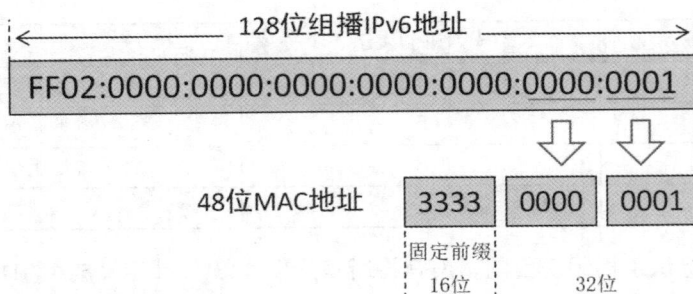

图 2-33　IPv6 组播地址映射的二层 MAC 地址

2.5.2　众所周知组播地址

IPv6 还规划了众所周知（Well-known）组播地址，运行在特定的 IPv6 网络环境中，具有特别的含义，如表 2-8 所示。

表 2-8　众所周知组播地址

组播地址	范围	含义	描述
FF01::1	节点	所有节点	在本地接口范围内的所有节点
FF01::2	节点	所有路由器	在本地接口范围内的所有路由器
FF02::1	本地链路	所有节点	在本地链路范围内的所有节点
FF02::2	本地链路	所有路由器	在本地链路范围内的所有路由器
FF02::5	本地链路	OSPF 路由器	所有 OSPF 路由器
FF02::6	本地链路	OSPF 指定路由器	所有 OSPF 的指定路由器
FF02::9	本地链路	RIP 路由器	所有 RIP 路由器
FF02::13	本地链路	PIM 路由器	所有 PIM 路由器
FF05::2	站点	所有路由器	在一个站点范围内的所有路由器

2.5.3　被请求节点组播地址

1.　什么是被请求节点组播地址

IPv6 中没有定义广播地址，也不再使用地址解析协议（Address Resolution Protocol，ARP）。但在网络传输的过程中，仍然需要通过三层 IP 地址实现解析二层 MAC 地址功能。因此，在 IPv6 中，需要一种特别 IPv6 组播地址，以实现这些功能，即被请求节点组播地址。

被请求节点组播地址是一种特殊的地址，该地址只在本地链路范围内有效，实现邻居发现机制和重复地址检测功能，替代传统的 ARP 功能。在节点上配置完每个 IPv6 单播和任播地址后，都会自动生成一个被请求节点组播地址，如图 2-34 所示。

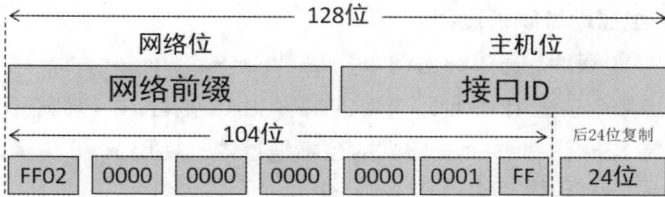

图 2-34 每个 IPv6 单播和任播地址对应被请求节点组播地址

2. 被请求节点组播地址应用场景

在 IPv4 通信中，需要同时获得目标主机 IP 地址与 MAC 地址才能完成通信。仅仅知道 IP 地址时，使用 ARP 去解析二层 MAC 地址。图 2-35 所示为使用 ARP 的广播实现过程。

在 IPv6 通信中，不再使用广播，也没有 ARP，因此使用第 6 版互联网控制报文协议（Internet Control Message Protocol version 6，ICMPv6）实现三层 IPv6 地址解析到二层 MAC 地址功能。

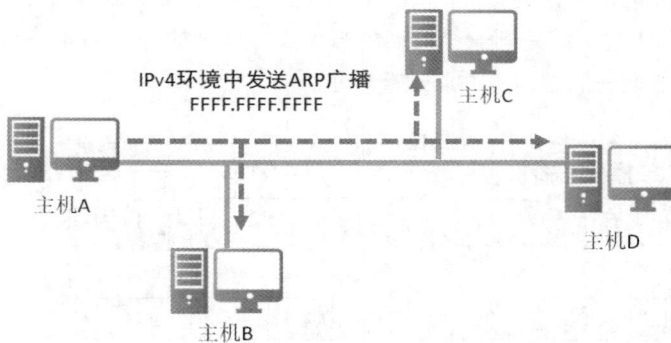

图 2-35 使用 ARP 的广播实现过程

图 2-36 所示为 IPv6 中 ICMPv6 地址解析过程：主机 A 解析主机 D 的 MAC 地址，使用被请求节点组播地址（主机 D 的被请求节点组播地址 FF02::1:FFAA:4C3E 作为目标 IP 地址），将地址解析请求消息封装成 IPv6 组播包，采用组播方式传播到网络中。

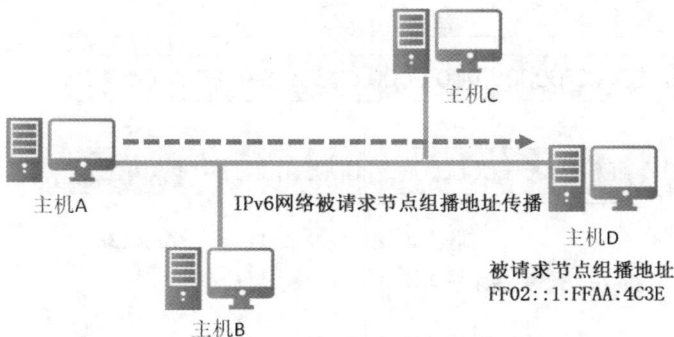

图 2-36 IPv6 中 ICMPv6 地址解析过程

在 IPv6 中，使用被请求节点组播地址替代广播地址，解决 IPv6 中地址解析问题。

3．被请求节点组播地址解析过程

在 IPv6 地址解析过程中，通过邻居请求（Neighbor Solicitation，NS）报文完成地址解析。当一台主机需要解析某个三层 IPv6 地址对应的二层 MAC 地址时，就发送 NS 报文。

首先，主机封装 NS 报文。在 NS 报文的目标地址中，使用 IPv6 单播地址对应的被请求节点组播地址（如图 2-36 中的 FF02::1:FFAA:4C3E）。

然后，封装完成的请求节点消息以点到点的形式发到请求链路上。由于该被请求节点组播地址在整条链路上具有唯一性，因此，只有具有该被请求节点组播地址的节点才会被检查处理。被请求节点组播地址是实现 IPv6 的 MAC 地址解析的关键。

4．被请求节点组播地址生成过程

在 IPv6 中，一个 IPv6 单播地址都有一个对应的被请求节点组播地址，使用被请求节点组播地址实现地址解析、重复地址检测等功能。被请求节点组播地址的有效范围为本地链路。

一个三层 IPv6 地址的被请求节点组播地址如何生成？

被请求节点组播地址是一种特殊的组播地址，其结构如图 2-37 所示。该组播地址将一个 IPv6 单播地址的后 24 位，填充到一个被请求节点组播地址的固定 104 位前缀"FF02::1:FF"中，生成本地链路上唯一的被请求节点组播地址。

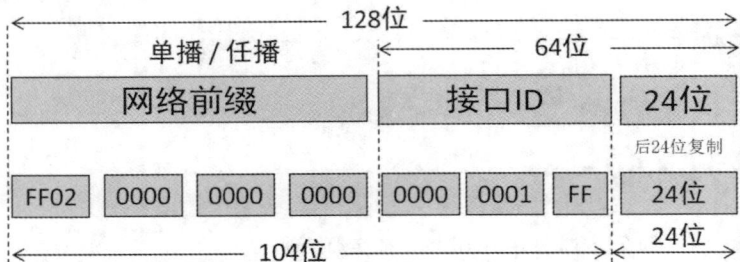

图 2-37　被请求节点组播地址结构

若某链路本地地址为"FEC0:0000:0000:0000:0230:18FF:FEAA:4C3E"，如何生成相应被请求节点组播地址？生成过程如图 2-38 所示。

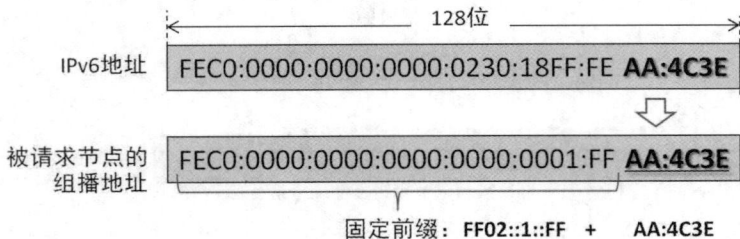

图 2-38　被请求节点组播地址生成过程

首先，写出被请求节点组播地址固定前缀"FF02:0000:0000:0000:0000:0001:FF"。

然后，取出该链路本地地址中最后 6 位十六进制字符（二进制为 24 位）"AA:4C3E"，填充到固定前缀"FF02:0000:0000:0000:0000:0001:FF"后面。

最后，生成被请求节点组播地址"FF02:0000:0000:0000:0000:0001:FFAA:4C3E"，再使用零压缩表示法表示为"FF02::1:FFAA:4C3E"。

2.5.4　主机及路由器上 IPv6 地址

IPv6 地址的一个重要优点是：允许接入网络中的一台路由器、一台 IPv6 主机或者一个接口可以具备多个 IPv6 地址，包括单播地址、组播地址等，实现不同场景中 IPv6 通信。其中，不同地址作用的网络范围如图 2-39 所示。

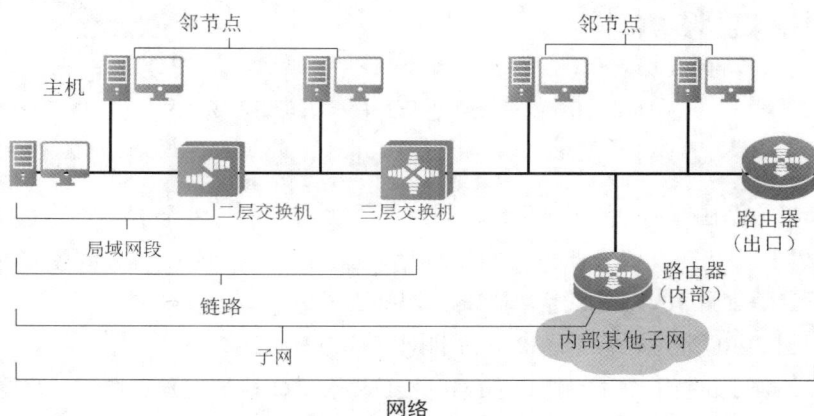

图 2-39　不同地址作用的网络范围

一台 IPv6 主机或者一个接口必须具备的 IPv6 地址如表 2-9 所示。

表 2-9　主机或者接口必须具备的 IPv6 地址

必须具备的 IPv6 地址	IPv6 标识
每个网络接口的链路本地地址	FE80::/10
环回地址	::1/128
所有节点组播地址	FF01::1，FF02::1
分配的全局单播地址	2000::/3
每个单播/任播地址对应的被请求节点组播地址	FF02::1:FF00:/104
主机所属的所有组的组播地址	FF00::/8

作为一台 IPv6 路由器，除需要具备一台 IPv6 主机或一个接口必须具备的 IPv6 地址外，还需要具备表 2-10 所示的地址，完成 IPv6 路由器的路由功能。

表 2-10　IPv6 路由器必须具备的 IPv6 地址

必须具备的 IPv6 地址	IPv6 标识
一个节点或接口必须具备的 IPv6 地址	FE80::/10，::1/128，FF01::1，FF02::1，2000::/3，FF02::1:FF00:/104，FF00::/8
所有路由器组播地址	FF01::2，FF02::2，FF05::2

【技术实践】配置 IPv6 地址，实现 IPv6 网络连通

【任务描述】

某企业网部署下一代互联网。如图 2-40 所示，使用多台 IPv6 交换机（Switch）组建 IPv6 网络，通过给互联的网络接口配置 IPv6 地址实现 IPv6 网络连通。

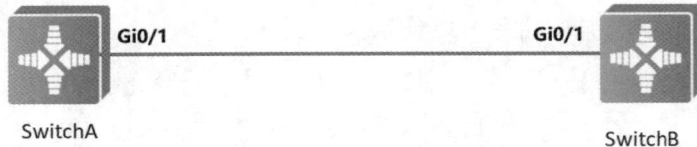

图 2-40　某企业网中部分 IPv6 设备组网场景

【设备清单】

三层交换机或路由器（2 台）、网线（若干）、测试主机（若干）。

【实施步骤】

按照如下步骤配置 IPv6 地址，实现 IPv6 网络连通。

（1）按照图 2-40 所示拓扑组建 IPv6 企业网。

尽量按照拓扑上的接口连接组网，如果有接口变化，修改相应接口名称，配置信息不变。

（2）配置设备链路本地地址（FE80::/10），实现 IPv6 网络连通。

① 激活 SwitchA 的互连接口 IPv6 功能。

```
Switch#configure terminal
Switch(config)#hostname SwitchA
SwitchA(config)#interface GigabitEthernet0/1
SwitchA(config-if)#no switch      //开启三层接口
SwitchA(config-if)#ipv6 enable    //开启接口 IPv6
SwitchA(config-if)#end
```

备注：在打开设备的接口时，根据厂家及设备版本的不同，有"Switch(config-if-GigabitEthernet0/1)"和"Switch(config-if)"两种不同提示方法。

本书为了缩短代码，表示简洁，全部采用"Switch(config-if)"提示方法。后续的单元都按照这一标准执行。

② 激活 SwitchB 的互连接口 IPv6 功能。

```
Switch#configure terminal                         //进入配置模式
Switch(config)#hostname SwitchB                    //给设备命名
SwitchB(config)#interface GigabitEthernet0/1       //打开指定接口
SwitchB(config-if)#no switch                       //开启三层接口
SwitchB(config-if)#ipv6 enable                     //开启接口 IPv6
SwitchB(config-if)#end                             //退出
```

（3）查看设备链路本地地址。

① 查看 SwitchA 互连接口上的链路本地地址。

```
SwitchA#show ipv6 interface GigabitEthernet0/1
GigabitEthernet0/1 is up, line protocol is up
TPv6 is enabled, 1ink-1ocal address is FE80::C803:2FFF:FEF0:0
No virtual link-local addressces: Global unicast address(es):
Joined group address(es):
FF02::1
FF02::1:FF00:1
FF02::1:FFF0:0
MTU is 1500bvtes
ICMP error messages limited to one every 100 milliseconds
ICMp redirects areenabled ICMP unreachables are sent
……
```

② 查看 SwitchB 互连接口上的链路本地地址。

```
SwitchB#show ipv6 interface GigabitEthernet0/1
GigabitEthernet0/1 is up, line protocal is up
TPv6 is enabled, 1ink-1ocal address is FE80::C804:2EFF:FEB4:0
No virtual link-local addressces: Global unicast address(es):
Joined group address(es):
FF02::1
FF02::1:FF00:2
FF02::1:FFB4:0
MTU is 1500bvtes
ICMP error messages limited to one every 100 milliseconds
ICMp redirects areenabled ICMP unreachables are sent
……
```

③ 通过链路本地地址测试网络连通。

```
SwitchA#ping ipv6 FE80::C804:2EFF:FEB4:0
Type escape sequence to abort.
sending 5,100-byte ICMP Echos to 2000::2, timeout is 2 seconds:
!!!!!
Success rate is 100 percent (5/5),round-trip min/avg/max=4/13/28 ms
//网络通信正常，通过 IPv6 的链路本地地址实现 IPv6 网络连通
```

（4）手动配置主机的 IPv6 地址，实现 IPv6 网络连通。

① 手动配置 SwitchA 互连接口 IPv6 地址。

```
SwitchA#configure terminal
SwitchA(config)#interface GigabitEthernet0/1
SwitchA(config-if)#no switch              //开启三层接口
SwitchA(config-if)#ipv6 enable            //开启接口 IPv6
SwitchA(config-if)#IPv6 address 2000::1/64   //手动配置 IPv6 地址
SwitchA(config-if)#end
```

② 手动配置 SwitchB 互连接口 IPv6 地址。

```
SwitchB#configure terminal
SwitchB(config)#interface GigabitEthernet0/1
SwitchB(config-if)#no switch              //开启三层接口
SwitchB(config-if)#ipv6 enable            //开启接口 IPv6
SwitchB(config-if)#IPv6 address 2000::2/64   //手动配置 IPv6 地址
SwitchB(config-if)#end
```

（5）查看设备接口上配置的 IPv6 地址。

① 查看 SwitchA 的互连接口配置完成的 IPv6 地址。

```
SwitchA#show ipv6 interface GigabitEthernet0/1
GigabitEthernet0/1 is up, line protocal is up
IPv6 is enabled, link-local address is FE80::C803:2FFF:FEF0:0
No virtual link-local addressces: Global unicast address(es):
2000::1, subnet is 2000::/64
Joined group address(es):
FF02::1
FF02::1:FF00:1
FF02::1:FFF0:0
MTU is 1500bvtes
ICMP error messages limited to one every 100 milliseconds
ICMp redirects areenabled ICMP unreachables are sent
......
```

② 通过 IPv6 地址测试网络连通。

```
SwitchA#ping ipv6 2000::2
Rl#ping 2000::2
Type escape sequence to abort.
sending 5,100-byte ICMP Echos to 2000::2, timeout is 2 seconds:
!!!!!
Success rate is 100 percent (5/5),round-trip min/avg/max=4/13/28 ms
//网络通信正常，通过手动配置的 IPv6 地址实现 IPv6 网络连通
```

【认证测试】

下列选择题中每题都只有一个正确选项，把其挑选出来。

1. IPv6 地址中不包含（　　）地址类型。

A. 单播　　　　　　　　　B. 组播　　　　　　　　　C. 任播　　　　　　　　　D. 广播

2. IPv4 地址中不包含（　　）地址类型。

A. 单播　　　　　　　　　B. 组播　　　　　　　　　C. 任播　　　　　　　　　D. 广播

3. 下列（　　）是合法的链路本地地址。

A. FE80::11　　　　　　　　　　　　　　　B. FEC0::2

C. FF02::A001　　　　　　　　　　　　　　D. FF02::1:FF00:0101:0202

4. 下面 IPv6 地址表示错误的是（　　）。

A. ::1/128　　　　　　　　　　　　　　　　B. 1:2:3:4:5:6:7:8:/64

C. 1:2::1/64　　　　　　　　　　　　　　　D. 2001::1/128

5. 下一代互联网中使用的 EUI-64 接口 ID 长度为（　　）。

A. 32 位　　　　　　　　B. 64 位　　　　　　　　C. 96 位　　　　　　　　D. 128 位

单元3
设备获取IPv6地址方法

03

【技术背景】

IPv6 除了提供丰富的地址之外，其突出特点是支持节点自动配置地址，适应物联网时代 IP 地址自动配置需求，简化了网络管理。在 IPv6 无状态地址自动配置方法下，主机（节点）接收路由器宣告的地址前缀，然后和接口 ID 生成一个可聚合的全局地址。

此外，IPv6 还提供 DHCPv6 有状态地址自动配置方法，通过 DHCPv6 中继，从 DHCPv6 服务器中获取 IPv6 地址配置信息，如图 3-1 所示。

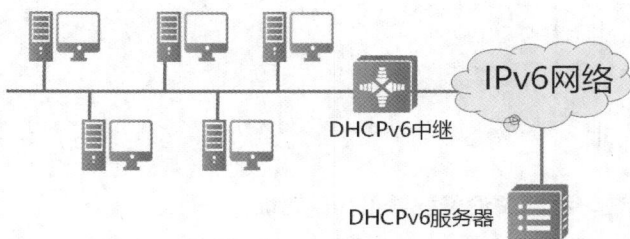

图 3-1　主机获取 IPv6 地址方法

【学习目标】

在本单元中，学生需要了解设备获取 IPv6 地址的方法，学会配置 DHCPv6 服务器。具体学习目标如下。

1. 知识目标

（1）掌握手动配置 IPv6 地址的方法。

（2）掌握 IPv6 无状态地址自动配置技术。

（3）掌握 DHCPv6 有状态地址自动配置技术。

2. 技能目标

（1）配置 DHCPv6 服务器，实现本地子网内主机自动获取 IPv6 地址。

（2）配置 DHCPv6 中继，实现互联子网内主机自动获取 IPv6 地址。

3. 素养目标

（1）学会整理课堂笔记，会独立在网络上查询资料，完善课堂笔记。

（2）能独立完成课后的技术实践，并能按照标准格式撰写实践报告。

（3）能保持工作环境干净，整洁放置物料，遵守 6S 现场管理标准。

（4）严格按照实践步骤规范操作，遵守规则，并在动手实操中培养工匠精神。

【技术介绍】

3.1 了解设备获取 IPv6 地址的方法

接入 IPv6 网络中的设备必须拥有 IPv6 地址才能实现 IPv6 通信。在 IPv6 网络部署中，设备获取 IPv6 地址的方法主要有以下 4 种。

1. 在接口上激活 IPv6，设备自动获取 IPv6 链路本地地址

为了实现互连设备之间互相通信，接入 IPv6 网络中的设备只要在接口上激活 IPv6 协议，即可自动获取 IPv6 链路本地地址。互连的设备之间通过链路本地地址交换信息。

```
Router(config)#interface GigabitEthernet 0/1
Router(config-if)#ipv6 enable
//激活 IPv6，自动生成链路本地地址
Router(config-if)#no shutdown
Router(config-if)#end
Router#show ipv6 interface GigabitEthernet 0/1
……
```

IPv6 地址生产方法

2. 通过手动方法，给网关设备配置 IPv6 地址

使用"ipv6 address"命令，给网络中关键设备（通常是网关设备）的指定接口主动配置 IPv6 地址，包括路由前缀、子网 ID 和接口 ID（64 位）。

```
Router(config)#interface GigabitEthernet 0/1
Router(config-if)#ipv6 enable
//激活 IPv6，自动生成链路本地地址
Router(config-if)#ipv6 address 2001::1/64
//配置 IPv6 地址
Router(config-if)#ipv6 address fec0::1/64
//也可以手动配置链路本地地址（可选）
 Router(config-if)#no shutdown
Router(config-if)#end
Router#show ipv6 interface GigabitEthernet 0/1
……
```

3. 通过无状态地址自动配置方法，实现设备自动获取 IPv6 地址

在主机连接三层路由口环境中，三层路由设备已激活 IPv6，并手动配置指定的 IPv6 地址。互连的主机通过自动获取地址方法，也称为无状态地址自动配置方法。

IPv6 无状态地址自动配置

在无状态地址自动配置方法下，接入网络中的主机之间利用三层路由设备周期性发出路由器请求（Router Solicitation，RS）消息和路由器通告（Router Advertisement，RA）消息，完成 IPv6 地址自动配置过程。

在无状态地址自动配置过程中：首先，主机通过 RS 消息发现链路上的 IPv6 路由器；然后，IPv6 路由器通过 RA 消息向主机通告 IPv6 地址前缀；最后，主机收到 IPv6 地址前缀后，与主机的网卡接口 ID 一起构成 128 位的 IPv6 单播地址，如图 3-2 所示。

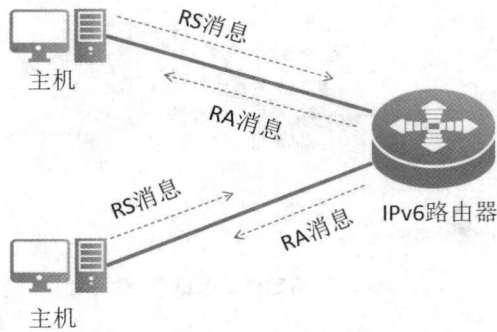

图 3-2　无状态地址自动配置过程

该方法的优点是设备可以做到即插即用，无须人工管理；缺点是每台主机上自动生成的 IPv6 地址差异很大，不便于统一管理。

4．搭建 DHCPv6 服务器，通过有状态地址自动配置方法，自动获取 IPv6 地址

在网络中搭建图 3-3 所示的 DHCPv6 服务器，通过 DHCPv6 为设备分配 IPv6 地址。因此，通过 DHCPv6 服务器分配 IPv6 地址也称为 DHCPv6 有状态地址自动配置。

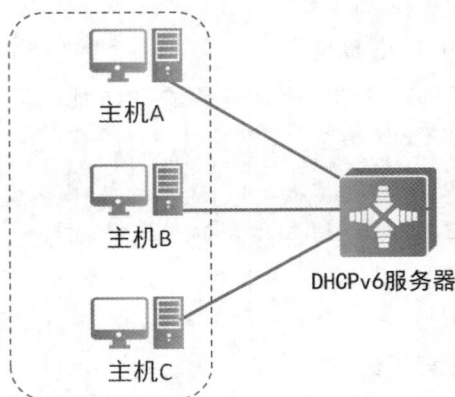

图 3-3　搭建 DHCPv6 服务器分配 IPv6 地址

安装在网络中的 DHCPv6 服务器自动分配 IPv6 地址和参数（DNS 等），即使用默认的 DHCPv6 有状态地址自动配置方法。通过该方法，可以实现集中分配 IPv6 地址，提高工作效率，能清晰了解主机及地址分配信息。

该方法的缺点是部署和维护 DHCPv6 服务器成本增加。

3.2 通过手动方法配置 IPv6 地址

通过手动方法为指定接口配置 IPv6 地址，如图 3-4 所示。通过该方法可以为路由器等网关设备配置 IPv6 地址。

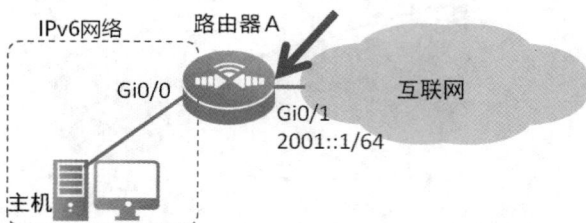

图 3-4 为指定接口配置 IPv6 地址

1. 激活接口上 IPv6

首先，使用如下命令，激活接口上 IPv6。

```
Router(config)#interface Gigabitethernet 0/1
Router(config-if)#ipv6 enable
Router(config-if)#exit
```

一个接口上一旦激活 IPv6，该接口还会自动生成链路本地地址。如果是三层交换口，需要先执行"no switchport"命令将其转换成三层路由口。

```
Switch(config)#interface Gigabitethernet 0/1
Switch(config-if)#no switchport
Switch(config-if)#exit
```

2. 在接口上配置指定的 IPv6 地址

在接口模式下，使用如下命令给接口配置指定的 IPv6 地址。

```
Router(config-if)#ipv6 address ipv6-address/prefix-length
   //为接口配置 IPv6 地址，只指定前缀，生成地址由前缀和接口 ID 组成
Router(config-if)#ipv6 address ipv6-prefix /prefix-length Eui-64
   //指定参数 EUI-64，生成地址由前缀和 EUI-64 接口 ID 组成
```

其中，各项参数说明如下。

- ipv6-address：IPv6 地址。
- ipv6-prefix：IPv6 地址前缀。
- prefix-length：IPv6 地址前缀的长度。
- Eui-64：生成 IPv6 地址由配置地址前缀和 64 位接口 ID 组成。

【案例 3-1】手动配置 IPv6 地址。

图 3-5 所示为通过手动方法给接口配置 IPv6 地址。

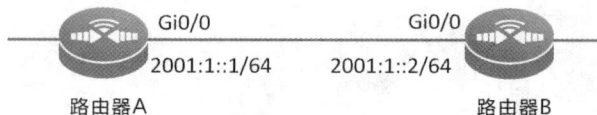

图 3-5　通过手动方法给接口配置 IPv6 地址

命令如下。

```
Router(config)#hostname RouterA                      //给设备命名
RouterA(config)#interface GigabitEthernet 0/0        //打开接口
RouterA(config-if)#ipv6 enable                       //激活接口上 IPv6
RouterA(config-if)#ipv6 address 2001:1::1/64         //给接口配置 IPv6 地址
RouterA(config-if)#no shutdown
RouterA(config-if)#exit

Router(config)#hostname RouterB
RouterB(config)#interface GigabitEthernet 0/0
RouterB(config-if)#ipv6 enable
RouterB(config-if)#ipv6 address 2001:1::2/64
RouterB(config-if)#no shutdown
RouterB(config-if)#exit

RouterB#ping6 2001:1::1                               //测试互联网络通信
!!!!!

RouterB#show ipv6 interface GigabitEthernet 0/0  //查看接口信息
interface FastEthernet 0/0 is Up, ifindex: 1
  address(es):
   Mac Address: 00:d0:f8:6b:38:b0
   INET6: fe80::2d0:f8ff:fe6b:38b0 , subnet is fe80::/64
     Joined group address(es):
       ff02::2
       ff01::1
       ff02::1
       ff02::1:ff6b:38b0
   INET6: 2001:1::2 , subnet is 2001:1::/64
     Joined group address(es):
       ff02::2
       ff01::1
       ff02::1
       ff02::1:ff00:2
```

3.3　通过无状态地址自动配置方法获得 IPv6 地址

配置 IPv6 接口地址和 IPv6 路由

1. 什么是无状态地址自动配置方法

IPv6 无状态地址自动配置方法通过邻居发现协议来实现。无状态地址自动配置方法如图 3-6 所示。

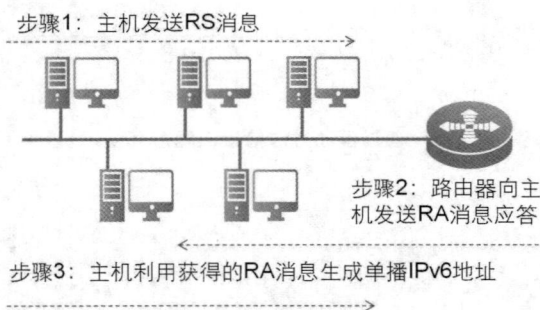

图 3-6　无状态地址自动配置方法

2．邻居发现协议

邻居发现协议（Neighbor Discovery Protocol，NDP）是 IPv6 中最重要的协议之一，替代传统的 ARP，提供前缀发现、邻居不可达检测、重复地址检测、地址自动配置等功能。

图 3-7 所示为 IPv6 邻居设备之间实现邻居发现功能。

图 3-7　IPv6 邻居设备之间实现邻居发现功能

3．无状态地址自动配置过程

IPv6 无状态地址自动配置过程通过 NDP 完成，分为如下两个阶段。

（1）生成链路本地地址

当设备的接口上启用 IPv6 时，主机使用链路本地地址的固定前缀 FE80::/10 和 EUI-64 接口 ID，生成一个链路本地地址。如果在后续重复地址检测中发生地址冲突，必须为该接口手动配置链路本地地址。

（2）生成全局单播地址

在主机上配置 IPv6 全局单播地址的步骤如下。

① NodeA 生成链路本地地址后，发送 RS 报文，请求路由器前缀信息，如图 3-8 所示。

② 路由器收到 RS 报文后，发送单播 RA 报文，携带无状态地址自动配置的 IPv6 地址的前缀信息。同时，路由器会周期性地用组播方式发送 RA 报文，如图 3-8 所示。

③ NodeA 收到 RA 报文后，根据 RA 报文中携带的前缀信息，生成一个临时全局单播地址。同时，启动重复地址检测，发送 NS 报文验证临时地址唯一性。此时，该 IPv6 地址处于临时状态。

④ 链路上其他主机收到重复地址检测的 NS 报文后，如果没有用户主机使用该 IPv6 地址，则丢弃该 NS 报文；否则，产生应答 NS 报文的邻居通告（Neighbor Advertisement，NA）报文。

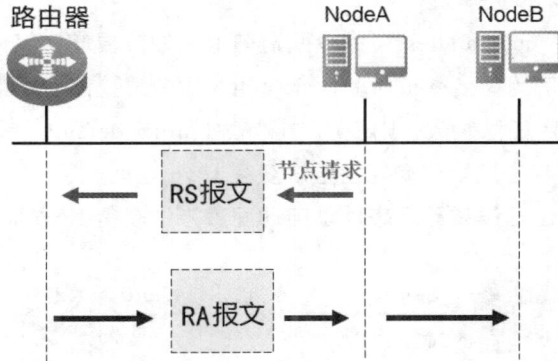

图 3-8　RS 报文和 RA 报文交互

⑤ 如果 NodeA 没有收到重复地址检测的 NA 报文，说明地址唯一，可以用该临时地址初始化接口，如图 3-9 所示。此时，该 IPv6 地址进入有效状态。地址自动配置完成后，路由器进行邻居不可达检测，周期性地发送 NS 报文，探测该地址是否可达。

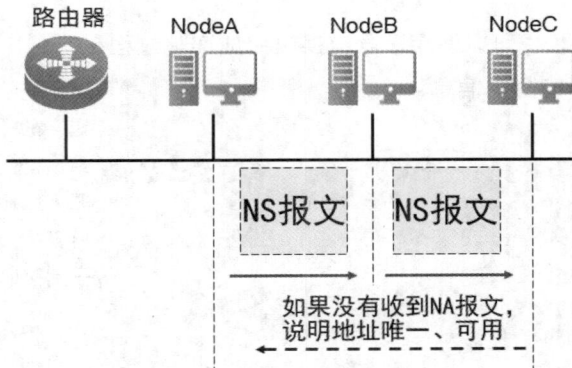

图 3-9　NodeA 进行重复地址检测

4．IPv6 无状态地址自动配置方法

（1）开启 RA 报文发送

在接口模式下，使用"ipv6 nd suppress-ra"命令，抑制 RA 报文发送。

```
Router(config-if)#ipv6 nd suppress-ra
```

为方便设备能自动获取 IPv6 地址，需要关闭 IPv6 接口默认的抑制发送 RA 报文功能。在接口模式下使用如下命令，开启三层路由设备的 RA 报文发送。

```
Router(config-if)#no ipv6 nd suppress-ra
```

（2）配置 IPv6 地址前缀

在接口模式下使用如下命令，设置在 RA 报文中携带地址前缀。

```
Router(config-if)#ipv6 nd prefix {ipv6-prefix/prefix-length | default}
```

其中，各项参数说明如下。

- ipv6-prefix：IPv6 地址前缀。
- prefix-length：IPv6 地址前缀的长度，注意前面必须加上"/"。
- default：使用默认参数配置。

默认情况下，通过"ipv6 address"命令配置前缀，如果要增加其他前缀，也可以使用该命令进行配置。此外，使用"ipv6 nd prefix default"命令设置该接口上默认参数，即新增加一个前缀。如果没有指定任何参数，则使用"ipv6 nd prefix default"设置前缀参数。

【案例 3-2】通过无状态地址自动配置方法获得 IPv6 地址。

IPv6 网络中多台路由器通过无状态地址自动配置方法获得 IPv6 地址，如图 3-10 所示。

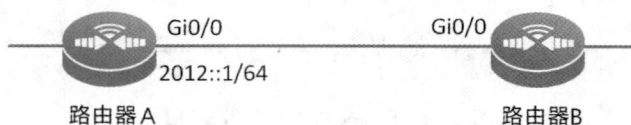

图 3-10　通过无状态地址自动配置方法获得 IPv6 地址

（1）按照拓扑图完成组网。

尽量按照拓扑图配置接口连接组网，如果有接口变化，修改相应接口名称，配置信息不变。

如果没有路由设备，也可以使用三层交换机完成实验过程。

（2）配置路由器 A 的基本信息。

```
Router#configure terminal                          //进入配置模式
Router(config)#hostname RouterA                    //给设备命名
RouterA(config)#ipv6 unicast-routing               //开启IPv6路由，才可以发送RA报文
RouterA(config)#interface Gigabitethernet0/0       //打开接口
RouterA(config-if)#ipv6 enable                     //开启接口上IPv6功能
RouterA(config-if)#ipv6 address 2012::1/64
//在接口上配置指定IPv6地址
RouterA(config-if)#ipv6 nd prefix 2012::/64
//为接口添加一个IPv6前缀
RouterA(config-if)#no ipv6 nd suppress-ra
//开启RA报文发送，关闭抑制
RouterA(config-if)#no shutdown                     //打开接口，不要关闭
RouterA(config-if)#exit                            //返回
```

（3）配置路由器 B 的基本信息。

```
Router#configure terminal
Router(config)#hostname RouterB
RouterB(config)#interface Gigabitethernet0/0
RouterB(config-if)#ipv6 enable
RouterB(config-if)#ipv6 address autoconfig
//在三层路由设备上需要配置该命令，实现通过无状态地址自动配置方法获得IPv6地址
//需要在主机的网卡上，开启自动获取IPv6地址
```

```
RouterB(config-if)#no shutdown
RouterB(config-if)#end
```

（4）查看信息，测试网络连通。

```
RouterB#show ipv6 interface Gigabitethernet0/0        //查看接口状态
interface GigabitEthernet 0/0 is Up, ifindex: 1, vrf_id 0
  address(es):
    Mac Address: 50:00:00:04:00:01
    INET6: FE80::5200:FF:FE04:1 , subnet is FE80::/64
    INET6: 2012::5200:FF:FE04:1 [ PRE ], subnet is 2012::/64
      valid lifetime 2591972 sec, preferred lifetime 604772 sec
  Joined group address(es):
    FF01::1
    FF02::1
    FF02::2
    FF02::1:FF00:0
    FF02::1:FF04:1
  MTU is 1500 bytes
  ……
RouterB#show ipv6 route            //查看直连路由信息
……
RouterB#ping ipv6 2012::1/64     //测试对端网络连通性
……
```

（5）在路由器 A 上不希望实现无状态地址自动配置，抑制 RA 报文。

首先，在路由器 A 上打开 RA 报文抑制功能。

```
RouterA(config)#interface Gigabitethernet0/0
RouterA(config-if)#ipv6 nd suppress-ra
//打开 RA 报文抑制功能，避免路由设备周期性发送通告
```

然后，打开对端的设备路由器 B。把路由器 B 连接路由器 A 的接口下线（使用"shutdown"命令），更新接口信息后再用"no shutdown"命令打开接口，完成信息查询。

```
RouterB#show ipv6 interface Gigabitethernet0/0
//查看接口状态，查看 ND 干扰结果
interface GigabitEthernet 0/0 is Up, ifindex: 1, vrf_id 0
  address(es):
    Mac Address: 50:00:00:04:00:01
    INET6: FE80::5200:FF:FE04:1 , subnet is FE80::/64
//无法自动获取 IPv6 地址
  Joined group address(es):
    FF01::1
    FF02::1
    FF02::2
    FF02::1:FF04:1
……
```

3.4 通过 DHCPv6 实现有状态地址自动配置

有状态地址自动配置通过 DHCPv6 实现，需要在网络中搭建 DHCPv6 服务器，为网络中的主机自动分配 IPv6 地址前缀和其他网络参数。

3.4.1　DHCPv6 概述

1．什么是 DHCPv6

DHCPv6 是针对 IPv6 编址的方案，为 IPv6 主机自动分配 IPv6 地址前缀和其他参数。

DHCPv6 是一种运行在客户端（Client）和服务器（Server）之间的协议，与 IPv4 中的 DHCP 一样，所有协议报文都基于用户数据报协议（User Datagram Protocol，UDP）传输。由于 IPv6 没有广播报文，DHCPv6 使用组播方式（所有服务器加入组播组 FF02::1:2）为主机自动分配 IPv6 地址。DHCPv6 基本架构如图 3-11 所示。

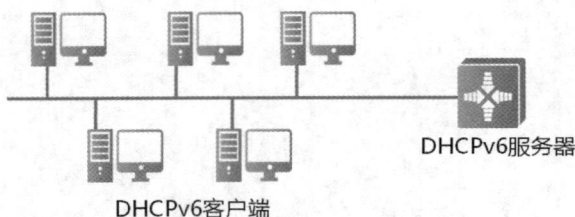

了解 DHCPv6

图 3-11　DHCPv6 基本架构

2．DHCPv6 的特点

与其他 IPv6 地址配置方法（手动配置方法、无状态地址自动配置方法）相比，使用 DHCPv6 为主机自动分配 IPv6 地址具有以下突出优点。

（1）可控制 IPv6 地址分配内容，记录分配日志。

（2）可为主机分配特定地址，以便于网络管理。

（3）可为网络中核心设备分配指定 IPv6 地址前缀，实现全网 IPv6 地址管理。

3．DHCPv6 自动分配地址方法

按照自动分配地址方法的不同，DHCPv6 地址自动配置方法分为以下两种。

（1）DHCPv6 有状态地址自动配置，即 DHCPv6 服务器自动配置 IPv6 地址，同时还分配 DNS 等网络参数。

（2）DHCPv6 无状态地址自动配置，主机 IPv6 地址仍需要通过路由器通告方式自动生成，其中，DHCPv6 服务器分配除 IPv6 地址以外的其他配置参数信息。

3.4.2　DHCPv6 工作原理

1．组播地址

在 DHCPv6 中，网络中的主机需要 IPv6 地址时，通过发送目的地址为组播地址的请求报文来定位网络中的 DHCPv6 服务器，请求 DHCPv6 服务器分配地址。其中，DHCPv6 中应用到的组播地址有以下两个。

（1）FF02::1:2

这是所有 DHCPv6 服务器和 DHCPv6 中继代理设备的组播地址，其在本地链路范围内有效，用于实现 DHCPv6 客户机和 DHCPv6 服务器及 DHCPv6 中继代理设备之间的通信。

（2）FF05::1:3

这是所有 DHCPv6 服务器的组播地址，其只在站点范围内有效，用于实现 DHCPv6 中继代理设备和 DHCPv6 服务器之间的通信，站点内所有 DHCPv6 服务器都是此组播地址的成员。

2．DHCPv6 有状态地址自动配置过程

如图 3-12 所示，在 DHCPv6 服务器和 DHCPv6 客户机之间，通过 DHCPv6 报文实现了 4 步交互，完成了 IPv6 地址分配过程。

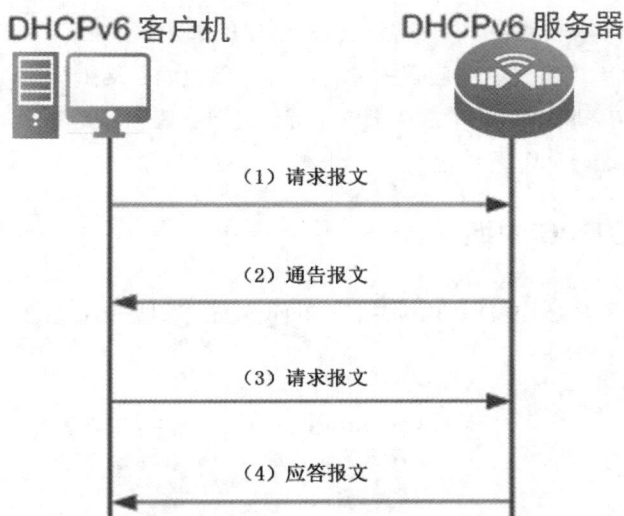

图 3-12　DHCPv6 报文实现 IPv6 地址分配过程

（1）DHCPv6 客户机通过组播方式发送请求（Solicit）报文，寻找网络中的 DHCPv6 服务器。

（2）DHCPv6 服务器收到请求报文后，回复通告（Advertise）报文，通知 DHCPv6 客户机，可以为其分配 IPv6 地址。

（3）如果 DHCPv6 客户机收到多台 DHCPv6 服务器回复的通告报文，则选择通告报文中优先级最高的 DHCPv6 服务器为其分配地址；并向所有 DHCPv6 服务器发送请求报文，通知已经获取到 IPv6 地址信息。其中，该报文中携带选择的 DHCPv6 服务器的设备唯一标识符（Device Unique Identifier，DUID）。

（4）DHCPv6 服务器回复应答（Reply）报文，确认将 IPv6 地址和网络参数分配给 DHCPv6 客户机。

3．DHCPv6 无状态地址自动配置过程

主机也可以通过 DHCPv6 无状态地址自动配置方法获取网络参数（包括 DNS 等），但不包括 IPv6 地址，自动配置过程如图 3-13 所示。

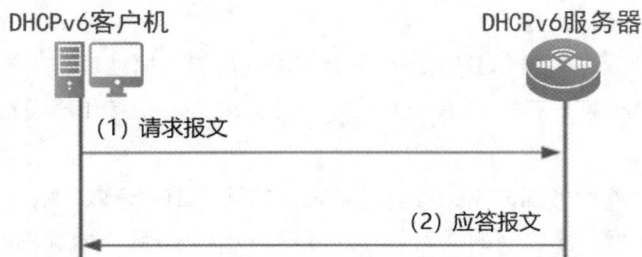

图 3-13　DHCPv6 无状态地址自动配置过程

（1）DHCPv6 客户机以组播方式向 DHCPv6 服务器发送请求报文。该报文中携带 Option Request 选项，指定 DHCPv6 客户机从 DHCPv6 服务器上获取网络参数。

（2）DHCPv6 服务器收到 DHCPv6 客户机发送来的请求报文后，为 DHCPv6 客户机分配 IPv6 网络参数；并以单播方式返回应答报文，将网络参数返回给 DHCPv6 客户机。

（3）DHCPv6 客户机根据收到的应答报文中提供的参数信息，完成 DHCPv6 客户机上 IPv6 地址请求的无状态地址自动配置过程。

3.4.3　DHCPv6 中继

DHCPv6 客户机还可以通过 DHCPv6 中继（Relay）方式获取 IPv6 地址和网络参数。DHCPv6 中继工作场景如图 3-14 所示。

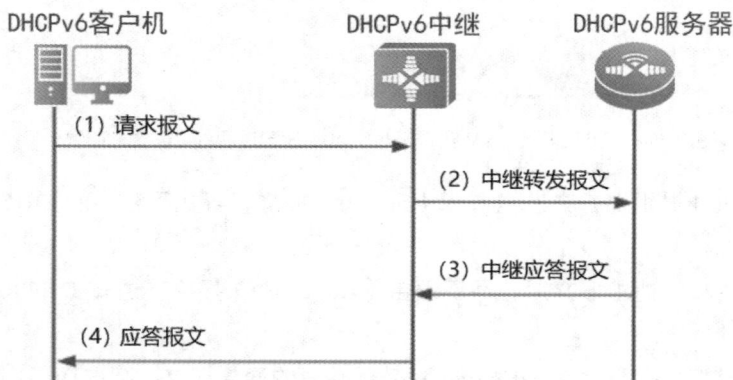

图 3-14　DHCPv6 中继工作场景

在网络中部署 DHCPv6 中继、DHCPv6 服务器和 DHCPv6 客户机，其交互过程如下。

首先，DHCPv6 客户机向网络中所有设备（DHCPv6 服务器和 DHCPv6 中继）发送 IPv6 地址请求报文。如果 DHCPv6 服务器收到该请求报文，直接返回应答报文。

如果网络中没有 DHCPv6 服务器应答，只有 DHCPv6 中继收到请求报文。接下来，需要通过 DHCPv6 中继转发请求报文，分为以下两种情况。

（1）同一条链路上存在 DHCPv6 中继

如果 DHCPv6 中继和 DHCPv6 客户机位于同一条链路（子网）上，DHCPv6 中继就转发

DHCPv6 客户机发送的请求报文。此时，DHCPv6 中继实质上是 DHCPv6 客户机的网关。其中，DHCPv6 中继收到 DHCPv6 客户机发送的请求报文后，将主机的请求信息封装在中继转发（Relay-Forward）报文的中继消息选项（Relay Message Option）中。然后，将中继转发报文发送给 DHCPv6 服务器或下一跳中继。

（2）不同链路上存在 DHCPv6 中继

如果 DHCPv6 中继和 DHCPv6 客户机不在同一条链路（子网）上，DHCPv6 中继收到来自其他中继的中继转发报文，并通过以下方式完成报文转发过程。

① DHCPv6 中继构造一个新的中继转发报文，并将该中继转发报文发送给 DHCPv6 服务器或下一跳中继。

接下来，DHCPv6 服务器从收到的中继转发报文中解析出 DHCPv6 客户机的请求信息。DHCPv6 服务器为 DHCPv6 客户机选取 IPv6 地址和网络参数，回复应答消息。该应答消息封装在中继应答（Relay-Reply）报文的中继消息选项中。之后将封装完成的中继应答报文返回给 DHCPv6 中继。

② DHCPv6 中继从中继应答报文中解析出 DHCPv6 服务器的应答报文，将解封装的中继应答报文转发给 DHCPv6 客户机。

③ DHCPv6 客户机接收到中继应答报文，获取自己需要的 IPv6 地址信息。

此时，如果 DHCPv6 客户机收到多台 DHCPv6 服务器的应答报文，将根据该应答报文中 DHCPv6 服务器的优先级，选择一台 DHCPv6 服务器建立连接；后续只和该台 DHCPv6 服务器交互，获取需要的 IPv6 地址和网络参数。

3.4.4　配置 DHCPv6 服务器

DHCPv6 服务器部署场景如图 3-15 所示，部署 DHCPv6 服务器工作内容包括配置静态绑定地址、本地前缀池、DNS 服务器、域名等，并为 DHCPv6 客户机分配网络参数（IPv6 地址、DNS 等）。

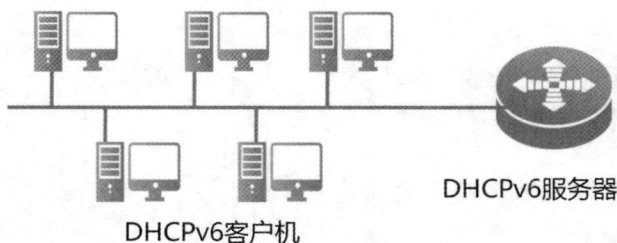

配置 DHCPv6
服务器 1-IAPD

配置 DHCPv6
服务器 2-IANA

DHCPv6服务器

DHCPv6客户机

图 3-15　DHCPv6 服务器部署场景

1. 创建 DHCPv6 服务器本地前缀池

在全局模式下，使用如下命令创建 DHCPv6 服务器本地前缀池。

```
Router(config)#service dhcp              //开启 DHCPv6 服务器
Router(config)#ipv6 dhcp pool pool-name  //配置本地前缀池名字为 pool-name
```

2．配置 DHCPv6 服务器静态绑定的前缀地址

使用"prefix-delegation"命令为 DHCPv6 客户机配置一个地址前缀信息列表（可选[①]），并为这些前缀配置有效时间。

```
Router(config-dhcp)#prefix-delegation ipv6-prefix/prefix-length client-DUID
[ lifetime ]
```

其中，各项参数说明如下。

- ipv6-prefix/prefix-length：IPv6 地址前缀/前缀长度。
- client-DUID：DHCPv6 客户机 DUID。
- lifetime：设定 DHCPv6 客户机使用前缀的有效时间。

3．配置 DHCPv6 服务器本地前缀池

使用如下命令配置 DHCPv6 服务器本地前缀池，分配前缀（可选）。

```
Router(config-dhcp)#prefix-delegation pool pool-name [lifetime { valid-lifetime
| preferred-lifetime } ]
```

其中，各项参数说明如下。

- pool-name：用户定义的本地前缀池名字。
- lifetime：设置 DHCPv6 客户机使用所分配前缀的有效时间。如果配置该参数，则 valid-lifetime 和 preferred-lifetime 都要配置。
- valid-lifetime：DHCPv6 客户机可以有效使用该前缀的时间。
- preferred-lifetime：前缀仍然被优先分配给 DHCPv6 客户机的时间。

4．配置 IPv6 本地前缀池

使用如下命令配置 IPv6 本地前缀池（可选）。

```
Router(config-dhcp)#ipv6 local pool pool-name prefix/prefix-length assigned-
length
```

其中，各项参数说明如下。

- pool-name：本地前缀池名字。
- prefix/prefix-length：前缀/前缀长度。
- assigned-length：分配给用户的前缀长度。

5．配置 DNS 服务器列表

使用如下命令配置 DNS 服务器列表（可选）。

```
Router(config-dhcp)#dns-server ipv6-address
```

6．定义域名

使用如下命令定义分配给用户的域名（可选）。

```
Router(config-dhcp)#domain-name domain
```

7．配置 DHCPv6 中继

使用如下命令配置 DHCPv6 中继。处于不同链路的 DHCPv6 客户机和 DHCPv6 服务器通过 DHCPv6 中继通信，完成地址分配、前缀代理、参数分配等操作。

---

① 标注为"可选"的配置，可以不进行配置，只在某些场合下使用。

```
Router(config-if)#ipv6 dhcp relay destination ipv6-address [interface-type
interface-number]
```

其中，各项参数说明如下。

- ipv6-address：指定 DHCPv6 中继的目的端地址。
- interface-type：指定到达目的端接口的类型（可选）。
- interface-number：指定到达目的端接口的编号（可选）。

8. 查看 DHCPv6 服务器运行情况

配置完成后，通过如下命令查看 DHCPv6 服务器的运行状态。

```
Router#show ipv6 dhcp                          //查看 DUID 信息
Router#show ipv6 dhcp binding [ ipv6-address ] //查看 DHCPv6 服务器地址绑定情况
```

【案例 3-3】配置 DHCPv6 服务器。

通过如下配置过程，配置本地网络中的 DHCPv6 服务器，实现对网络中主机自动分配 IPv6
地址功能，配置 DHCPv6 服务器场景如图 3-16 所示。

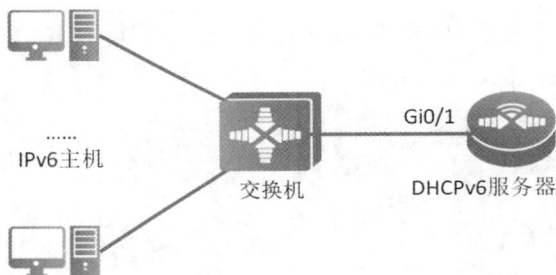

图 3-16 配置 DHCPv6 服务器场景

（1）按照拓扑图完成网络场景组建。

尽量按照拓扑图上接口连接组网，如果有接口变化，修改相应接口名称，配置信息不变。

（2）在路由器上配置 DHCPv6 服务器。

```
Router(config)#service dhcp                    //开启 DHCPv6 服务器
Router(config)#ipv6 dhcp pool abc              //配置名为"abc"的本地前缀池
Router(config-dhcp)#prefix-delegation 2008:2::/64  0003000100d0f82233ac
//配置 DHCPv6 服务器静态绑定地址前缀和 DUID
Router(config-dhcp)#dns-server 2008:1::1       //配置 DNS 服务器
Router(config-dhcp)#domain-name example.com    //配置域名
Router(config-dhcp)#exit

Router(config)#interface GigabitEthernet 0/1
Router(config-if)#ipv6 enable                  //在接口上激活 IPv6
Router(config-if)#ipv6 dhcp server abc         //在接口上启用 DHCPv6 服务器本地前缀池
Router(config-if)#end
Router#show ipv6 dhcp pool                      //查看本地前缀池
DHCPv6 pool: abc
 Static bindings:
 Binding for client 0003000100d0f82233ac
```

```
IA PD prefix: 2008:2::/64
preferred lifetime 3600, valid lifetime 3600
IANA address range: 2008:50::1/64 -> 2008:50::ffff:ffff:ffff:ffff/64
preferred lifetime 1000, valid lifetime 2000
DNS server: 2008:1::1
DNS server: 2008:1::2
Domain name: example.com
```

（3）在 DHCPv6 客户机上查看 IPv6 地址。

首先，在 DHCPv6 客户机上打开网卡的 TCP/IP，启用 DHCPv6，自动获取 IPv6 地址。

然后，在 DHCPv6 客户机上转到 DOS 环境，使用"ipconfig/all"命令查看获取的 IPv6 地址。

【技术实践 1】配置 DHCPv6 服务器

【任务描述】

为了实现某企业网中主机自动获取 IPv6 地址，需要配置 DHCPv6 服务器。图 3-17 所示为在三层交换机上配置 DHCPv6 服务器。

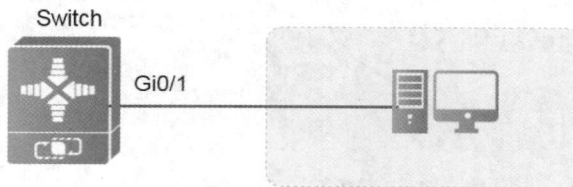

图 3-17　在三层交换机上配置 DHCPv6 服务器

【设备清单】

三层交换机（1 台）、网线（若干）、测试主机（若干）。

【实施步骤】

详细配置步骤如下。

（1）按照拓扑图完成网络场景组建。

尽量按照拓扑图上接口连接组网，如果有接口变化，修改相应接口名称，配置信息不变。

（2）在三层交换机上配置 DHCPv6 服务器，实现连接的主机自动获取 IPv6 地址。

① 配置三层交换机上 IPv6 网关地址。

```
Switch#configure terminal
Switch(config)#interface vlan 1              //打开 vlan 1 虚拟接口
Switch(config-if)#ipv6 enable                //激活 IPv6
Switch(config-if)#ipv6 address 2::1/64       //配置 IPv6 地址
Switch(config-if)#no ipv6 nd suppress-ra     //关闭 RA 报文抑制功能
Switch(config-if)#ipv6 nd prefix 2::/64 no-autoconfig
//配置接口上应用前缀地址，不自动处理
Switch(config-if)#ipv6 nd managed-config-flag
```

```
Switch(config-if)#ipv6 nd other-config-flag
Switch(config-if)#ipv6 dhcp server ruijie
Switch(config-if)#exit
```

在默认情况下，如果地址标志位为 0，表示该主机通过无状态地址自动配置方法获取 IPv6 地址。使用"ipv6 nd other-config-flag"命令，修改标志位为 1。

② 在三层交换机上配置 DHCPv6 服务器。

```
Switch(config)#Server dhcp
Switch(config-dhcp)#ipv6 dhcp pool ruijie
Switch(config-dhcp)#dns-server 2::2
Switch(config-dhcp)#prefix-delegation pool ruijie
Switch(config-dhcp)#end
```

③ 查看 DHCPv6 服务器信息。

```
Switch#show ipv6 dhcp pool
DHCPv6 pool: ruijie
  Prefix pool: ruijie
               preferred lifetime 3600, valid lifetime 3600
  DNS server: 2::2

Switch#show ipv6 dhcp binding
Client  DUID: 00:03:00:01:58:69:6c:b8:71:19
  IAPD: iaid 2, T1 1800, T2 2880
    Prefix: 2::/64
               preferred lifetime 3600, valid lifetime 3600
        expires at Aug 8 2018 18:6 (3124 seconds)
......


Switch#show ipv6 dhcp int vlan 1
VLAN 1 is in server mode
  Server pool ruijie
  Rapid-Commit: disable
......
```

（3）在 DHCPv6 客户机上查看 IPv6 地址。

首先，在 DHCPv6 客户机上打开网卡的 TCP/IP，启用 DHCP，自动获取 IPv6 地址。

然后，在 DHCPv6 客户机上转到 DOS 环境，使用"ipconfig/all"命令查看获取的 IPv6 地址。

【技术实践 2】配置 DHCPv6 中继，实现互联子网内主机自动

获取 IPv6 地址

【任务描述】

某企业为实现内部各个子网中主机都能自动获取 IPv6 地址，在网络中心配置 DHCPv6 服务器，在部门子网配置 DHCPv6 中继。图 3-18 所示为某企业网配置 DHCPv6 中继场景。

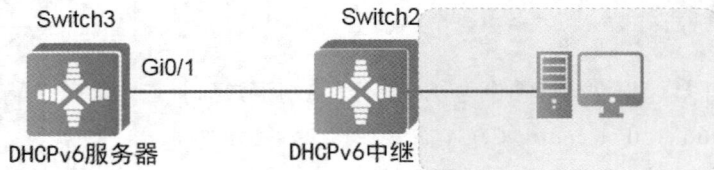

图 3-18　某企业网配置 DHCPv6 中继场景

【设备清单】

三层交换机（1 台）、二层交换机（1 台）、网线（若干）、测试主机（若干）。

【实施步骤】

详细配置步骤如下。

（1）按照拓扑图完成网络场景组建。

尽量按照拓扑图上接口连接组网，如果有接口变化，修改相应接口名称，配置信息不变。

（2）配置三层交换机上 IPv6 网关地址。

```
Switch#config terminal
Switch(config)#hostname Switch3
Switch3(config)#interface GigabitEthernet 0/1
Switch3(config-if)#no switchport
Switch3(config-if)#ipv6 address 2001::1/64
Switch3(config-if)#ipv6 enable
Switch3(config-if)#no ipv6 nd suppress-ra
Switch3(config-if)#ipv6 nd prefix 2001::/64 no-autoconfig
Switch3(config-if)#pv6 nd managed-config-flag
Switch3(config-if)#ipv6 nd other-config-flag
Switch3(config-if)#ipv6 dhcp server ruijie
Switch3(config-if)#ipv6 local pool ruijie 2001::/64  64
Switch3(config-if)#no shutdown
Switch3(config-if)#exit
```

（3）配置三层交换机为 DHCPv6 服务器。

```
Switch3(config)#Server dhcp
Switch3(config-dhcp)#ipv6 dhcp pool ruijie
Switch3(config-dhcp)#dns-server 2001:1::2/64
Switch3(config-dhcp)#prefix-delegation pool ruijie
Switch3(config-dhcp)#exit
```

（4）配置二层交换机为 DHCPv6 中继。

```
Switch#config terminal
Switch(config)#hostname Switch2
Switch2(config)#interface vlan 1
Switch2(config-if)#ipv6 enable
Switch2(config-if)#ipv6 dhcp relay destination 2001::1
Switch2(config-if)#end
Switch2#
```

（5）在 DHCPv6 客户机上查看 IPv6 地址。

首先，在 DHCPv6 客户机上打开网卡的 TCP/IP，启用 DHCP，自动获取 IPv6 地址。

然后，在 DHCPv6 客户机上转到 DOS 环境，使用"ipconfig/all"命令查看获取的 IPv6 地址。

【认证测试】

下列选择题中每题都只有一个正确选项，把其挑选出来。

1. IPv6 中，链路层地址解析使用的报文是（   ）。

A. ARP   B. NS   C. NA   D. ND

2. IPv6 中，无状态地址自动配置过程中使用的主要报文包括（   ）。

A. RS 报文   B. RA 报文

C. NS 报文   D. 重定向报文

3. 下列 IPv6 地址获取过程正确的是（   ）。

A. 无状态环境下通过 RA 获取全局地址

B. 无状态环境下通过 DHCPv6 获取全局地址

C. 有状态环境下通过 DHCPv6 获取 DNS 地址

D. 无状态环境下通过 DHCPv6 获取 DNS 地址

4. 如果环境是无状态，那么 RA 报文（   ）。

A. M 位为 1   B. M 位为 0   C. O 位为 0   D. O 位为 1

5. 下列（   ）不是 DHCPv6 的地址申请过程报文。

A. Discover 广播报文   B. Solicit 申请报文

C. Request 请求报文   D. Advertise 通告报文

单元4
识别IPv6报文

04

【技术背景】

对比 IPv4 报头，IPv6 报头去除了 IPv4 报头中的报头长度、标识、标志、片偏移、报头校验和、可选字段、填充等字段，使 IPv6 报头更加简化，提高了中继设备处理 IPv6 报头的效率。此外，IPv6 报文中增设扩展报头，新增选项时不必修改现有结构就能实现，可以无限扩展，体现 IPv6 报文灵活性。

【学习目标】

在本单元中，学生需要识别 IPv6 报文，学会排除网络故障。具体学习目标如下。

1. 知识目标

（1）了解 IPv4 报文和 IPv6 报文。

（2）了解 IPv6 基本报头和扩展报头。

2. 技能目标

学会使用 Wireshark 工具，查看 IPv6 报文，排除网络故障。

3. 素养目标

（1）会独立按照教师讲授的课程内容，在网络上查询对应的知识点，完善课程讲授内容，培养独立自主的学习习惯。

（2）学会和同伴开展合作学习，和同伴友好沟通，建立友好团队合作关系。

（3）具有安全意识，在真实设备上做实验的过程中，需要遵守安全规范，严格按照安全标准流程操作。

【技术介绍】

IPv6 地址长度是 IPv4 地址长度的 4 倍，但 IPv6 报头长度仅是 IPv4 报头长度的 2 倍，并且 IPv6 的报头格式更精简。

4.1　了解 IPv4 和 IPv6 报头

4.1.1　IP 报文结构

网络中传输的 IP 信息都需要按照一定格式封装成 IP 报文。每一个封装完成的 IP 报文都由两部分组成——基本报头（IP 报头）和有效载荷，如图 4-1 所示。

基本报头	扩展报头	上层协议数据单元

有效载荷

图 4-1　IP 报文结构

其中，各单元模块功能说明如下。

- 基本报头：每一个 IP 报文都包含基本报头。
- 扩展报头：在 IPv6 中，包括 0 个或多个扩展报头，用于扩展更多网络功能。
- 上层协议数据单元：扩展报头和上层协议数据单元组成有效载荷。其中，上层协议可以是互联网控制报文协议（Internet Control Message Protocol，ICMP）、TCP 或 UDP 等。

注意区分数据报和数据包。

数据报：应用程序按照协议格式构建好要发送的数据，这时的数据称为数据报文，简称数据报。特点是数据还没有发送。

数据包：数据报在发送的时候，会根据网络要求进行特定处理，如 IP 分片、TCP 分片等，这时的数据是实际发送的数据，被称为数据包。

4.1.2　IPv4 报头

IPv4 报头结构如图 4-2 所示，包含 20 字节基本报头，"可选字段"中包含 13 个字段选项及 3 个指针。

版　本	报头长度	区　分　服　务	总　　长　　度	
标　　　　识			标　志	片　偏　移
生　存　时　间		协　议	报　头　检　验　和	
源　IP　地　址				
目　标　IP　地　址				
可　选　字　段（长　度　可　变）			填　充	

图 4-2　IPv4 报头结构

区分 IPv4 报头和 IPv6 报头

4.1.3　IPv6 报头

在 IPv6 报头中使用"下一报头"字段说明扩展报头，形成一条扩展报头链，IPv6 扩展报头结构如图 4-3 所示。

图 4-3　IPv6 扩展报头结构

IPv6 报头特点如下。

1. IPv6 报头简洁

IPv6 报头简洁，方便增加选项，改善网络性能，增强安全性。

2. 固定 IPv6 基本报头

IPv6 基本报头固定为 40 字节，路由器处理数据更快，提高了转发效率。

3. 简化 IPv6 基本报头

IPv6 基本报头中去掉 IPv4 报头中很多字段，如片偏移、标识和填充等，都移到 IPv6 扩展报头中处理，提升网络中继设备处理数据包的速度。

4. IPv6 报头新增流标签字段

IPv6 报头保留了 IPv4 报头中的业务字段，新增流标签字段，根据不同的数据流分类，实现优先级控制和 QoS 保障，改善 IPv6 QoS。

4.2　了解 IPv6 基本报头

每一个数据报都必须有 IPv6 基本报头，它包含寻址和控制信息，这些信息用来管理数据报的处理和选路。在 IPv6 报文中，把一些字段移到扩展报头，使 IPv6 基本报头长度大大缩短，如图 4-4 所示。

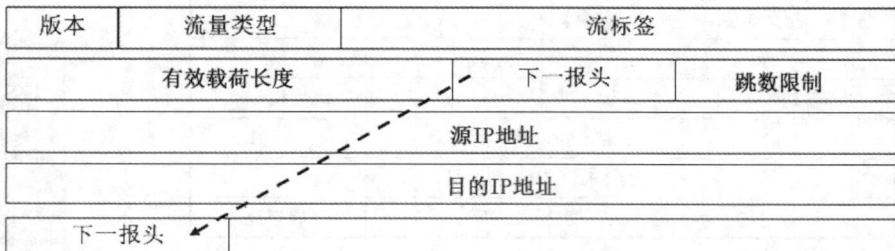

图 4-4　IPv6 基本报头格式

对比 IPv4 报头可以看出，IPv6 基本报头去除 IPv4 报头中报头长度、标识、标志、片偏移、报头校验和、可选字段、填充等诸多字段，只增加流标签这一个字段。因此，路由器处理 IPv6 报头比处理 IPv4 报头简单很多，提高了处理效率。

其中，各个字段说明如下。

（1）版本（Version）：长度为 4 位，标识 IP 版本，与 IPv4 报头中的作用相同。

（2）流量类型（Traffic Class）：长度为 8 位，该字段取代 IPv4 报头中的区分服务字段。默认情况下，源节点将流量类型字段设置为 0，但不管开始是否将其设置为 0，在通往目标节点途中，这个字段都可能会被修改。

（3）流标签（Flow Label）：长度为 20 位，表示为了给实时数据报交付和 QoS 特性提供更多支持，从一个源设备到一个或多个目的设备的一系列数据报。唯一的流标签用来标记某个特定流中的所有数据报，使从源地址到目的地址的路由器对它们进行相同的处理，这样能够保证流中数据报交付的一致性。

（4）有效载荷长度（Payload Length）：长度为 16 位，该字段代替了 IPv4 报头中的总长度字段，但作用不同，该字段只包括载荷字节数，而不是整个数据报的长度。但是，如果包含扩展报头，其长度也包含在内。

（5）下一报头（Next Header）：长度为 8 位，该字段代替了 IPv4 报头中的协议字段，当数据报有扩展报头时，该字段指明第一个扩展报头的标识，即数据报下一报头；如果数据报只包含基本报头而没有扩展报头，其作用和取值与 IPv4 报文中的协议字段相同。

（6）跳数限制（Hop Limit）：长度为 8 位，该字段代替了 IPv4 报头中的生存时间（Time To Live，TTL）字段，反映 TTL 在现代网络中的用途。

（7）源 IP 地址（Source IP Address）：长度为 128 位的 IP 地址。

（8）目的 IP 地址（Destination IP Address）：长度为 128 位的 IP 地址。

4.3 了解 IPv6 扩展报头

4.3.1 IPv6 扩展报头概述

在 IPv6 报文中，基本报头只包含基本信息，其他信息都以扩展报头形式接在基本报头后。这样，中间路由器不必处理每一个选项（仅"逐跳选项"必须处理），从而提高路由器处理报文速度。

一个 IPv6 报文中可以包括 0 个、1 个或多个扩展报头，由下一报头字段指明位置，扩展报头呈链式结构，由不同值标识，如图 4-5 所示。

例如，一个封装 TCP 数据报有一个逐跳选项报头和一个分片报头，如图 4-6 所示。这些报头的下一报头字段值如下。

- 基本报头的下一报头字段值是 0，指定逐跳选项报头。
- 逐跳选项报头的下一报头字段值是 44（十进制），这是分片报头的值。
- 分片报头的下一报头字段值是 6。

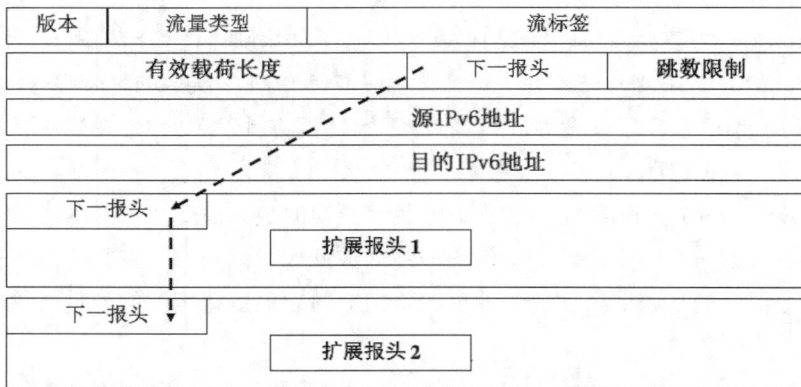

图 4-5　IPv6 扩展报头呈链式结构

了解 IPv6
报头

图 4-6　携带 TCP 且无扩展报头的 IPv6 数据报

当使用扩展报头时，IPv6 基本报头的下一报头字段指向第一个扩展报头。如果还有一个扩展报头，则第一个扩展报头的下一报头字段指向第二个扩展报头，以此类推，如图 4-7 所示。

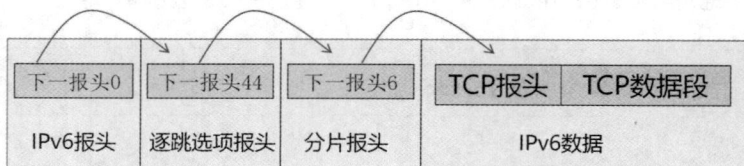

图 4-7　携带 TCP 且有两个扩展报头的 IPv6 数据报

最后一个扩展报头的下一报头字段指向上层报头。所有报头以链接列表方式指向下一报头。扩展报头按出现的顺序被处理。

4.3.2　IPv6 扩展报头内容

一个 IPv6 报文中可以有 0 个或多个扩展报头。IPv6 扩展报头有以下 7 类。

1. 逐跳选项报头

逐跳选项报头（Hop-by-Hop Options Header）类型值为 0（在 IPv6 基本报头的下一报头

字段中被定义，下同）。

此扩展报头可以被转发路径所有节点处理。目前，在路由告警（如应用资源预留协议 RSVP 和组播侦听发现协议 MLDv1）与巨帧（Jumbo Frame）处理中，使用逐跳选项报头。

逐跳选项报头由每个中间节点检查并处理，源节点和目的节点也对逐跳选项报头进行处理。对逐跳选项报头来说，前一个报头的下一报头字段值为 0。逐跳选项报头必须紧跟在 IPv6 基本报头之后，如图 4-8 所示。

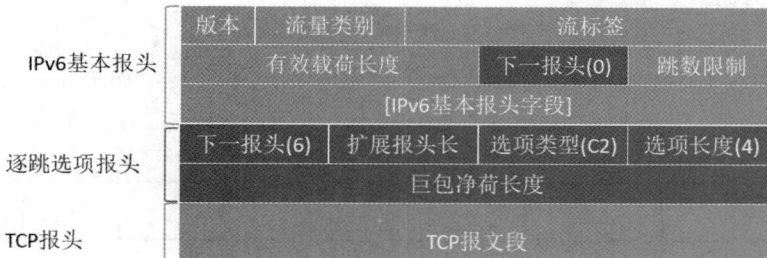

图 4-8　逐跳选项报头形式

2．目的选项报头

目的选项报头类型值为 60。只能出现在两个位置：一是在路由头前，被目的节点和路由头中的指定节点处理；二是在上层头前（任何 ESP 头后），此时只能被目的节点处理。

目的选项头由最终分组中的目的节点处理。如果目的选项头出现在路由头之前，就由跟在目的选项头之后的路由头部中列举出的所有节点，来处理这个目的选项头。

对于目的选项头来说，"下一报头"字段值为 60，其格式如图 4-9 所示。

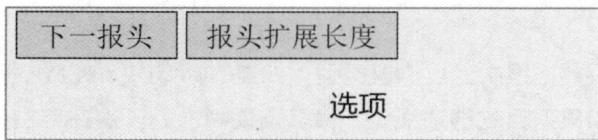

图 4-9　目的选项报头

3．路由报头

路由报头（Routing Header）类型值为 43，用于源路由选项和移动 IPv6。在 IPv6 中，路由报头用于执行源选路功能，如图 4-10 所示。

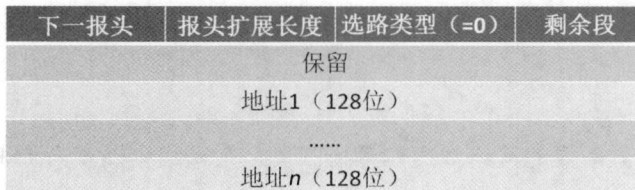

图 4-10　路由报头

4．分片报头

分片报头类型值为 44，用于标识数据报分片，在 IPv4 中也有对应字段。当源节点发送的报文超过传输链路最大传输单元（Maximum Transmission Unit，MTU）（源节点和目的节点之间传输路径的 MTU）时，需要对报文进行分片。

在 IPv6 中不鼓励对分组进行分片，相反，IPv6 提出了一种机制，并建议使用这种机制找出相互通信的两个节点间的最小链路 MTU，以便在源节点上确定正确的分组长度。这种机制被称为路径 MTU（Path MTU，PMTU）发现机制。但在某些情况下仍需要对分组进行分片。与 IPv4 不同的是，IPv6 路由器不对分组进行分片，这样就减少了路由器的工作。

对于分片报头，前一个报头的下一报头字段值为 44，如图 4-11 所示。

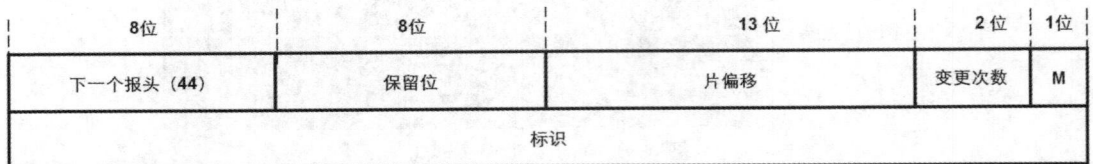

8位	8位	13位	2位	1位
下一个报头（44）	保留位	片偏移	变更次数	M
标识				

注：M位为1表示还有分片；M位为0表示最后一个分片。

图 4-11　分片报头

5．认证报头

认证报头类型值为 51，用于互联网络层安全协议（Internet Protocol Security，IPsec），提供报文验证、完整性检查等功能。

6．ESP 报头

ESP 报头类型值为 50，用于 IPsec，提供报文验证、完整性检查和加密等功能。

7．上层报头

上层报头用来标识数据报中上层协议类型，如 TCP、UDP、ICMP 等。

需要注意的是：如果是目的选项报头，最多出现两次，一次在路由报头前，一次在上层报头前；如果是其他选项报头，最多只能出现一次。IPv6 节点必须能够处理在任意位置出现的选项报头（逐跳选项报头除外，它只能紧随基本报头之后），以保证互通性。

IPv6 为了更好地支持各种选项处理，提出了扩展报头的概念，新增选项时不必修改现有的结构，理论上可以无限扩展，体现了优异的灵活性。

【技术实践】使用 Wireshark 查看 IPv6 报文

【任务描述】

Wireshark 是一款重要的网络数据包分析工具。在网络中捕获一个 IPv6 数据包，使用 Wireshark 分析工具对其进行分析，通过对 IPv6 数据包的详细分析，深入了解 IPv6 报文和 IPv4 报文的异同特征。

【设备清单】

Wireshark 工具软件、测试主机（若干）。

【实施步骤】

通过如下步骤，完成使用 Wireshark 查看 IPv6 报文任务。

（1）组网，实现网络连通。

按照单元 2 的技术实践任务中的组网，配置路由器和主机 IPv6 地址，测试网络连通性，如图 4-12 所示。限于篇幅，此处省略。

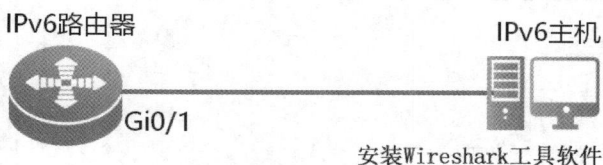

图 4-12　某企业网中的 IPv6 网络

（2）在 IPv6 主机上安装 Wireshark 工具软件。

双击在网络上下载的 Wireshark 安装包，按照向导过程安装即可。

（3）查看测试主机的 IPv6 地址。

在 IPv6 主机上开启 IPv6。转到 DOS 环境下，使用"ipconfig"命令查看测试主机的 IPv6 地址，如图 4-13 所示。

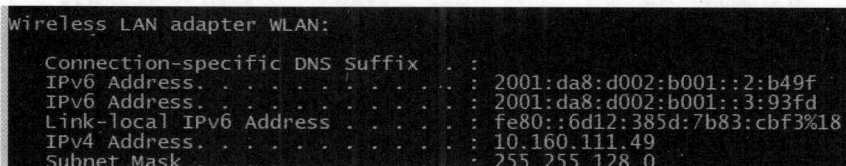

图 4-13　查看测试主机的 IPv6 地址

使用如下命令测试连接路由器通信状况。

```
ping ipv6 2001::1
```

（4）启动 Wireshark 工具软件。

如图 4-14 所示，在测试主机上启动 Wireshark 工具软件，设置捕获滤波器（"Capture"→"Options"）。

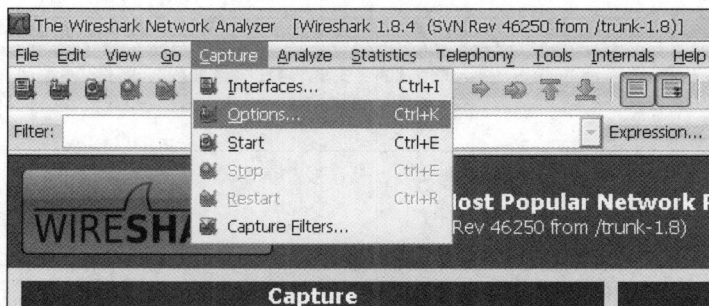

图 4-14　设置捕获滤波器

（5）选择网卡，捕获 IPv6 数据包。

选择需要进行捕获的网卡，然后双击，在弹出窗口中选择"Capture Filter"，如图 4-15 所示。

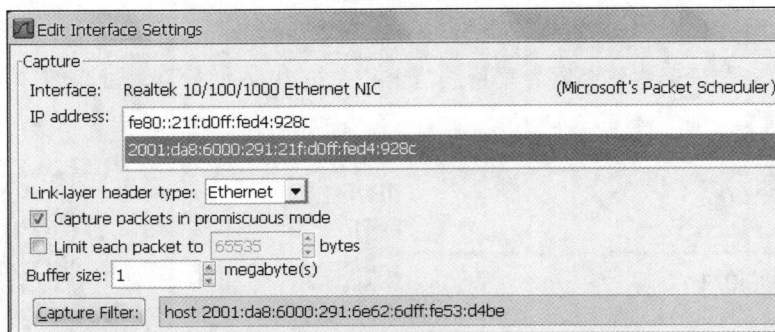

图 4-15　选择网卡

确定测试网络完成后，开始捕获 IPv6 数据包。

（6）分析 IPv4 和 IPv6 报文信息。

通过"ping"命令分别捕获 ICMP 和 ICMPv6 数据包。其中，可见 IPv4 报头长度为 20 字节，如图 4-16 所示。

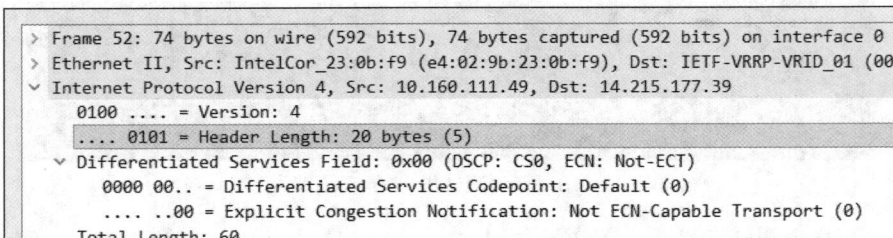

图 4-16　IPv4 报文信息

再查看捕获的 IPv6 报文的报头信息。由于 IPv6 无报头长度字段，IPv6 的报头长度变为固定的 40 字节，如图 4-17 所示。

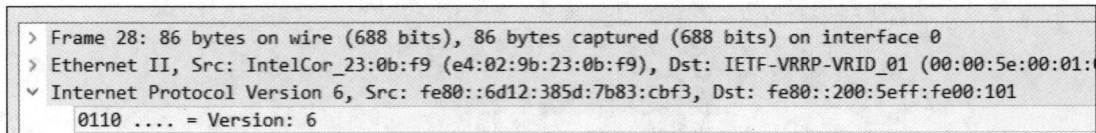

图 4-17　IPv6 报文信息

（7）查看 IPv6 服务类型。

在 IPv4 报头中，使用服务类型指出上层协议对处理当前数据报所期望的服务质量，并对数据报按照重要性级别进行分配，数据标识位为 00；而 IPv6 报头中的服务类型为空，如

图 4-18 所示。

```
> Frame 28: 86 bytes on wire (688 bits), 86 bytes captured (688 bits) on interface 0
> Ethernet II, Src: IntelCor_23:0b:f9 (e4:02:9b:23:0b:f9), Dst: IETF-VRRP-VRID_01 (00:00:5e:00:01:01)
∨ Internet Protocol Version 6, Src: fe80::6d12:385d:7b83:cbf3, Dst: fe80::200:5eff:fe00:101
     0110 .... = Version: 6
   ∨ .... 0000 0000 .... .... .... .... .... = Traffic class: 0x00 (DSCP: CS0, ECN: Not-ECT)
     .... 0000 00.. .... .... .... .... .... = Differentiated Services Codepoint: Default (0)
     .... .... ..00 .... .... .... .... .... = Explicit Congestion Notification: Not ECN-Capable Tr
     .... .... .... 0000 0000 0000 0000 0000 = Flowlabel: 0x00000000
     Payload length: 32
```

图 4-18 查看 IPv6 服务类型

（8）查看 IPv4 报头总长度。

查看 IPv4 报头总长度，如图 4-19 所示。

```
     [Coloring Rule Name: ICMP]
     [Coloring Rule String: icmp || icmpv6]
> Ethernet II, Src: IntelCor_23:0b:f9 (e4:02:9b:23:0b:f9), Dst: IETF-VRRP-VRID_01 (00:00:5e:00:01:01)
∨ Internet Protocol Version 4, Src: 10.160.111.49, Dst: 14.215.177.39
     0100 .... = Version: 4
     .... 0101 = Header Length: 20 bytes (5)
   > Differentiated Services Field: 0x00 (DSCP: CS0, ECN: Not-ECT)
     Total Length: 60
     Identification: 0x2921 (10529)
   > Flags: 0x00
     Fragment offset: 0
     Time to live: 64
     Protocol: ICMP (1)
```

图 4-19 IPv4 报头总长度

IPv6 中取消报头总长度，取而代之的是有效载荷长度字段，如图 4-20 所示。

（9）查看 IPv6 报头信息。

IPv6 报头中标识、标志、片偏移都被取消，这些字段都在分片报头中，如图 4-21 所示。

（10）查看 IPv6 报头跳数。

在 IPv6 中，取消了 IPv4 报头中 TTL 值，换成跳数限制字段，如图 4-22 所示。

```
> Ethernet II, Src: IntelCor_23:0b:f9 (e4:02:9b:23:0b:f9), Dst: IETF-VRRP-VRID_01 (00:00:5e:00:01:01)
∨ Internet Protocol Version 6, Src: fe80::6d12:385d:7b83:cbf3, Dst: fe80::200:5eff:fe00:101
     0110 .... = Version: 6
   ∨ .... 0000 0000 .... .... .... .... .... = Traffic class: 0x00 (DSCP: CS0, ECN: Not-ECT)
     .... 0000 00.. .... .... .... .... .... = Differentiated Services Codepoint: Default (0)
     .... .... ..00 .... .... .... .... .... = Explicit Congestion Notification: Not ECN-Capable Tr
     .... .... .... 0000 0000 0000 0000 0000 = Flowlabel: 0x00000000
     Payload length: 32
     Next header: ICMPv6 (58)
     Hop limit: 255
     Source: fe80::6d12:385d:7b83:cbf3
     Destination: fe80::200:5eff:fe00:101
     [Destination SA MAC: IETF-VRRP-VRID_01 (00:00:5e:00:01:01)]
     [Source GeoIP: Unknown]
```

图 4-20 IPv6 报头有效载荷长度

图 4-21　IPv6 报头取消标识、标志和片偏移

图 4-22　IPv6 报头中跳数限制字段

【认证测试】

下列选择题中每题都只有一个正确选项，把其挑选出来。

1. 下面关于 IPv6 报文描述正确的是（　　　）。

A. 由于 IPv6 地址结构复杂，中继设备处理 IPv6 报头的效率比处理 IPv4 报头的低

B. 由于 IPv6 地址结构复杂，IPv6 报头比 IPv4 报头复杂

C. IPv6 报头去除 IPv4 报头中首部长度、标识、标志、可选字段、填充等字段

D. IPv6 报头保留 IPv4 报头中片偏移，实现数据包分割

2. 下面描述中（　　　）不是 IPv6 报文基本结构。

A. IP 报头　　　　　　　　　　　　　　　　B. IP 片偏移

C. 扩展报头　　　　　　　　　　　　　　　　D. 上层协议数据单元

3. IPv6 基本报头固定为（　　　）。

A. 20 字节　　　　　　B. 40 字节　　　　　　C. 50 字节　　　　　　D. 60 字节

4．一个 IPv6 报文中可以包括（　　　　）。

A．和 IPv4 报文一样，无扩展报头

B．仅 1 个扩展报头

C．N 个扩展报头

D．0 个、1 个或多个扩展报头

5．和 IPv4 报头相比，IPv6 报头更简洁，仅由（　　　　）组成。

A．基本报头和选项字段

B．基本报头和扩展报头链

C．基本报头和片偏移字段

D．基本报头和上层协议数据单元

单元5
掌握ICMPv6协议

05

【技术背景】

在 IPv4 中，ICMP 向源主机报告传输过程中出现的错误信息。ICMP 为网络诊断、网络管理定义了一些消息标准，如目的不可达、数据包超长、超时、回送请求和回送应答等。

在 IPv6 中，ICMPv6 除提供 ICMP 常用功能之外，还提供诸如邻居发现、无状态地址自动配置、重复地址检测、PMTU 发现等功能。ICMPv6 提供网络诊断信息的过程如图 5-1 所示。

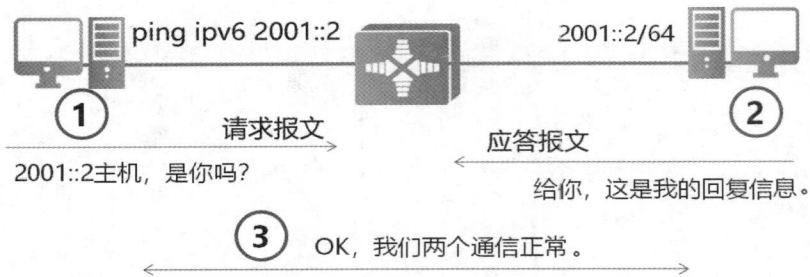

图 5-1　ICMPv6 提供网络诊断信息

【学习目标】

在本单元中，学生需要掌握 ICMPv6 知识，了解 ICMPv6 应用。具体学习目标如下。

1. 知识目标

（1）了解 ICMPv6 协议功能。

（2）了解 ICMPv6 差错消息。

（3）了解 ICMPv6 信息消息。

2. 技能目标

（1）了解 ICMPv6 重要应用。

（2）学会应用 ICMPv6 实现 PMTU 配置。

3. 素养目标

（1）培养良好的独立学习能力，课后能独立整理课堂笔记，会独立在网络上查询资料，完善课程笔记。

（2）按照标准格式制作实训报告，会撰写实训报告。

（3）能保持工作环境干净，物料放置整洁有序，遵守 6S 现场管理标准。

【技术介绍】

在 IPv6 中，ICMPv6 不仅提供 IPv6 数据包传输中可能出现的错误信息，还提供网络诊断、组播侦听、地址解析、邻居发现等多项功能。

5.1 了解 ICMPv6

5.1.1 ICMP

ICMP 是网络管理人员排查网络故障的重要工具，能帮助网络管理人员管理和维护网络，及时排除网络故障。图 5-2 所示为在 IPv4 网络中使用 ping 命令测试网络，这是 ICMP 重要应用之一。

```
C:\Users\Administrator>ping 192.168.125.100

正在 Ping 192.168.125.100 具有 32 字节的数据:
来自 192.168.125.6 的回复: 无法访问目标主机。
来自 192.168.125.6 的回复: 无法访问目标主机。
来自 192.168.125.6 的回复: 无法访问目标主机。
来自 192.168.125.6 的回复: 无法访问目标主机。

192.168.125.100 的 Ping 统计信息:
    数据包: 已发送 = 4, 已接收 = 4, 丢失 = 0 <0% 丢失>
```

图 5-2　ICMP 重要应用之一——ping 命令

5.1.2 ICMPv6 协议基本功能

1. 什么是 ICMPv6

ICMPv6 是为了实现 IPv6 应用而专门开发的网络控制协议，通过报告 IPv6 报文传输过程中可能出现的错误信息，提供网络诊断手段。

2. ICMPv6 协议功能

ICMPv6 协议整合了 IPv4 中 ICMP、ARP、互联网组管理协议（Internet Group Management Protocol，IGMP）等诸多协议功能，提供包括错误报告、网络诊断（回送请求和回送应答）、组播和网络重定向等功能，为网络管理人员提供"差错消息"和"信息消息"服务。

此外，ICMPv6 还提供基于 ICMPv6 协议的重要应用，实现邻居发现、无状态地址自动配置、重复地址检测、PMTU 发现等功能。

5.1.3　ICMPv6 报文结构

1．ICMPv6 报文封装格式

ICMPv6 报文封装在 IPv6 报文中，使用下一报头形式封装，如图 5-3 所示。其中，ICMPv6 的版本号为 58，也就是在 IPv6 报文的下一报头中，显示值为 58，表示为 ICMPv6 报头。

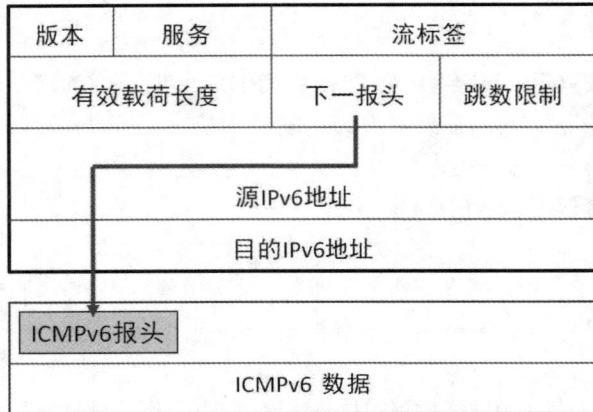

版本	服务	流标签	
有效载荷长度		下一报头	跳数限制
源IPv6地址			
目的IPv6地址			

ICMPv6报头
ICMPv6 数据

图 5-3　ICMPv6 报文封装格式

2．ICMPv6 报文基本结构

ICMPv6 报文基本结构如图 5-4 所示。

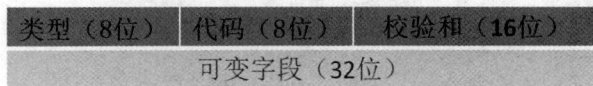

类型（8位）	代码（8位）	校验和（16位）
可变字段（32位）		

图 5-4　ICMPv6 报文基本结构

其中，各字段解释如下。

（1）类型（Type）：表示 ICMPv6 报文类型。取值范围为 0～127，表示该报文为差错报文（如目的不可达、超时等）；取值范围为 128～255，表示该报文为信息报文。

（2）代码（Code）：表示消息类型，用于区分每种差错报文的消息类型。如目的不可达可能是防火墙导致，也可能是路由错误导致。

（3）校验和（Checksum）：校验部分包括 IPv6 伪报头和 ICMPv6 报文。

3．ICMPv6 报文中消息类型

ICMPv6 报文中消息类型分为两类：一类是差错消息；另一类是信息消息。

各消息类型介绍如下。

（1）差错消息

差错消息报告在 IPv6 报文转发过程中出现的错误信息。常见的 ICMPv6 差错消息有 4 种，包括：目的不可达（Destination Unreachable）、数据报文超长（Packet Too Big）、超时（Time

Exceeded）和参数问题（Parameter Problem）。

（2）信息消息。

信息消息提供网络诊断及附加主机服务功能，如组播侦听发现、邻居发现等。常见的 ICMPv6 信息消息有两种，包括回送请求（Echo Request）、回送应答（Echo Reply）。

5.2 了解差错消息

ICMPv6 差错消息向源主机报告 IPv6 报文在传输过程中可能出现的错误信息。

根据差错报文类型或所携带信息不同，ICMPv6 差错报文的报头的字段值会不同，如表 5-1 所示。其中，ICMPv6 差错报文中类型字段最高位为 0；ICMP 差错报文类型编码范围为 0 ~ 127。

ICMPv6 消息类型

表 5-1　ICMPv6 差错报文的部分字段值说明

类型字段值 （报文号）	类型定义	代码字段值	含义
0x01	目的不可达	0	没有到达目的设备的路由
		1	与目的设备的通信被管理策略禁止
		2	未指定
		3	目的地址不可达
		4	目的端口不可达
0x02	数据报文超长	0	数据报文超长
0x03	超时	0	在传输中超过了跳数限制
		1	分片重组超时
0x04	参数问题	0	遇到差错报头字段
		1	遇到无法识别的下一报头类型
		2	遇到无法识别的 IPv6 选项

下面分别予以说明。

1. 目的不可达差错报文

在 IPv6 节点设备转发 IPv6 报文过程中，当设备发现目的地址不可达时，就向源节点发送 ICMPv6 目的不可达差错报文。在该差错报文中携带引起差错的具体原因。其中，该差错报文的类型字段值为 1，如图 5-5 所示。

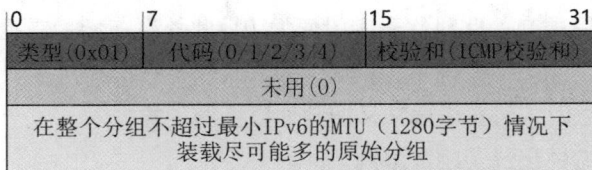

0	7	15	31
类型(0x01)	代码(0/1/2/3/4)	校验和(1CMP校验和)	
未用(0)			
在整个分组不超过最小IPv6的MTU（1280字节）情况下 装载尽可能多的原始分组			

图 5-5　目的不可达差错报文

根据差错的具体原因，该差错报文代码字段值又分为以下几种。

- 代码=0：没有到达目的设备的路由。
- 代码=1：与目的设备的通信被管理策略禁止。
- 代码=2：未指定。
- 代码=3：目的地址不可达。
- 代码=4：目的端口不可达。

2. 数据报文超长差错报文

在转发 IPv6 报文过程中，发现报文长度超过其出接口链路上的 MTU 值时，则向源节点发送 ICMPv6 数据报文超长差错报文，并携带出接口链路上的 MTU 值。其中，该差错报文的类型字段值为 2，代码字段值为 0，如图 5-6 所示。

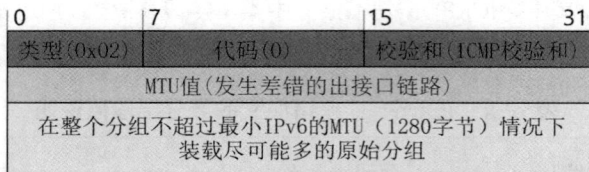

0	7	15	31
类型(0x02)	代码(0)	校验和(ICMP校验和)	
MTU值(发生差错的出接口链路)			
在整个分组不超过最小IPv6的MTU（1280字节）情况下装载尽可能多的原始分组			

图 5-6　数据报文超长差错报文

IPv6 数据包长度大于当前出接口链路上的 MTU 值时，就导致数据包无法转发。此时，路由器就发送数据报文超长差错报文。这个报文常用于 IPv6 PMTU 发现中，它是 PMTU 发现机制的基础。

3. 超时差错报文

在 IPv6 报文收发过程中，当路由器收到跳数限制字段值等于 0 的数据包，或者路由器将跳数限制字段值减为 0 时，会向源节点发送 ICMPv6 超时差错报文。特别针对分片重组报文的操作，如果超过定时时间，也会产生一个 ICMPv6 超时差错报文。其中，该报文的类型字段值为 3，如图 5-7 所示。

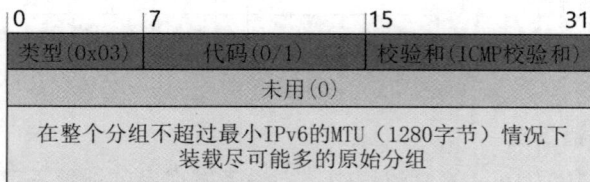

0	7	15	31
类型(0x03)	代码(0/1)	校验和(ICMP校验和)	
未用(0)			
在整个分组不超过最小IPv6的MTU（1280字节）情况下装载尽可能多的原始分组			

图 5-7　超时差错报文

当路由器收到的 IPv6 报头中跳数限制字段值为 0 时，就丢弃该数据包，并向源节点发送一个 ICMPv6 超时差错报文，此时代码字段值为 0；此外，在分片重组时产生的超时差错报文，代码字段值为 1。

根据差错的具体原因，该差错报文又细分为以下两种类型。

- 代码=0：在传输中超过了跳数限制。
- 代码=1：分片重组超时。

4．参数问题差错报文

当目的设备收到一个 IPv6 报文时，会对报文进行有效性检查。如果发现有问题，会向源设备应答一个 ICMPv6 参数问题差错报文。

此外，当 IPv6 报头或扩展报头出现错误，导致数据包不能进一步处理时，路由器会丢弃该数据包，并向源设备发送参数问题差错报文，指明问题的位置和类型。其中，该报文的类型字段值为 4，如图 5-8 所示。

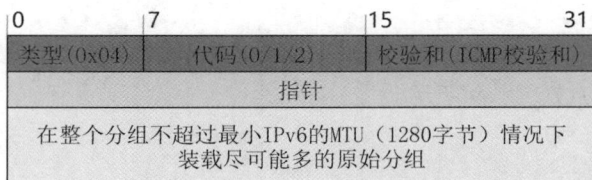

0	7	15	31
类型(0x04)	代码(0/1/2)	校验和(ICMP校验和)	
指针			
在整个分组不超过最小IPv6的MTU（1280字节）情况下装载尽可能多的原始分组			

图 5-8　参数问题差错报文

根据差错的具体原因，该差错报文又细分为以下几种类型。

- 代码=0：IPv6 基本报头或扩展报头的某个字段有错误，即遇到差错报文字段。
- 代码=1：IPv6 基本报头或扩展报头的下一报头值不可识别，即遇到无法识别的下一报头类型。
- 代码=2：扩展报头中出现未知的选项，即遇到无法识别的 IPv6 选项。

5.3　了解信息消息

ICMPv6 信息消息提供 IPv6 网络诊断功能，实现主机服务功能，如组播侦听和邻居发现等。常见 ICMPv6 信息消息包括以下两种。

- 报文类型 128：回送请求。
- 报文类型 129：回送应答。

以上两种信息消息提供简单诊断工具，发现和处理各种网络可达性问题，例如常用 ping 命令测试网络故障就是其中一种。其他 ICMPv6 信息消息还包括 PMTU 发现、邻居发现等。详细内容如表 5-2 所示。

表 5-2　ICMPv6 信息消息

类型字段值	含义	应用
128	回送请求	ping 命令、tracert 命令和 PMTU 发现协议
129	回送应答	
133	路由器请求	邻居发现
134	路由器通告	
135	邻居请求	
136	邻居通告	
137	重定向	

续表

类型字段值	含义	应用
130	组播侦听者查询	MLD（Multicast Listener Discouer，组播侦听发现）协议
131	组播侦听者报告	
132	组播侦听者退出	
142	MLDv2 侦听者报告	

1. 回送请求报文

当目的节点收到信息后，立即发回一个回送请求报文。回送请求报文的类型字段值为 128，代码字段值为 0，如图 5-9 所示。

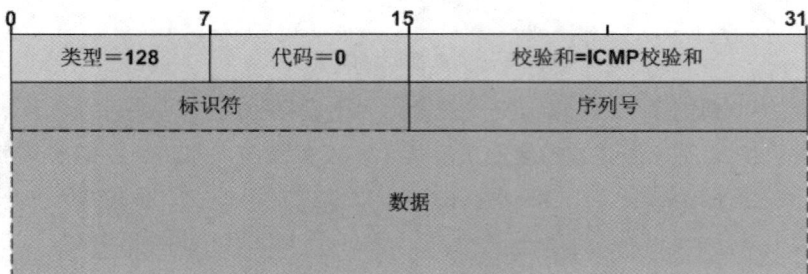

图 5-9　回送请求报文

相关参数说明如下。

- 类型：长度为 1 字节，值为 128。
- 代码：长度为 1 字节，未用则设置为 0。
- 校验和：长度为 2 字节，用于 ICMP 报头的 16 位校验和字段。
- 标识符：长度为 2 字节，辅助回送请求报文和回送应答报文配对的可选的标识符字段。
- 序列号：长度为 2 字节，辅助回送请求报文和回送应答报文配对的一个序列号。
- 数据：可变，随报文一起发送的附加可选数据。

2. 回送应答报文

当收到一个回送请求报文时，ICMPv6 用回送应答报文进行响应。回送应答报文的类型字段值为 129，代码字段值为 0，如图 5-10 所示。

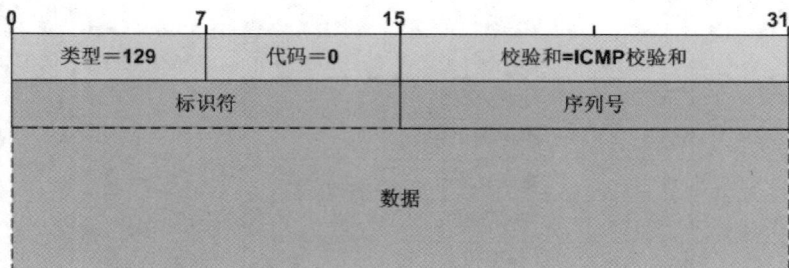

图 5-10　回送应答报文

5.4 认识 NDP

NDP 最初定义在 RFC 1970 中，发布于 1996 年 8 月。该协议不仅可以帮助发现邻居设备，还可以实现与本地网络连接、数据报选路和配置相关的大量功能。工作在 IPv6 环境中的主机和路由器，都依赖于 NDP 来实现重要的信息交换功能。

了解 NDP

1. 什么是 NDP 协议

NDP 是一个报文传递协议，它并不实现某一具体的功能，而是通过报文交换来完成一组活动。图 5-11 所示为 NDP 协议架构。

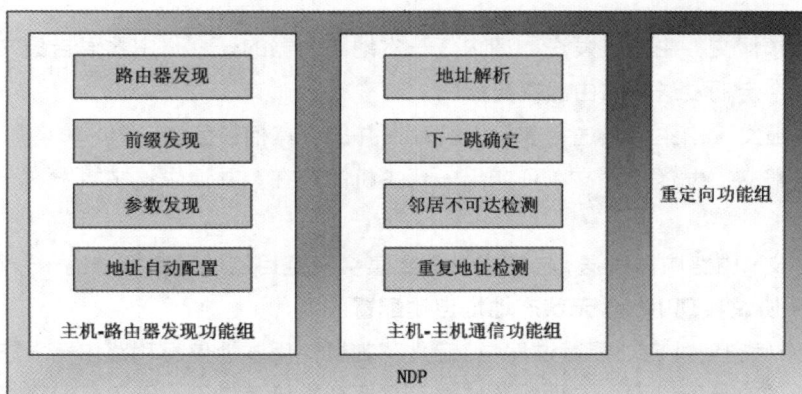

路由器发现	地址解析	
前缀发现	下一跳确定	重定向功能组
参数发现	邻居不可达检测	
地址自动配置	重复地址检测	
主机-路由器发现功能组	主机-主机通信功能组	

NDP

图 5-11　NDP 协议架构

根据通信类型和涉及的设备种类，可以将它们划分为 3 个功能组：主机-路由器发现、主机-主机通信和重定向。

2. NDP 协议功能介绍

（1）主机-路由器发现功能组

路由器发现：路由器发现是该功能组的核心功能，主机使用这一功能来定位其本地网络上的路由器。

前缀发现：与路由器发现过程紧密相关的是前缀发现，主机使用这一功能来确定其所在的网络，这样一来又使主机能够区分本地和远程目的地址，以及是否尝试直接或间接的数据报交付。

参数发现：参数发现同样与路由器发现过程紧密相关，主机使用这一功能来了解有关本地网络和路由器的重要参数，如 MTU 值。

地址自动配置：IPv6 中的主机设计成能够实现地址自动配置功能，但这需要一些信息，这些信息通常由一台路由器提供。

（2）主机-主机通信功能组

地址解析：一台设备根据本地网络上另一台设备的三层地址来确定该设备二层地址的过程称为地址解析，这一工作在 IPv4 中由 ARP 完成。

下一跳确定：查看一个 IP 数据报的目的地址并决定接下来应将其发往何处的功能。

邻居不可达检测：确定是否能够直接和一台邻居设备通信的功能。

重复地址检测：确定网络上是否已经存在设备希望使用的地址。

（3）重定向功能组

重定向功能是路由器用来通知主机为某个特定目的地址使用一个更好的下一跳节点的技术。

3. NDP 协议使用 ICMPv6 报文

NDP 使用 ICMPv6 报文来实现它的功能，NDP 标准中定义了以下 5 种报文类型。

路由器通告报文：由路由器定期发送，告知主机其存在，并向主机提供重要的前缀和参数信息。

路由器请求报文：由主机发送，请求任一本地路由器的一个路由器通告报文，以使它们不必等待下一个定期发送的路由器通告报文。

邻居通告报文：由主机发送，表明主机存在并提供其相关信息。

邻居请求报文：发送该报文以证实另一台主机的存在，并请求该主机发送一个邻居通告报文。

重定向报文：由路由器发送，告知主机为到某个特定目的地址数据选路一个更好的方法。

4. NDP 协议实现 IPv6 无状态地址自动配置

在 IPv6 无状态地址自动配置过程中，定义了主机使用本地信息和路由器发布信息来配置各种地址时所需的处理过程。这种配置过程不需要在主机上进行人工干预，只需要在路由器上进行最小配置，不需要使用除路由器之外任何其他类型服务器。

IPv6 无状态地址自动配置过程首先以链路本地地址生成开始，接着通过重复地址检测进行地址唯一性确认。链路本地地址确认结束后，主机就可以与连接在同一条链路上的邻居通信。

在与链路外的节点通信时，需要使用全局地址。若要自动生成全局单播地址，需要来自路由器的帮助，使用路由器通告报文发布的前缀信息。

由于主机地址配置过程不需要路由器管理"哪台主机配置了哪个地址"这样的信息，因此，称它是无状态地址自动配置。

5.5 应用 ICMPv6 测试 PMTU

PMTU 发现机制是 1990 年为 IPv4 而定义的，对 IPv6 来说并不新鲜。然而，在 IPv4 中 PMTU 是可选的，通常不被节点使用。

1. 什么是 PMTU

在传输过程中，如果源设备发现 MTU 通信，为避免 IPv6 数据包在传输过程中被中途路由器分片，导致传输性能下降，IPv6 分片不在中间路由器上进行，而由源设备自己对该超大 IPv6 数据包进行分片，避免导致中间路由器性能的下降，这种机制就是 PMTU。

2. PMTU 发现最小 MTU 过程

通过 ICMPv6 协议，使用 PMTU 发现机制，可以寻找传输路径上最小 MTU，最后使用 ICMPv6 数据报文超长差错报文进行消息交换。典型的 PMTU 发现最小 MTU 过程如图 5-12 所示。

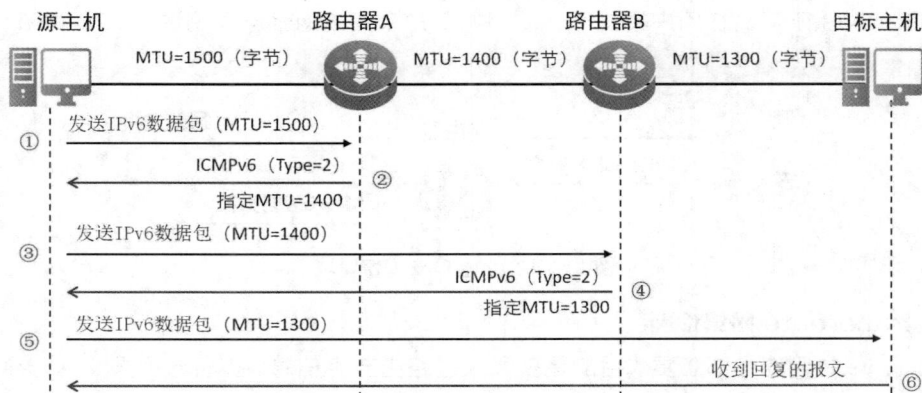

图 5-12　典型的 PMTU 发现最小 MTU 过程

下面针对每一个阶段予以说明。

首先，源主机使用 1500 字节作为 MTU，向目的主机发送一个 IPv6 数据包。

中间路由器 A 收到该 IPv6 数据包后，意识到数据包过大（1500 字节），而自己的 MTU 为 1400 字节。于是回复一个 ICMPv6（Type=2）消息，向源主机应答。在该 ICMPv6 消息报文中，指定 MTU=1400 字节。

源主机开始使用 MTU=1400 字节，再次发送 IPv6 数据包，该 IPv6 数据包经过中间路由器 A，传输到达中间路由器 B 上。

由于中间路由器 B 的本地接口上的 MTU=1300 字节。于是回复一个 ICMPv6（Type=2）消息，向源主机应答。在该 ICMPv6 消息报文中，指定 MTU=1300 字节。

最后，源主机开始使用 MTU=1300 字节，继续发送 IPv6 数据包，该 IPv6 数据包依次经过中间路由器 A、中间路由器 B，顺利到达了目的主机。通过上述过程，源主机和目的主机之间的会话被建立起来。

需要注意的是，所有的 PMTU 都是单向的，使用传输路径的接口上最小 MTU 值。IPv6 网络中数据链路层所支持的最小 MTU 值为 1280 字节。

在路由器上，使用"show ipv6 mtu"命令显示每个缓存目的地址 MTU 值。

5.6　了解 ICMPv6 应用

前文介绍了 ICMPv6 提供的两种重要应用：差错消息和信息消息。接下来我们介绍基于 ICMPv6 的日常重要应用。

1. ping 网络连通测试

在日常网络管理中，可以使用 ping 命令测试目的节点是否可达，也可以使用 ping 命令测试网络中另一台主机是否可达。源主机发送一份 ICMPv6 请求报文给远程主机，等待 ICMPv6 应答报文。如果源主机在一定时间内收到应答，则认为远程主机可达。源主机通过计算 ICMPv6 应答报文数量，以及接收与发送报文时间差，判断当前网络状态。ping 命令工作原理如图 5-13 所示。在用户模式下，使用如下命令完成网络连通测试。

```
Router#ping ipv6 地址
```

图 5-13 ping 命令工作原理

2. traceroute 网络诊断

traceroute 是网络诊断工具，目的是获取经过路由节点信息，查看数据报文从一个节点到另一个节点所经过的路径，以及它在 IP 网络中每一跳的延迟。

其中，延迟分为多种，如传播延迟、传输延迟、处理延迟、排队延迟等，这些都是影响网站性能的因素。traceroute 程序工作原理如图 5-14 所示。

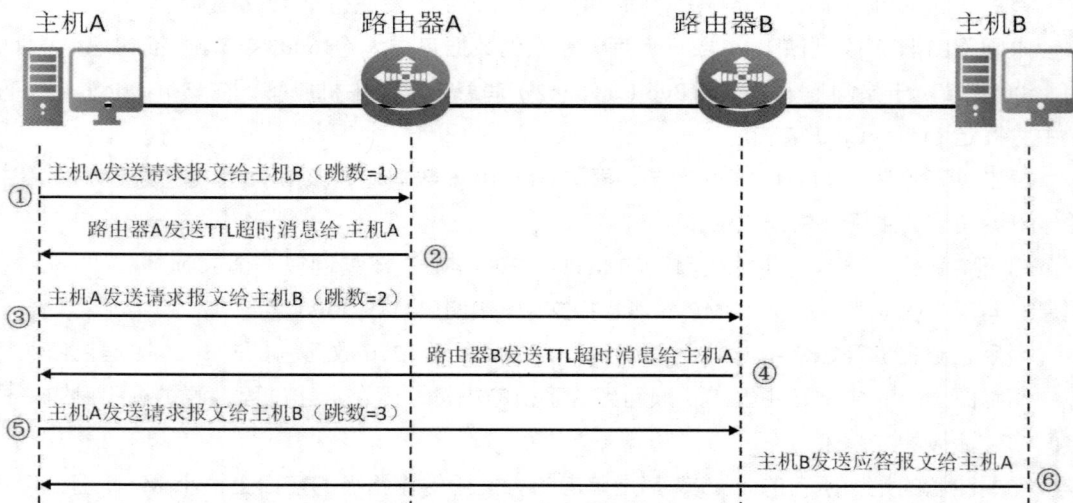

图 5-14 traceroute 程序工作原理

在用户模式下，使用如下命令完成网络测试：traceroute ipv6 地址。

首先，主机 A 使用 traceroute 程序发送一个跳数限制值为 1 的回送请求报文，其目标地址是主机 B。

主机 A 的出口网关第一台路由器 RA 接收到该报文，将跳数限制值减去 1。然后，丢弃该报文，并发回一个超时的消息给主机 A。这样，主机 A 就知道了路径上的第一台路由器

A 的地址。

接下来，主机 A 继续使用 traceroute 程序发送一个跳数限制值为 2 的回送请求报文，其目标地址仍是主机 B。

第一台路由器 A 收到该报文后，将跳数限制值减去 1，处理完成后，依据路由表转发给下一跳路由器 B。路由器 B 将跳数限制值减去 1 后，丢弃该报文，并发回一个超时的消息给主机 A。这样，主机 A 就知道了路径上的第二台路由器 B 的地址。

主机 A 使用 traceroute 程序依次累加跳数限制值，直到数据报文的跳数限制值足够到达目标地址主机 B。主机 B 收到回送请求报文后，成功返回回送应答报文给主机 A。

主机 A 收到返回的回送应答报文后，才停止发送回送请求报文。这样，主机 A 就得到了主机 B 的传输路径消息。

【技术实践】配置 PMTU

PMTU 技术
介绍

【任务描述】

某 ISP 在北京和上海两地都部署互联网接入服务，通过多台路由器连接实现网络互联互通。配置 PMTU 拓扑图，了解网络中传输路径，如图 5-15 所示。

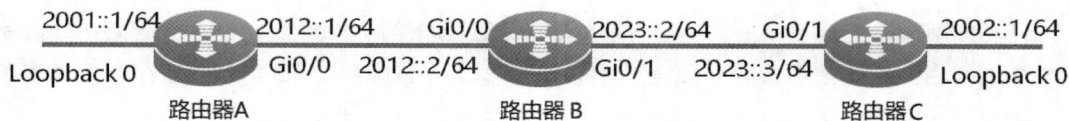

图 5-15　配置 PMTU 拓扑图

【设备清单】

路由器或三层交换机（若干）、网线（若干）、测试主机（若干）。

【实施步骤】

按照如下步骤，完成某 ISP 在北京和上海两地都部署互联网接入服务任务。

（1）按照拓扑图完成网络场景组建。

尽量按照拓扑图上接口连接组网，如果有接口变化，修改相应接口名称，配置信息不变。

（2）配置 IPv6 网络中基础信息。

使用如下命令完成 IPv6 网络中所有互联设备接口 IPv6 地址配置。

```
Router#configure terminal
Router(configure)#RouterA
RouterA(config)#interface GigabitEthernet0/0
RouterA(config-if)#ipv6 enable    //开启接口 IPv6
RouterA(config-if)#IPv6 address 2012::1/64
RouterA(config-if)#exit
RouterA(config)#interface loopback 0
RouterA(config-if)#ipv6 enable    //开启接口 IPv6
RouterA(config-if)#IPv6 address 2001::1/64
```

```
RouterA(config-if)#exit

Router#configure terminal
Router(config)#RouterB
RouterB(config)#interface GigabitEthernet0/0
RouterB(config-if)#ipv6 enable      //开启接口 IPv6
RouterB(config-if)#IPv6 address 2012::2/64
RouterB(config-if)#exit
RouterB(config)#interface GigabitEthernet0/1
RouterB(config-if)#ipv6 enable      //开启接口 IPv6
RouterB(config-if)#IPv6 address 2023::2/64
RouterB(config-if)#exit

Router#configure terminal
Router(config)#RouterC
RouterC(config)#interface GigabitEthernet0/1
RouterC(config-if)#ipv6 enable      //开启接口 IPv6
RouterC(config-if)#IPv6 address 2023::3/64
RouterC(config-if)#exit
RouterC(config)#interface loopback 0
RouterC(config-if)#ipv6 enable      //开启接口 IPv6
RouterA(config-if)#IPv6 address 2002::1/64
RouterA(config-if)#exit
```

（3）配置 IPv6 网络中路由信息。

使用如下命令完成互联的 IPv6 网络中所有设备互联互通。此处涉及 IPv6 网络中动态路由或静态路由的配置信息内容。需要分别在路由器 A、路由器 B 和路由器 C 上配置静态路由，指向下一跳网络。

```
RouterA(config)#ipv6 route 2023::/64  2012::2
RouterA(config)#ipv6 route 2002::/64  2012::2

RouterB(config)#ipv6 route 2001::/64  2012::1
RouterB(config)#ipv6 route 2002::/64  2023::3

RouterC(config)#ipv6 route 2012::/64  2023::2
RouterC(config)#ipv6 route 2002::/64  2023::2
```

（4）测试 IPv6 网络连通。

在路由器 A 上使用 ping 命令，测试到路由器 C 是否连通。

（5）修改指定接口上的 MTU。

在路由器 B 的 Gi0/1 接口上，修改 MTU 为 1400 字节（默认 MTU 为 1500 字节），在接口模式下使用如下命令实现。

```
RouterB(config)#interface GigabitEthernet0/1
RouterB(config-if)#IPv6 mtu 1400
RouterB(config-if)#end

RouterB#show IPv6 GigabitEthernet0/1        //使用 show 命令查看信息
GigabitEthernet0/1 is up, line protocol is up
  IPv6 is enabled, link-local address is FE80::CE01:CFF:FEF0:10
```

```
Global unicast address(es):
   2023::2, subnet is 2023::/64
Joined group address(es):
   FF02::1
   FF02::2
   FF02::5
   FF02::6
   FF02::1:FF00:2
   FF02::1:FFF0:10
MTU is 1400 bytes
```

（6）测试 MTU 信息。

在路由器 A 上，使用如下命令测试 MTU 信息。

```
RouterA#ping 2023::3 length 1500
//RouterA 发送一个报文大小为 1500 字节的数据包给 RouterC
```

测试结果为不通，因为测试 IPv6 报文传到路由器 B 上，超出路由器 B Gi0/1 接口上的 MTU。因此，路由器 B 就回送一个 TYPE=2（packet too big）的 ICMPv6 差错消息给路由器 A。在这个回送给路由器 A 的 ICMPv6 差错消息中，包含允许 MTU=1400 字节信息，告知路由器 A 后续发送的 IPv6 报文不要超过 1400 字节。

（7）分析 MTU 数据包。

使用专业数据包分析软件，如 Wireshark，查看 IPv6 报文，捕获到的 IPv6 测试数据包如下。

```
Source      Destination    Protocol     Length     Info
2012::1     2023::3        ICMPV6       1514 Echo  (ping) request
2012::2     2012::1        ICMPV6       1294 packet Too big
```

其中，路由器 B 回送给路由器 A 的 ICMPv6 差错消息如图 5-16 所示。

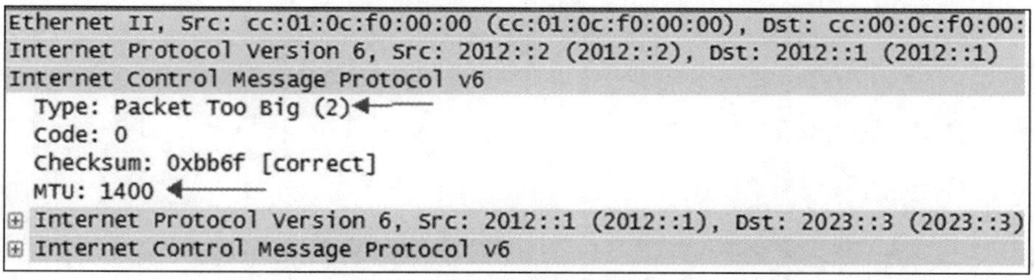

```
Ethernet II, Src: cc:01:0c:f0:00:00 (cc:01:0c:f0:00:00), Dst: cc:00:0c:f0:00:
Internet Protocol Version 6, Src: 2012::2 (2012::2), Dst: 2012::1 (2012::1)
Internet Control Message Protocol v6
  Type: Packet Too Big (2)◄
  Code: 0
  Checksum: 0xbb6f [correct]
  MTU: 1400 ◄
⊞ Internet Protocol Version 6, Src: 2012::1 (2012::1), Dst: 2023::3 (2023::3)
⊞ Internet Control Message Protocol v6
```

图 5-16　ICMPv6 差错消息

（8）查看 MTU 数据包。

此时，在路由器 A 上，使用如下命令进一步查看 MTU 数据包。

```
RouterA#show IPv6 pmtu
MTU     Since    Source Address      Destination Address
1400    00:00:27  2012::1            2023::3
```

从以上显示结果可以发现，路由器 A 上创建了一条缓存，标识从 2012::1 到 2023::3，PMTU=1400 字节。因此，路由器 A 在后续发送给 2023::3 的报文中，如果 MTU 超出 1400 字节，路由器 A 就会进行分片。

【认证测试】

下列选择题中每题都只有一个正确选项，把其挑选出来。

1. PMTU 使用（　　）消息类型来实现探测。

A. 目的不可达 　　　　　　　　　　　　B. 数据报文超长

C. 超时 　　　　　　　　　　　　　　　D. 参数问题

2. 在 IPv6 中，ICMPv6 提供许多功能，下列（　　）功能不提供。

A. 邻居发现 　　　　　　　　　　　　　B. 无状态地址自动配置

C. 重复地址检测 　　　　　　　　　　　D. ARP

3. 下列（　　）不是封装在 IPv6 报文中的 ICMPv6 的基本结构。

A. 类型 　　　　B. 代码 　　　　C. 校验和 　　　　D. 选项

4. 下列（　　）不是 ICMPv6 差错消息。

A. 目的不可达 　　　B. 数据报文超长 　　　C. 参数问题 　　　D. 回送请求

5. 下列（　　）不是 ICMPv6 报文消息。

A. 回送请求 　　　B. 回送应答 　　　C. PMTU 发现 　　　D. MTU 发现

单元6
掌握NDP协议

06

【技术背景】

在 IPv6 无状态地址自动配置方法中，主机根据收到的 RA 报文中前缀信息，实现自动配置 IPv6 地址和参数信息。无状态地址自动配置技术通过 NDP 完成，实现移动设备接入 IPv6 网络、自动获取 IPv6 地址、即插即用等功能。

NDP 是 IPv6 的一个关键协议，它组合了 IPv4 中的地址解析、路由器发现和路由器重定向等功能，并对它们做了改进。NDP 使用 ICMPv6 报文实现丰富应用，包括无状态地址自动配置（简化版的 DHCPv6）、重复地址检测（免费 ARP）、地址解析、邻居不可达检测和路由器重定向等。图 6-1 所示为 IPv6 主机无状态地址自动配置过程。

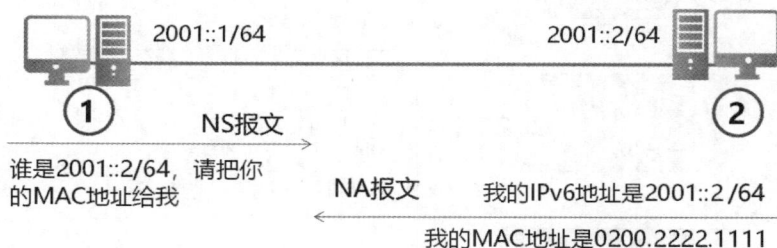

图 6-1　IPv6 主机无状态地址自动配置过程

【学习目标】

在本单元中，学生需要掌握 NDP 知识。具体学习目标如下。

1. 知识目标

（1）了解 NDP 协议功能：地址解析、邻居不可达检测、路由器发现、重复地址检测。

（2）了解无状态地址自动配置技术。

（3）了解路由器重定向技术。

2. 技能目标

学会使用 Wireshark 分析 RA 报文，排除 IPv6 网络故障。

3．素养目标

（1）激发学生的创新热情、爱国情怀和民族自豪感。

（2）培养信息共享和网络强国意识，推动数字时代互联互通理念。

（3）在实训的现场，能保持工作环境干净，物料整洁放置，遵守 6S 现场管理标准。

（4）在实训现场具有良好安全意识，懂得安全操作知识，严格按照安全标准流程操作。

【技术介绍】

6.1 了解 NDP 协议

NDP 是 IPv6 中的重要协议。NDP 协议通过使用 ICMPv6 报文，实现丰富的网络管理功能。

6.1.1 NDP 协议概述

NDP 综合 IPv4 中 ARP、ICMP 功能，提供地址解析、无状态地址自动配置和路由器重定向等主要功能，如图 6-2 所示。

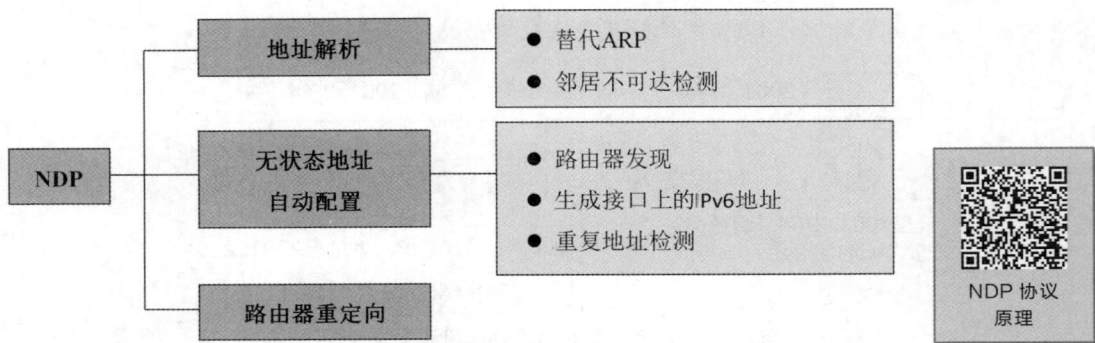

图 6-2 NDP 协议实现主要功能

为了满足物联网时代即插即用需求，通过 NDP 实现 IPv6 组网中无状态地址自动配置功能，自动获取 IPv6 地址，实现 IPv6 设备即插即用。主要功能如下。

- 路由器发现：路由器通过发送 RA 消息，向链路上通告 IPv6 前缀、参数等信息。主机从 RA 消息中获得前缀信息，构建自己的 IPv6 单播地址，不需要手动配置地址，不必借助 DHCPv6 机制。

- 生成接口上的 IPv6 地址：主机发现分配给该链路的网络前缀，自动生成自己的 IPv6 地址。

- 重复地址检测：主机检测准备使用的地址是否已被链路上其他主机占用。

6.1.2　NDP 协议报文

1. IPv4 中的 ARP 封装

在 IPv4 中，ARP 实现三层 IP 地址和二层 MAC 地址映射关系，把 IP 报文直接封装在以太网帧中，ARP 封装如图 6-3 所示。

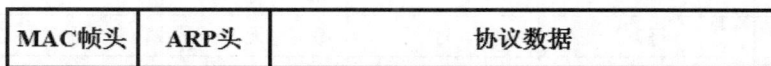

MAC帧头	ARP头	协议数据

图 6-3　ARP 封装

2. IPv6 中的 NDP 封装

和 ARP 不同，NDP 直接使用网络层 ICMPv6 封装，NDP 封装如图 6-4 所示。

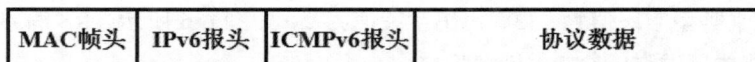

MAC帧头	IPv6报头	ICMPv6报头	协议数据

图 6-4　NDP 封装

ICMPv6 的协议号（IPv6 报文中下一报头字段值）为 58。ICMPv6 报文格式如图 6-5 所示。

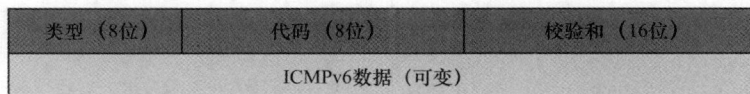

类型（8位）	代码（8位）	校验和（16位）
ICMPv6数据（可变）		

图 6-5　ICMPv6 报文格式

6.1.3　NDP 协议中 ICMPv6 消息

ICMPv6 定义了多种类型消息报文，用于实现 IPv6 通信过程中信息管理。其中，NDP 通告使用 ICMPv6 定义的 5 种消息报文——RS、RA、NS、NA、Redirect（重定向），实现地址解析、重复地址检测、路由器发现及路由重定向等功能。

在这 5 种消息报文中，RS 和 RA 用于无状态地址自动配置，NS 和 NA 用于地址解析，Redirect 用于路由器重定向，如表 6-1 所示。

表 6-1　NDP 中应用 ICMPv6 消息

ICMPv6 消息类型	消息名称
133	路由器请求（Router Solicitation，RS）
134	路由器通告（Router Advertisement，RA）
135	邻居请求（Neighbor Solicitation，NS）
136	邻居通告（Neighbor Advertisement，NA）
137	重定向（Redirect）

其中，每种机制中使用到的 ICMPv6 消息应用场景如表 6-2 所示。

表 6-2　ICMPv6 消息应用场景

机制	RS	RA	NS	NA	Redirect
报文介绍	路由器请求报文	路由器通告报文	邻居请求报文	邻居通告报文	重定向报文
替代 ARP	无	无	有	有	无
前缀公告	有	有	无	无	无
前缀重新编址	有	有	无	无	无
DAD	无	无	有	有	无
路由重定向	无	无	无	无	有

在 NDP 协议中，使用到的 ICMPv6 消息报文内容介绍如下。

1. RS 消息报文

RS 消息报文类型字段值为 133，代码字段值为 0，如图 6-6 所示。RS 消息报文由主机发起，请求互联路由器发送一个 RA 消息报文。

类型=133（8位）	代码=0（8位）	校验和（16位）
预留		
选项		

图 6-6　RS 消息报文

通常 IPv6 网络中节点启动后，希望尽快获取网络前缀进行通信。此时，主机向路由器发出 RS 消息报文，如图 6-7 所示，请求前缀和其他配置信息，用于节点的自动配置。网络上的路由器将应答 RA 消息报文。

```
☐ Internet Control Message Protocol v6
    Type: Router Solicitation (133)
    Code: 0
    Checksum: 0x76e7 [correct]
    Reserved: 00000000
⊟ ICMPv6 Option (Source link-layer address : 00:18:82:01:00:0a)
    Type: Source link-layer address (1)
    Length: 1 (8 bytes)
```

图 6-7　主机发出 RS 消息报文

2. RA 消息报文

RA 消息报文类型字段值为 134，代码字段值为 0，如图 6-8 所示。

类型=134（8位）		代码=0（8位）		校验和（16位）	
跳数限制	M	O	预留位	路由器生存时间	
可达时间			重传时间间隔		
选项					

备注：M为管理地址配置位，占1位；0为其他配置标志位，占1位。

图 6-8　RA 消息报文

RA 消息报文由路由器发起，对外周期性地发送，以通告路由器的存在。

在没有抑制 RA 消息报文发布的情况下，路由器会周期性地以组播方式定时发送 RA 消息报文，在二层网络中通告自己的存在。RA 消息报文通告内容包括链路前缀、前缀信息选项、MTU、跳数限制和一些标志位信息；此外也包括应答消息，实现对 RS 消息报文的应答。因此，IPv6 主机一接入网络就会立刻发送 RS 消息报文，网络上路由器将应答 RA 消息报文。

3．NS 消息报文

NS 消息报文类型字段值为 135，代码字段值为 0，如图 6-9 所示。

类型=135	代码=0	校验和
预留		
目标地址		
选项		

图 6-9　NS 消息报文

NS 消息报文由 IPv6 主机发起，请求另一台主机的链路层 MAC 地址，或实现地址冲突检测、邻居不可达检测、重复地址检测等功能。其在地址解析中类似于 IPv4 中的 ARP 请求报文。

4．NA 消息报文

NA 消息报文类型字段值为 136，代码字段值为 0，如图 6-10 所示。

类型=136（8位）		代码=0（8位）		校验和（16位）
R	S	O		预留位
目标地址				
选项				

图 6-10　NA 消息报文

其中，各参数解释如下。

- R：路由器标志位。"1"表示 NA 消息报文发送者是路由器，"0"表示 NA 消息报文发送者为主机。
- S：请求标志位。"1"表示该 NA 消息报文是对 NS 消息报文的响应。
- O：覆盖标志位。"1"表示可以覆盖原邻居缓存表。
- 目标地址：待地址重复检测或地址解析的 IPv6 地址。
- 选项：包含被解析节点的链路层地址。

NA 消息报文由主机发起，通过目标主机响应源主机的 NS 消息报文。如果一台主机改变了它的链路层地址，那么它应主动发送 NA 消息报文通告其新地址，告知邻居节点的变化。其在地址解析中类似于 IPv4 中的 ARP 应答报文。

5. Redirect 消息报文

Redirect 消息报文类型字段值为 137，代码字段值为 0，如图 6-11 所示。在满足一定的条件时，实现默认网关向源主机发送 Redirect 消息报文，使主机重新选择最佳的下一跳地址，进行后续报文的发送。

NDP 消息通常在链路本地范围内收发，防止 NDP 受到来自不与本地链路相连的源节点的攻击或欺骗。

类型=137（8位）	代码=0（8位）	校验和（16位）
预留位		
目标地址		
目标地址		
选项		

图 6-11　Redirect 消息报文

6.2　掌握 IPv6 地址解析技术

地址解析是进行地址翻译的过程，即将逻辑地址翻译成物理地址以进行数据传递的过程。在 IPv4 中，使用 ARP 实现地址解析；在 IPv6 中，使用 NDP 协议实现地址解析。

6.2.1　NDP 地址解析

1. 什么是 NDP 地址解析

NDP 地址解析思想与 ARP 思想类似，通过 NS 报文和 NA 报文进行地址解析，如图 6-12 所示。

其中，NS 报文在地址解析中类似于 ARP 请求报文；NA 报文在地址解析中类似于 ARP 应答报文。

IPv6 地址解析方法

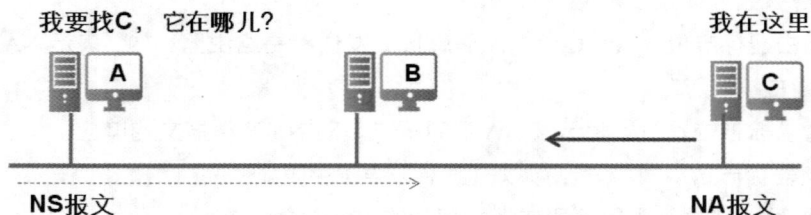

我要找C，它在哪儿？　　　　　　我在这里

NS报文　　　　　　　　　　　　NA报文

图 6-12　NDP 地址解析过程

NDP 协议在进行地址解析过程中包含两个过程：首先，NDP 协议通过在节点之间交互 NS 报文和 NA 报文，完成地址解析，建立邻居缓存表；然后，实现邻居可达性维护，即完成邻居不可达检测。

2. NDP 地址解析过程

图 6-13 所示为 PC1 和 PC2 通信过程中三层到二层地址解析过程。其中，PC1 的 MAC 地址为 5489-98C8-1111，网络地址为 2001::1/64；PC2 的 MAC 地址为 5489-9850-2222，网络地址为 2001::2/64。

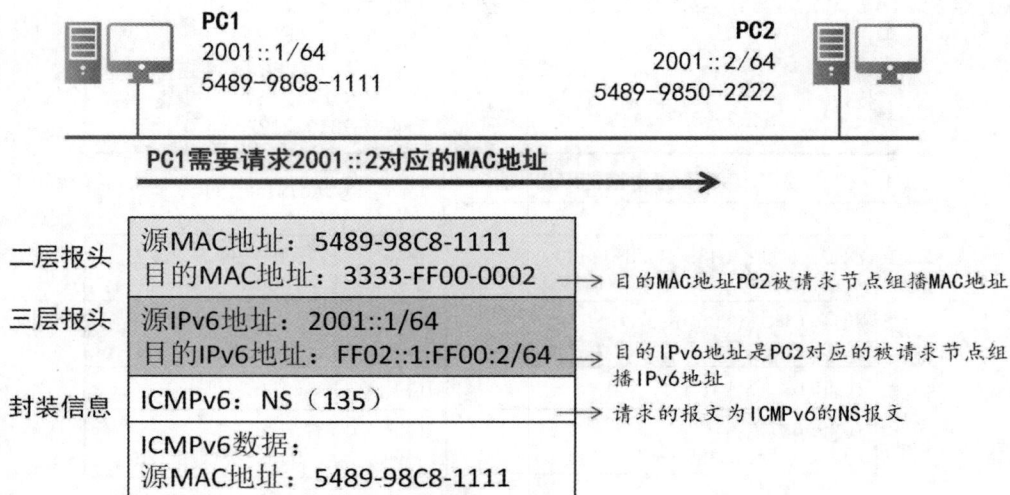

图 6-13　NDP 地址解析过程 1

当 PC1 和 PC2 通信时，PC1 请求 PC2 的 2001::2 对应的 MAC 地址，建立 IPv6 地址和 MAC 地址映射关系，实现三层到二层通信，具体的地址解析过程如下。

（1）PC1 发送 NS 报文

首先，PC1 发送一个 NS 报文（ICMPv6 消息类型为 135）到链路上，即使用 NS 报文来请求 2001::2 对应的 MAC 地址。

这个 NS 报文被封装为 ICMPv6 格式 IPv6 报文：源地址是 2001::1；目的地址是 PC2 的 2001::2 对应的被请求节点组播地址（FF02::1:FF00:2）；选项字段携带 PC1 链路层 MAC 地址（5489-98C8-1111）。

然后，PC1 对该 IPv6 报文进行二层封装：源 MAC 地址是 PC1 的 MAC 地址（5489-98C8-1111）；目的 MAC 地址是 PC2 的 2001::2 对应的被请求节点组播地址映射得到的 MAC 地址（3333-FF00-0002）。

最后，PC1 在物理链路上通过发送二层封装完成 NS 报文帧。

（2）PC2 处理 NS 报文

这个 NS 报文发往一个被请求节点组播地址（FF02::1:FF00:2），而 PC2 加入了这个组播地址所在组播组，PC2 通过物理链路收到该 NS 报文后（目的 MAC 地址为 3333-FF00-0002）匹配成功，将帧头拆掉，把里面的 IPv6 报文上送 IPv6 协议栈处理。

接下来，PC2 从 IPv6 报头中的下一报头字段得知，IPv6 报头后封装一个 ICMPv6 报文，因此将 IPv6 报头拆除，将里面的 IPv6 报文交给 ICMPv6 处理。

（3）PC2 发送 NA 报文

PC2 的 ICMPv6 发现这是一个 NS 报文，请求自己 IPv6 地址（2001::2）对应的 MAC 地址。于是回送一个 ICMPv6 类型消息 136（NA 消息）给 PC1，该消息包含 PC2 的 MAC 地址。因此，PC2 发送一个 NA 报文来应答 NS 报文。在消息的链路层目的 MAC 地址选项中，携带自身链路层 MAC 地址（5489-9850-2222），如图 6-14 所示。

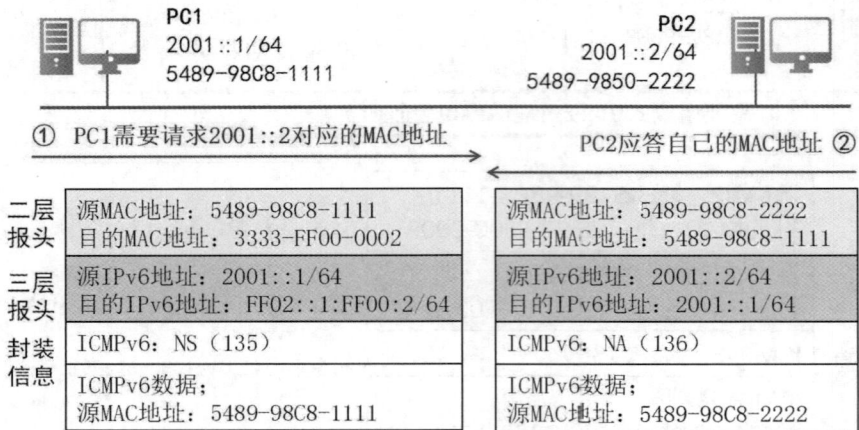

图 6-14　NDP 地址解析过程 2

（4）PC1 更新邻居缓存表

PC1 接收到 NA 报文后，根据 NA 报文中携带的 PC2 链路层 MAC 地址，创建到 PC2 的邻居缓存表。通过 4 次消息交互过程，PC1 和 PC2 都获得对方链路层 MAC 地址，更新邻居缓存表。

3. 查看邻居缓存表

在 Windows 7 以上操作系统主机上，使用"cdm"命令进入 DOS 命令操作模式，使用如下命令查看邻居缓存表内容。

```
C:\> netsh interface ipv6 show neighbors
```

在开启 IPv6 的路由器设备上，使用如下命令查看邻居缓存表内容。

```
Router#show ipv6 neighbors
IPv6 Address  : 2012::2
Link-layer : 00e0-fcc2-13b6        State : STALE
Interface  : GE0/0/0               Age  : 0
VLAN       : -                     CEVLAN: -
VPN name   :                       Is Router: TRUE
Secure FLAG : UN-SECURE
IPv6 Address : FE80::2E0:FCFF:FEC2:13B6
Link-layer : 00e0-fcc2-13b6        State : STALE
Interface  : GE0/0/0               Age  : 0
VLAN       : -                     CEVLAN: -
VPN name   :                       Is Router: TRUE
Secure FLAG : UN-SECURE
------------------------------------------------------------
Total: 2    Dynamic: 2    Static: 0
```

6.2.2 邻居不可达检测

邻居不可达检测（Neighbor Unreachability Detection，NUD）协议通过维护邻居缓存表描述邻居的可达性，依据每个邻居状态，进行状态之间的迁移检测，实现邻居不可达检测。

1. 什么是邻居可达性状态机

互联设备之间的通信会因各种原因中断。因此，邻居节点之间需要维护一张邻居缓存表，记录每个邻居相应的状态及状态之间迁移，这种描述邻居可达性的机制，称为邻居可达性状态机。其共有如下 6 种不同的状态，其迁移过程如图 6-15 所示。

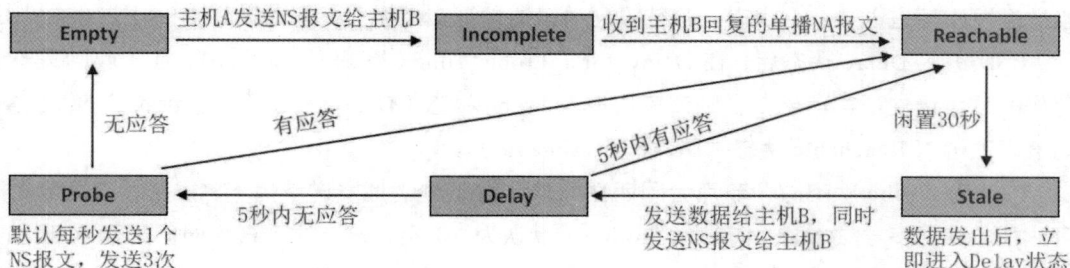

图 6-15　邻居可达性状态机迁移过程

（1）Incomplete（未完成）状态：表示正在解析地址，但邻居链路层地址尚未确定。

（2）Reachable（可达）状态：表示地址解析成功，该邻居可达。

（3）Stale（失效）状态：表示可达时间耗尽，未确定邻居是否可达。

（4）Delay（延迟）状态：表示未确定邻居是否可达。

（5）Probe（探测）状态：表示未确定邻居是否可达。

（6）Empty（空闲）状态：表示节点上没有相关邻节点的邻居缓存表。

在路由器上使用"show ipv6 neighbor"命令，显示邻居可达性状态机。

```
Router#show ipv6 neighbor
IPv6 Address :2000::2  State:STALE
Link-layer:00e0-fcdc-5e81 Age:2
VLAN Interface: GE0/0/0 CEVLAN:-
VPN name: Is Router:True
......
```

2. 邻居可达性状态机迁移过程

如果两台互联主机之间进行 NUD，在报文交互中，其邻居可达性状态机迁移过程有 6 种状态（见图 6-15）。其中，实线箭头表示由于 NS/NA 报文之间交互导致状态机变化。各状态机之间的相互转换过程描述如下。

（1）在 Empty 状态时，如果有报文要发送给邻居主机（节点），则在本地邻居缓存表中建立该邻节点表项，并将该表项置于 Incomplete 状态。图 6-15 中主机 A 以组播方式发送 NS 报文给主机 B，在 IPv6 邻居缓存表中创建缓存条目，状态为 Incomplete。

（2）主机 A 收到主机 B 回复的单播 NA 报文后，将处于 Incomplete 状态的邻居缓存表转化为 Reachable 状态（Incomplete→Reachable）。否则，如果地址解析失败（发出组播 NS 报文超时），则删除该表项（Incomplete→Empty）。

（3）处于 Reachable 状态的表项，如果在闲置 Reachable_Time（可达时间，默认为 30 秒）内，主机 B 没有收到关于该邻居的"可达性证实信息"，则进入 Stale 状态（Reachable→Stale）。或者在 Reachable 状态下收到主机 B 的非请求（非 S 置位）NA 报文，并且链路层地址有变化，则相关表项会马上进入 Stale 状态。

（4）在 Stale 状态下，如果有报文发往该邻居，这个报文利用缓存的链路层地址进行封装，并使该表项进入 Delay 状态（Stale→Delay）。图 6-15 中主机 A 要向主机 B 发送数据，当数据发出后进入 Delay 状态，等待收到"可达性证实信息"，同时发送 NS 报文给主机 B。

（5）进入 Delay 状态后，在 Delay_First_Probe_Time（默认为 5 秒）内，还未收到关于该邻居的"可达性证实信息"，则该表项进入 Probe 状态（Delay→Probe）。若收到 NA 报文，则该表项进入 Reachable 状态（Delay→Reachable）。

（6）在 Probe 状态时，节点会周期性（默认为 1 秒）地发送单播 NS 报文，来探测邻居可达性。在最多尝试 Max_Unicast_Solicit（默认为 3）次，直至达到最大时间间隔 Restrans_Timer 时间周期后，有应答则进入 Reachable 状态。如果仍未收到邻居应答的 NA 报文，则认为该邻居已不可达，进入 Empty 状态，该表项将被删除。

图 6-15 中箭头表示 NS/NA 报文的转换状态。每当处于 Empty 状态或者 Incomplete 状态时，节点只要收到 NS 报文或者 NA 报文，就会转到 Stale 状态。在协议实现中，任何时刻邻居缓存表都可以从其他状态进入 Empty 状态。

3. 阅读 NUD 实例

图 6-16 所示为 NUD 过程。NUD 过程和 NDP 地址解析过程差不多。

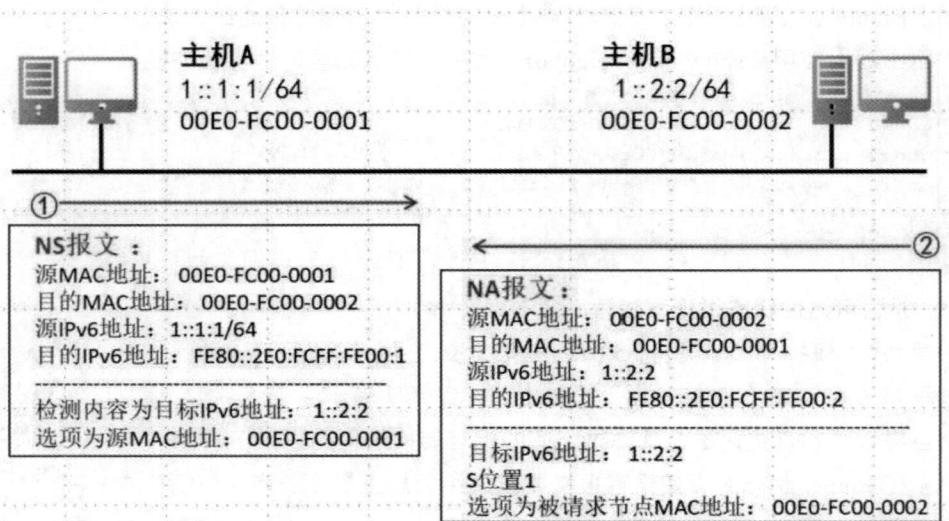

图 6-16　NUD 过程

在主机 A 中显示有关主机 B 表项，在 Reachable 状态经过 Reachable _Time（默认为 30秒）后，变为 Stale 状态。此时，若主机 A 有报文发往主机 B 且没有上层协议能够提供到主机 B 的"可达性证实信息"，则主机 A 需要重新验证到主机 B 的可达性。

NUD 过程与 NDP 地址解析过程的不同之处在于以下两点。

首先，NUD 发送的 NS 报文，其目的 MAC 地址是目的节点 MAC 地址，其目的 IPv6地址为主机 B 的单播地址，而不是被请求节点组播地址（NDP 地址解析过程使用该组播地址）。

其次，NUD 回应的 NA 报文中的 S 必须置位，表示可达性确认报文，即这个 NA 报文是用来专门响应 NS 报文的。

需要注意的是，NUD 仅仅实现在同一条链路上相邻主机之间的可达性检测，并不代表能实现 IPv6 网络中端到端可达性检测。因为在 IPv6 网络中从源端到目的端的路径，经常需要跨越多台路由器设备。

此外，NUD 是单向检测过程。图 6-16 中请求和应答的过程仅仅使用主机 A（请求发送者），得到主机 B（被请求者）可达性信息。主机 B 并没有获得主机 A 可达性信息。

如果要实现"双向"可达，还需要主机 B 向主机 A 发送 NS 报文，主机 A 给主机 B 回应S 置位的 NA 报文。

6.3 掌握无状态地址自动配置技术

IPv6 地址除了手动配置外，还能自动配置。其中，自动配置有两种方法：有状态地址自动配置（通过 DHCPv6 实现）；无状态地址自动配置（通过 NDP 协议实现）。

6.3.1 无状态地址自动配置技术

1. 什么是无状态地址自动配置

为满足不同场合地址需求，IPv6 定义了无状态地址自动配置和有状态地址自动配置两种方法。

其中，有状态地址自动配置使用 DHCPv6 动态分配 IPv6 地址，相比手动配置地址，效率高得多。该方法的缺点是：需要部署 DHCPv6 服务器。无状态地址自动配置更加便捷，接入 IPv6 网络中设备就能实现即插即用，无须部署 DHCPv6 服务器。无状态地址自动配置通过 NDP 协议来实现。

在无状态地址自动配置过程中，IPv6 主机利用 ICMPv6 中 RS 消息和 RA 消息，完成无状态地址自动配置。

2. 无状态地址自动配置优点

通过 NDP 协议实现无状态地址自动配置，实现物联网时代设备应用，具有如下优点。

（1）即插即用。

（2）网络迁移方便。

（3）IPv6 地址配置灵活。

3. 无状态地址自动配置机制

无状态地址自动配置使用 NDP 协议中路由器发现、重复地址检测和前缀重新编址 3 个机制来实现。

其中，路由器发现机制实现主机获得链路上可用 IPv6 地址前缀；重复地址检测机制保证主机获取的地址在链路上具有唯一性；前缀重新编址机制实现重新通告前缀，完成网络前缀切换。

6.3.2　路由器发现

1. 什么是路由器发现

路由器发现功能帮助主机发现路由器，获取 IPv6 前缀和配置参数。

在 IPv6 无状态地址自动配置技术中，主机通过路由器发现获取网络前缀；然后，主机使用收到的 IPv6 前缀与 EUI-64 接口 ID 生成 IPv6 全局单播地址。

因此，路由器发现功能是无状态地址自动配置的基础，通过两种报文实现——RA 报文和 RS 报文，如图 6-17 所示。

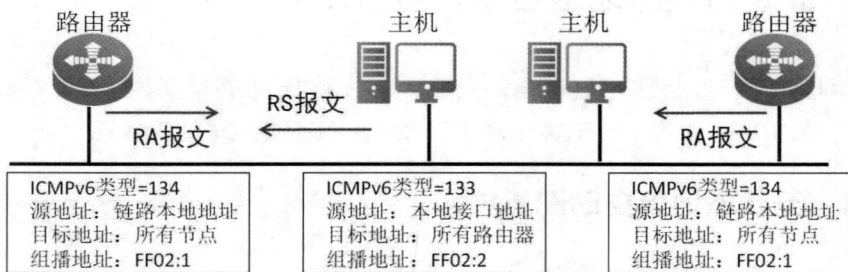

图 6-17　路由器发现功能

关于 RA 报文和 RS 报文详细内容，见前文。限于篇幅，此处不描述。

2. 路由器发现的内容

路由器发现是 IPv6 主机定位本地链路上路由器，确定 IPv6 地址信息的过程。路由器发现包含如下 3 方面内容。

一是邻居路由器发现。接入 IPv6 网络中的主机发现邻居路由器，选择某一个路由器作为默认网关。

二是前缀发现。接入 IPv6 网络中的主机发现本地链路上 IPv6 前缀，生成前缀列表。该列表用于 IPv6 主机地址自动配置。

三是参数发现。接入 IPv6 网络中的主机发现相关参数，如 MTU、报文的默认跳数限制、地址分配方式等。

3．路由器发现的过程

路由器发现经历两个过程：首先，主机请求触发 RA 报文；然后，路由器周期性发送 RA 报文。

（1）主机请求触发 RA 报文。

主机一启动，就发送 RS 报文，触发本地链路上 RA 报文。RS 报文是网络前缀请求报文。为避免链路上有过多 RS 报文，每台主机最多发 3 个 RS 报文。

（2）路由器周期性发送 RA 报文。

本地网络中路由器为了让网络主机知道自己存在，定时组播发送 RA 报文（默认周期为 200 秒）。

当主机收到 RA 报文时，就将 RA 报文中携带的路由器信息添加到默认路由器列表中，自动配置默认路由器，建立默认路由器列表、前缀列表和其他配置参数列表等。如果存在多台路由器条目，要么在列表中依次轮询，要么选择单台路由器作为默认路由器。

4．路由器发现案例

图 6-18 所示为主机发送 RS 报文触发 RA 报文。其中，主机 A 的 MAC 地址为 0014-22D4-91B7，链路本地地址为 FE80::214:22FF:FED4:91B7；路由器的 MAC 地址为 000F-E248-406A，链路本地地址为 FE80::20F:E2FF:FE48:406A。

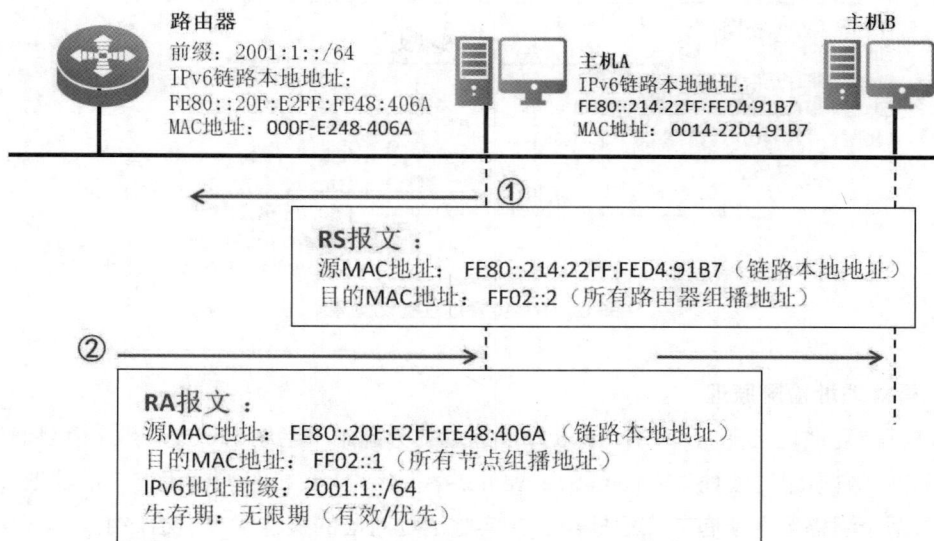

图 6-18　主机发送 RS 报文触发 RA 报文

首先，主机 A 以自己链路本地地址作为源地址，发送 RS 报文（目的地址：FF02::2）给本地链路上所有路由器。其中，RS 报文类型字段值为 133；源地址是未指定地址（::），也可以是该主机链路本地地址；目的地址是所有路由器组播地址（FF02::2）。

然后，本地链路上路由器收到 RS 报文，用接口的链路本地地址作为源地址，发送 RA

报文（目的地址：FF02::1）到所有节点。其中，RA 报文类型字段值为 134。RA 报文中携带网络前缀以及其他标志信息。

最后，主机 A 收到 RA 报文后，获得路由器的相关配置信息。

6.3.3 重复地址检测

1. 什么是重复地址检测

重复地址检测（Duplicate Address Detection，DAD）是 IPv6 主机确定即将使用的 IPv6 地址是否在本地链路上唯一的过程，确保 IPv6 地址不冲突（重复）。所有的 IPv6 单播地址，包括自动配置或手动配置单播地址，在使用之前必须要通过重复地址检测，具有唯一性才能正式启用。

当网络中一台主机（或节点）获取一个 IPv6 地址后，在 IPv6 中通过 NS 报文和 NA 报文交互实现重复地址检测，确定该 IPv6 地址是否已被其他主机使用，如图 6-19 所示。

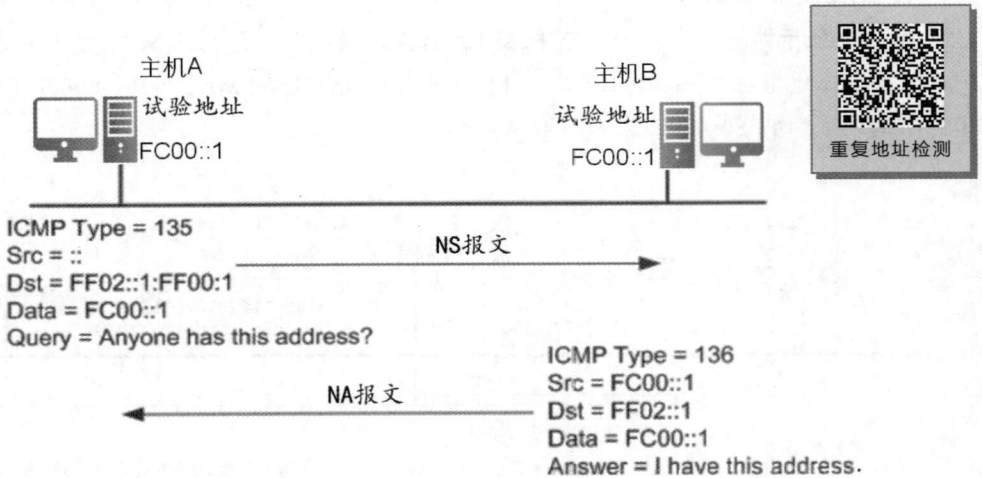

主机A 试验地址 FC00::1

主机B 试验地址 FC00::1

重复地址检测

ICMP Type = 135
Src = ::
Dst = FF02::1:FF00:1
Data = FC00::1
Query = Anyone has this address?

NS报文

NA报文

ICMP Type = 136
Src = FC00::1
Dst = FF02::1
Data = FC00::1
Answer = I have this address.

图 6-19 重复地址检测场景

2. 重复地址检测原理

在进行重复地址检测时，一个 IPv6 单播地址在分配给一台主机（或节点）后且通过重复地址检测前，被称为试验地址（Tentative Address）。此时，主机不能使用这个试验地址通信，但会加入两个组播组：所有节点组播组、该实验地址对应的被请求节点组播组。

主机在申请到一个临时的试验地址时，使用试验地址所在的被请求节点组播组，发送一个以该试验地址封装的 NS 报文。如果收到主机回应的 NA 报文，就证明该地址已被网络上其他主机使用，该主机将不能使用该试验地址通信。

3. 重复地址检测过程

重复地址检测场景如图 6-20 所示，路由器 B 是在线设备，该接口上地址工作正常，需要为路由器 A 配置 IPv6 地址。在路由器 A 接口上激活 IPv6，为该接口配置 2001::FFFF/64 地址。该地址立即进入 Tentative 状态，此时，该地址仍然不可用，除非该地址通过重复地址检测。

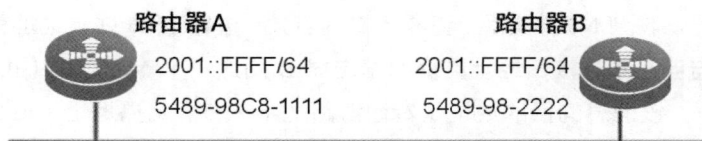

图 6-20　重复地址检测场景

重复地址检测过程通过 NS 报文和 NA 报文交互实现，如图 6-21 所示。下面详细介绍重复地址检测过程。

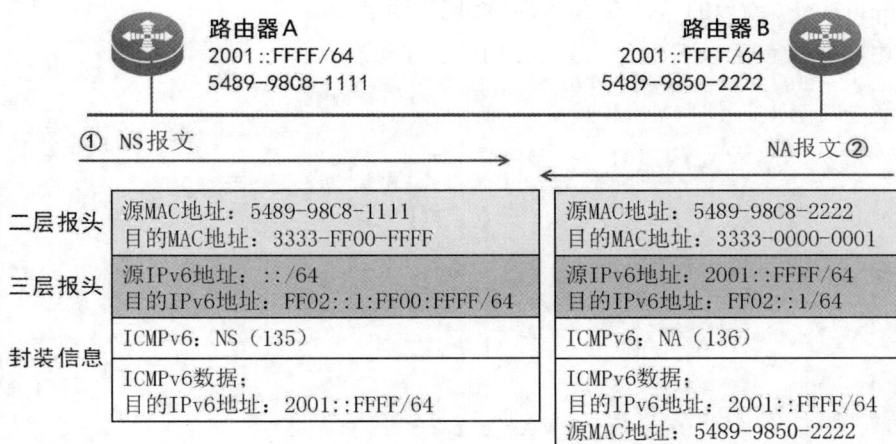

图 6-21　重复地址检测过程

（1）主机发送 NS 报文，申请重复地址检测。

首先，路由器 A 在本地链路上以组播方式发送一个 NS 报文（ICMPv6 报文，类型字段值为 135），此时获取的还是试验地址，并未正式指定。因此，该 NS 报文源地址为未指定地址（::）；目的地址为重复地址检测试验地址（2001::FFFF）对应被请求节点组播地址（FF02::1:FF00: FFFF）；内容为进行重复地址检测目的地址（2001::FFFF），开启重复地址检测。

（2）如果没有收到 NA 报文，重复地址检测成功，申请单播地址具有唯一性，可用。

封装完成 NS 报文发到链路上（默认发送一次 NS 报文）。本地链路上所有节点都收到这个组播 NS 报文。没有配置 2001::FFFF 地址的接口，由于没有加入该地址对应的被清求节点组播组，因此，在收到这个 NS 报文时，默默将其丢弃。

在规定时间内，如果没有收到 NA 报文，则认为这个单播地址（2001::FFFF）在链路上唯一，可以使用。

（3）如果收到 NA 报文，重复地址检测失败，申请单播地址不可用。

如图 6-21 所示，路由器 B 收到这个消息后，它的接口上配置 2001::FFFF 地址，该接口加入组播组（FF02::1:FF00:FFFF），属于该组播组中的设备。

因此，路由器 B 收到 NS 报文后，查看报文内容是"进行 IPv6 试验地址重复地址检测"，携带的试验地址与自己本地接口地址重复。路由器 B 回送一个 NA 报文（ICMPv6 报文，类型字段值为 136），该消息的目的地址是本地链路上所有节点组播地址（FF02::1）；在报文内容中携带自己目的地址 2001::FFFF 及接口的 MAC 地址。

（4）申请重复地址检测主机，标记重复地址信息。

路由器 A 收到 NA 报文。其中，节点回应的 NA 报文的源地址为该节点的发送报文接口链路本地地址；S 置为 0；O 置为 1。

收到 NA 报文表明这个地址已被其他节点使用，申请单播地址不可用。因此，将该地址标记为 Duplicated（重复的），该地址将不能用于通信。

在路由器 A 上使用以下命令，查看接口的工作状态。

```
R1#show ipv6 interface GigabitEthernet0/0
GigabitEthernet0/0 current state: UP
IPv6 protocol current state: UP
IPv6 is enabled. link-local address is FE80:5489:98FF:FEC8:1111
Global unicast address(es):
2001::FFFF, subnetis 2001::/64 [DUPLICATE]
Joined group address(es):
FF02::1:FF00:FFFF
FF02::1:FFC8:1111
FF02::2
FF02::1
MTU is 1500 bytes
ND DAD is enabled, number of DAD attempts:1
```

需要注意的是，路由器 B 在收到 NS 报文后，有以下两种处理方法。

如果路由器 B 发现 NS 报文中进行重复地址检测的试验地址是自己的一个试验地址，则路由器 B 放弃使用这个地址作为接口地址，并且不会再发送 NA 报文。

如果路由器 B 发现进行重复地址检测的试验地址是一个正常使用地址，那么路由器 B 会向该地址的所有节点组播组发送 NA 报文，该报文中会包含正常使用的地址。路由器 A 收到这个报文后，发现自身试验地址是重复的地址，则弃用该地址。

备注：IPv6 对任播地址不进行重复地址检测，因为任播地址可以被分配给多个接口。

6.3.4　无状态地址自动配置过程

1. 什么是无状态地址自动配置

无状态地址自动配置是 IPv6 的标准功能，接入 IPv6 网络中的主机（节点）即插即用，无须手动配置。自动配置 IPv6 地址，不仅减轻网络管理负担，还可以实现网络无缝迁移。

无状态地址自动配置使用 RS 报文和 RA 交互实现，包含两个阶段：链路

无状态地址
自动配置

本地地址的配置阶段；全局单播地址的配置阶段。

2. 无状态地址自动配置过程

IPv6 主机无状态地址自动配置过程分为以下几个步骤。

（1）主机使用无状态地址自动配置技术，根据 EUI-64 接口 ID，产生链路本地地址。

（2）主机发出邻居请求，进行重复地址检测。如果检测到链路本地地址已在使用，即地址发生冲突，则停止自动配置，需要手动配置。如果地址不冲突，链路本地地址生效，具备本地链路通信能力。

（3）通过路由器发现技术，主机发送 RS 报文（或接收路由器定期发送的 RA 报文）。

（4）主机根据 RA 报文中的前缀信息和 EUI-64 接口 ID，生成 IPv6 全局单播地址。

3. 全局单播地址生成方法

主机交互 RS/RA 报文，进行重复地址检测，自动获得全局单播地址，其过程如图 6-22 所示。

（1）IPv6 主机根据本地接口，自动产生网卡上链路本地地址。

（2）主机对链路本地地址进行重复地址检测，如果该地址不冲突，则可以启用，主机具备 IPv6 单播连接、通信能力。

（3）主机配置好链路本地地址后，发送 RS 报文，请求链路上路由器发送 IPv6 地址前缀，默认最多发送 3 个 RS 报文。

（4）路由器收到 RS 报文后，发送单播 RA 报文（携带无状态地址自动配置前缀信息）。路由器即使没有收到 RS 报文，也会周期性发送组播 RA 报文（默认周期为 200 秒）。

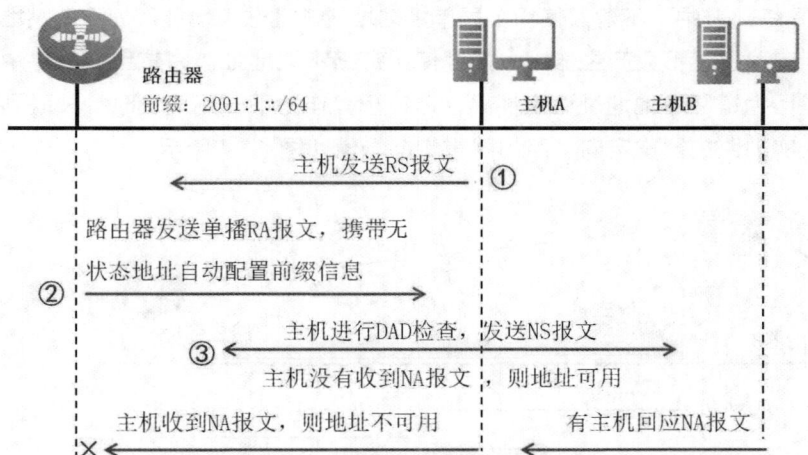

图 6-22　主机获得全局单播地址过程

（5）主机收到 RA 报文后，获得本地链路上 IPv6 地址前缀，依据"前缀+接口 ID"信息，生成一个临时全局单播地址，如图 6-23 所示。

（6）主机对生成的 IPv6 地址进行重复地址检测，发送 NS 报文验证该地址的唯一性。

此时，该地址处于临时状态（试验地址）。如果没有收到重复地址检测 NA 报文，则没有用户使用该地址，地址具有唯一性。使用该地址初始化接口，该地址才正式启用。

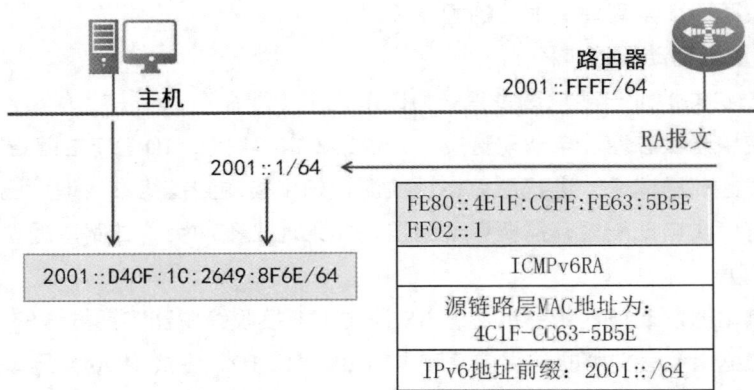

图 6-23　主机生成临时全局单播地址

6.4　了解路由器重定向

1. 什么是路由器重定向

在重定向过程中，路由器使用 ICMPv6 重定向消息，发送重定向报文，通知链路上的主机，在同一条链路上存在一台能更优地转发 IPv6 报文的路由器。接收到 ICMPv6 重定向消息的主机，根据重定向消息中携带的新路由器地址，修改本地路由表。其中，路由器发送的重定向报文也以单播形式发送到始发主机中，并且只会被始发主机处理。

在 IPv6 网络部署中，不建议使用全局单播地址或本地站点地址作为下一跳地址。否则，ICMPv6 重定向消息就不会产生作用。推荐使用链路本地地址作为重定向消息中的下一跳地址。这不仅是因为链路本地地址稳定性高，还在于其作为下一跳地址时，关联到链路上路由器接口，方便实现路由器重定向。路由器重定向场景如图 6-24 所示。

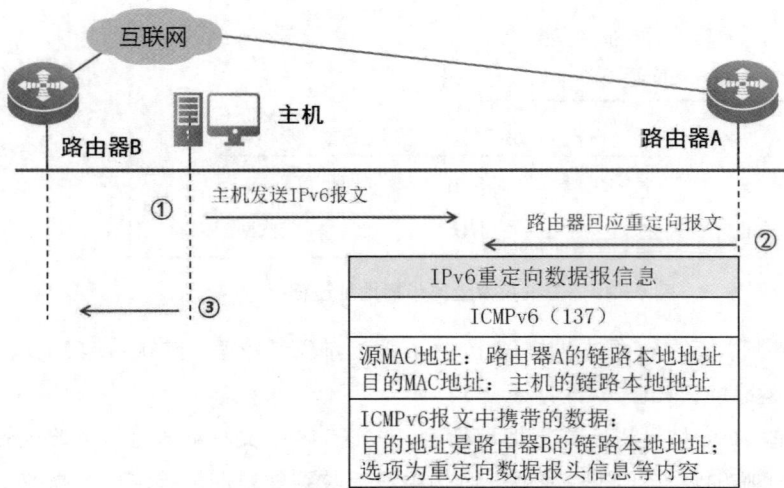

图 6-24　路由器重定向场景

2．路由器重定向原因

当一台路由器收到链路上一台主机发送的报文后，在如下情况下会引起该台路由器向主机发送重定向报文。

（1）主机发送的报文的目的地址不是一个组播地址。

（2）报文并非通过路由转发给本地路由器。

（3）经过路由计算后，路由的下一跳出口是接收报文的接口。

（4）路由器发现报文的最佳下一跳 IPv6 地址和报文的源 IPv6 地址处于同一网段。

（5）路由器检查收到报文的源地址，发现自身的邻居缓存表中有用该地址作为全局单播地址或链路本地地址的邻居存在。

3．路由器重定向过程

在 IPv6 中，路由器使用 NDP 协议实现重定向。主机 A 的默认路由器为路由器 A，如果主机 A 想发送数据报文到主机 B，路由器重定向过程如图 6-25 所示。

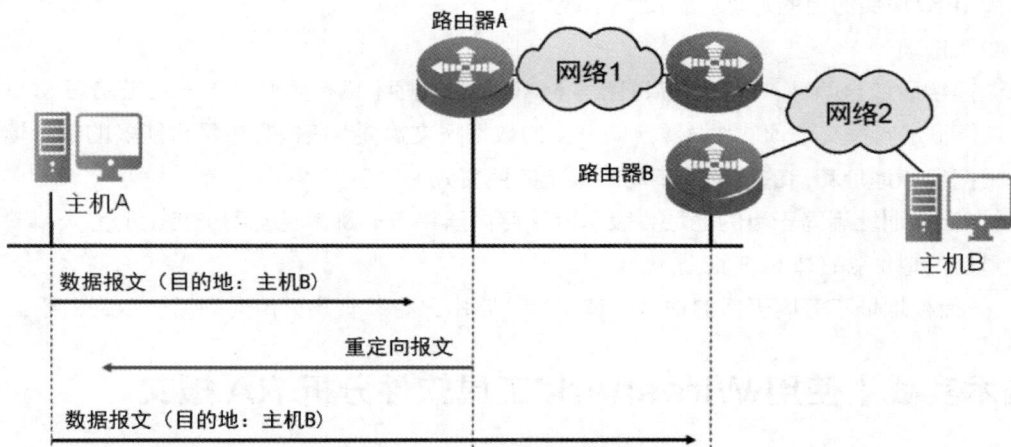

图 6-25　路由器重定向过程

（1）主机 A 发送第一个数据报文到网关路由器 A。该报文经过路由器 B 到达主机 B，路由器 B 是链路上与主机 B 通信的最好选择。

（2）路由器 A 向主机 A 发送一个重定向报文，目标地址中含有路由器 B 的 IPv6 地址，报文选项中含有路由器 B 的链路层 MAC 地址。

（3）主机 A 获悉路由器 B 是到达主机 B 的最佳路径，修改邻居缓存表。再发送数据报文到主机 B 时，优先发到下一跳网关路由器 B，完成重定向。

4．路由器重定向报文

路由器通过重定向报文通知链路上主机，到达目标网络有更好的下一跳地址。它就会向该台主机发送重定向报文，告知主机选择另一台路由器作为出口。

使用 ICMPv6 封装重定向报文如图 6-26 所示。其中，类型字段值为 137，报文中携带新的下一跳地址，需要重定向报文的目的地址等信息。

类型=137（8位）	代码=0（8位）	校验和（16位）
预留		
目标地址		
目的地址		
选项		

图 6-26　使用 ICMPv6 封装重定向报文

其中，各字段的含义如下。

（1）目标地址

即到达目的地址更好的下一跳地址，长度为 16 字节。如果目标地址为互联的路由器接口，必须使用路由器该接口上的链路本地地址。如果目标地址是主机，则目标地址和 IPv6 数据包中的目的地址保持一致。

（2）目的地址

即 IPv6 报头的目的地址，长度为 16 字节。

（3）选项

选项字段包含两种：一是目标链路层 MAC 地址选项，具有更好的下一跳链路层 MAC 地址；二是重定向报文选项，触发重定向报文的数据报文摘要，取报文中尽可能多的部分填充。

根据目标地址和目的地址的不同，重定向报文分为以下两种。

① 目标地址等同于目的地址，表示默认路由器将下一跳重定向到链路上的另一个节点，也就是目的地址就在本地链路上。

② 目标地址不等同于目的地址，表示默认路由器将下一跳重定向到另一台路由器上。

【技术实践】使用 Wireshark 工具软件分析 RA 报文

【任务描述】

某企业网使用 IPv6 技术部署，实现网络互联互通。为减少企业网工作量，在企业网的出口路由器上配置 IPv6 地址，通过无状态地址自动配置，实现企业网内的主机自动获取地址。为了了解企业网内部主机自动获取 IPv6 地址过程，通过 Wireshark 工具软件捕获 RA 报文，了解 RA 报文内容。图 6-27 所示为企业网 IPv6 出口路由器场景。

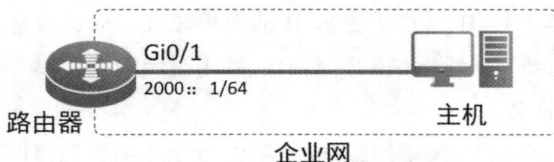

图 6-27　企业网 IPv6 出口路由器场景

【设备清单】

路由器或三层交换机（1 台）、网线（若干）、测试主机（若干）。

【实施步骤】

通过如下步骤，完成企业网内出口路由器连接主机操作，帮助主机自动获取全局单播地址，了解企业网内的主机自动获取 IPv6 地址过程。

（1）组网，实现网络互联互通。

按照任务描述连线、组网，根据连接设备的情况标注设备的接口信息。

（2）完成路由器基础配置。

登录路由器设备，开启路由器的地址自动配置功能。

```
Router#configure terminal
Router(config)#interface GigabitEthernet 0/1
Router(config-if)#ipv6 enable
Router(config-if)#ipv6 address 2000::1/64
//配置全局单播地址
Router(config-if)#no shutdown
Router(config-if)#end
Router#show ipv6 interface GigabitEthernet 0/1
......
```

（3）启动 Wireshark 工具软件。

首先，在测试主机上，转到 DOS 工作环境，使用 ping 命令测试网络连通状态。

```
ping ipv6 2001::1/64
```

然后，在测试主机上开启 Wireshark 工具软件，通过"Capture→Options"菜单设置捕获滤波器。

（4）捕获 RA 报文。

使用 ping 命令测试网络连通中，企业网中的 IPv6 主机根据需求主动发送 RS 报文，发现链路上的路由器。企业网出口路由器周期性通过组播方式发送 RA 报文。

在主机上通过 Wireshark 工具软件捕获的 RA 报文如图 6-28 所示。

```
Internet Protocol Version 6, Src: 2000::2, Dst: 2000::1
  0110 .... = Version: 6
  .... 1100 0000 .... .... .... .... .... = Traffic Class: 0xc0
  .... .... .... 0000 0000 0000 0000 0000 = Flow Label: 0x00000
  Payload Length: 32
  Next Header: ICMPv6 (58)
  Hop Limit: 255
  Source: 2000::2
  Destination: 2000::1
  [Source GeoIP: Unknown]
  [Destination GeoIP: Unknown]
Internet Control Message Protocol v6
  Type: Neighbor Advertisement (136)
  Code: 0
  Checksum: 0xd95f [correct]
  [Checksum Status: Good]
  Flags: 0xe0000000, Router, Solicited, Override
    1... .... .... .... .... .... .... .... = Router: Set
    .1.. .... .... .... .... .... .... .... = Solicited: Set
    ..1. .... .... .... .... .... .... .... = Override: Set
    ...0 0000 0000 0000 0000 0000 0000 0000 = Reserved: 0
  Target Address: 2000::2
  ICMPv6 Option (Target link-layer address : 00:e0:fc:dc:5e:81)
    Type: Target link-layer address (2)
    Length: 1 (8 bytes)
```

图 6-28　捕获的 RA 报文

RA 报文中 Flags 字段解释如图 6-29 所示。

```
˅ Flags: 0xe0000000, Router, Solicited, Override
   1... .... .... .... .... .... .... .... = Router: Set
   .1.. .... .... .... .... .... .... .... = Solicited: Set
   ..1. .... .... .... .... .... .... .... = Override: Set
   ...0 0000 0000 0000 0000 0000 0000 0000 = Reserved: 0
  Target Address: 2000::2
˅ ICMPv6 Option (Target link-layer address : 00:e0:fc:dc:5e:81)
    Type: Target link-layer address (2)
    Length: 1 (8 bytes)
```

图 6-29　RA 报文中 Flags 字段解释

- Router：路由器标志位。置 1 时，R 表示发送者是路由器。
- Solicited：请求标志位。置 1 时，指出 RA 报文被发送，以响应来自目的地址的邻居请求。
- Override：覆盖标志位。置 1 时，表示通告中的信息覆盖缓存。
- Target Address：对于 RA 报文，是 Neighbor Solicitation 消息中的 Target Address 字段。

（5）了解 RA 报文。

通过 Wireshark 工具软件捕获的 RA 报文，了解 Flags 字段的位信息内容实现功能，如图 6-30 所示。

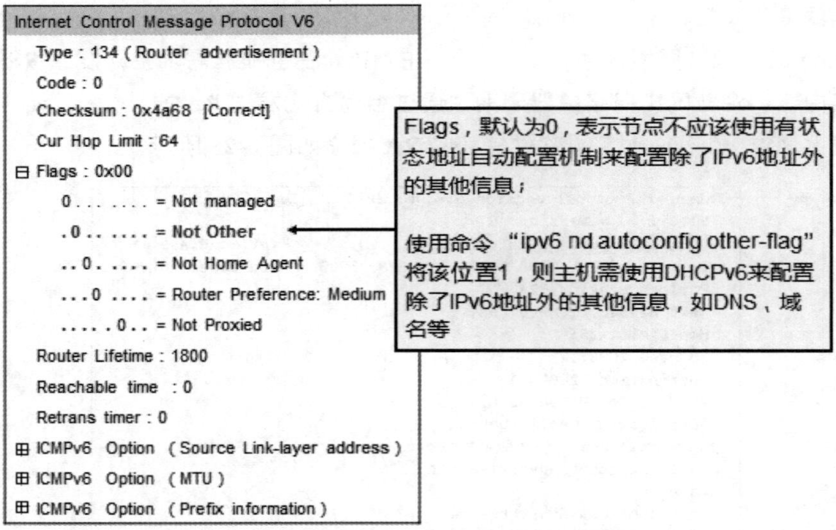

```
Internet Control Message Protocol V6
  Type : 134 ( Router advertisement )
  Code : 0
  Checksum : 0x4a68  [Correct]
  Cur Hop Limit : 64
  ⊟ Flags : 0x00
       0... .... = Not managed
       .0.. .... = Not Other
       ..0. .... = Not Home Agent
       ...0 .... = Router Preference: Medium
       .... .0.. = Not Proxied
  Router Lifetime : 1800
  Reachable time : 0
  Retrans timer : 0
  ⊞ ICMPv6  Option  ( Source Link-layer address )
  ⊞ ICMPv6  Option  ( MTU )
  ⊞ ICMPv6  Option  ( Prefix information )
```

Flags，默认为0，表示节点不应该使用有状态地址自动配置机制来配置除了IPv6地址外的其他信息；

使用命令 "ipv6 nd autoconfig other-flag" 将该位置1，则主机需使用DHCPv6来配置除了IPv6地址外的其他信息，如DNS、域名等

图 6-30　Flags 字段的位信息内容实现功能

通过 Wireshark 工具软件捕获的 RA 报文，了解 RA 报文携带的时间值，如图 6-31 所示。

（6）查看 RA 报文中的前缀信息。

Wireshark 工具软件捕获的 RA 报文中包含多个 ICMPv6 Option，路由器向链路通告的 IPv6 前缀，就是以 ICMPv6 Option 的形式通过 RA 报文携带的。

```
Internet Control Message Protocol V6
    Type : 134 ( Router advertisement )
    Code : 0
    Checksum : 0x4a68 [Correct]
    Cur Hop Limit : 64
 ⊟ Flags : 0x00
        0 . . . . . . . = Not managed
        . 0 . . . . . . = Not Other
        . . 0 . . . . . = Not Home Agent
        . . . 0 . . . . = Router Preference: Medium
        . . . . 0 . . = Not Proxied
    Router Lifetime : 1800
    Reachable time : 0
    Retrans timer : 0
 ⊞ ICMPv6 Option ( Source Link-layer address )
 ⊞ ICMPv6 Option ( MTU )
 ⊞ ICMPv6 Option ( Prefix information )
```

Router Lifetime，表示存在于主机默认路由器缓存中的时间；
Reachable time，表示存在于主机邻居缓存表中的时间；
Retrans timer，表示进行邻居检测时的重新发送时间间隔

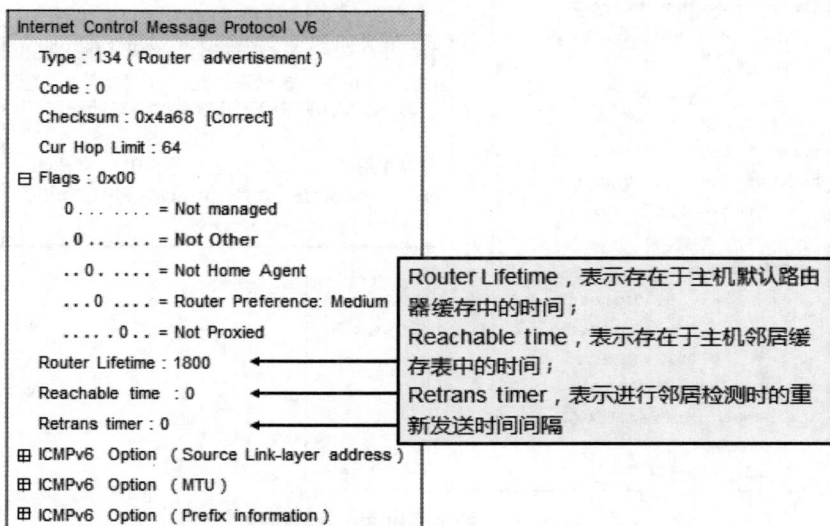

图 6-31　RA 报文携带的时间值

其中，一个 RA 报文可以包含 0 个、1 个或者多个 IPv6 前缀，每个前缀都被一个 Option 携带。RA 报文中携带 IPv6 前缀的 Option 内容，如图 6-32 所示。

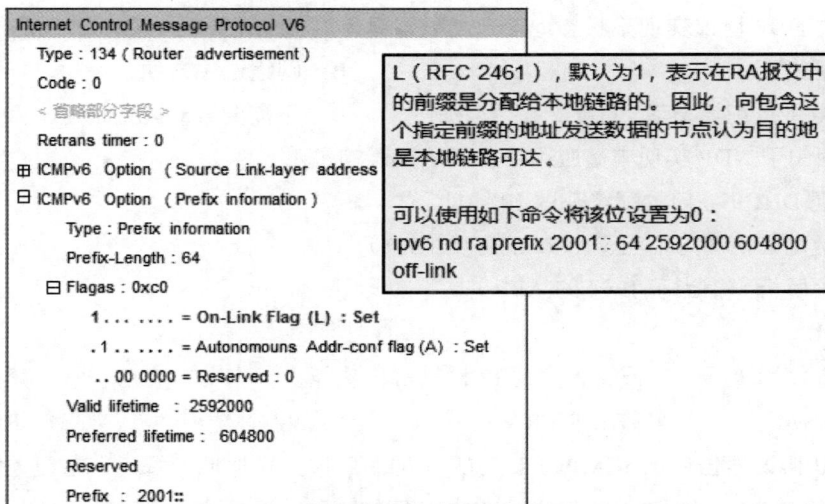

```
Internet Control Message Protocol V6
    Type : 134 ( Router advertisement )
    Code : 0
    <省略部分字段>
    Retrans timer : 0
 ⊞ ICMPv6 Option ( Source Link-layer address )
 ⊟ ICMPv6 Option ( Prefix information )
        Type : Prefix information
        Prefix-Length : 64
     ⊟ Flagas : 0xc0
            1 . . . . . . . = On-Link Flag (L) : Set
            . 1 . . . . . . = Autonomouns Addr-conf flag (A) : Set
            . . 00 0000 = Reserved : 0
        Valid lifetime : 2592000
        Preferred lifetime : 604800
        Reserved
        Prefix : 2001::
```

L（RFC 2461），默认为1，表示在RA报文中的前缀是分配给本地链路的。因此，向包含这个指定前缀的地址发送数据的节点认为目的地是本地链路可达。

可以使用如下命令将该位设置为0：
ipv6 nd ra prefix 2001:: 64 2592000 604800 off-link

图 6-32　RA 报文中携带 IPv6 前缀的 Option 内容

通过 Wireshark 工具软件捕获的 RA 报文可以看到，携带 IPv6 前缀的 Option 除有前缀及前缀长度信息，还有几个标志位和两个 lifetime 信息。RA 报文所携带的每个 IPv6 前缀信息都各自捆绑了两个 lifetime，一个是 Valid lifetime，另一个是 Preferred lifetime。图 6-33 所示为两个 lifetime 信息内容。

路由器发送的 RA 报文中可以包含 IPv6 前缀信息，主机在收到 RA 报文后，就能够使用 RA 报文中所携带的 IPv6 前缀来构造自己的 IPv6 单播地址。

109

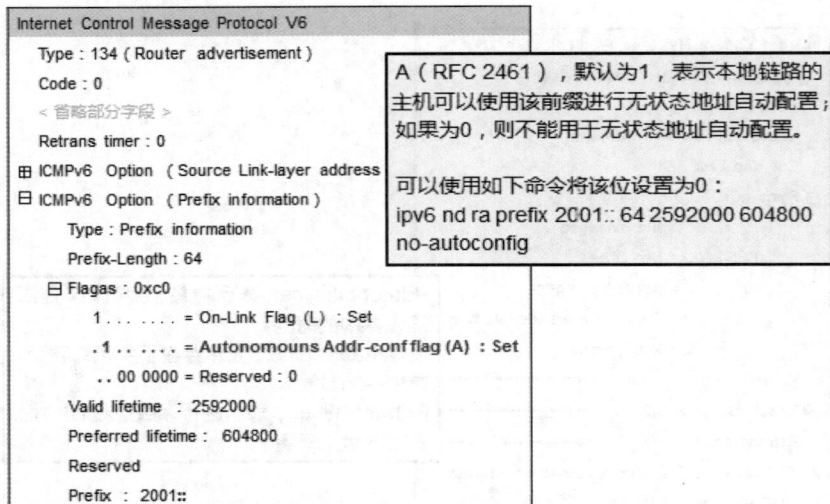

图 6-33　两个 lifetime 信息内容

【认证测试】

下列选择题中每题都只有一个正确选项，把其挑选出来。

1. 通过 NDP 协议实现无状态地址自动配置具有的优点，下列（　　　）说法不正确。

A. 即插即用　　　　　　　　　　　　　B. 网络迁移方便

C. IPv6 地址配置灵活　　　　　　　　　D. 不需要手动配置地址

2. 下面关于 NDP 实现丰富应用中，说法错误的是（　　　）。

A. 实现 DHCPv6 自动配置获取 IP 地址

B. 重复地址检测（相当于 IPv4 的免费 ARP）

C. 地址解析（相当于 IPv4 的 ARP）

D. NUD

3. IPv6 使用（　　　）报文，实现 IP 地址解析功能。

A. NS/NA　　　　　　B. RS/RA　　　　　　C. RA/NA　　　　　　D. RS/ NS

4. NDP 协议通告使用 ICMPv6 定义的 5 种消息报文实现地址解析、重复地址检测、路由器发现以路由重定向等功能。其中，NDP 使用的 5 种消息报文是（　　　）。

A. RS、RA、NS、NA、ARP

B. RS、RA、NS、NA、DAD

C. RS、RA、NS、NA、NUD

D. RS、RA、NS、NA、Redirect

5. 邻居可达性状态机共有 6 种不同的状态，下列选项中错误的是（　　　）。

A. Incomplete 状态　　　　　　　　　　B. Reachable 状态

C. Stale 状态　　　　　　　　　　　　　D. Redirect 状态

单元7

使用IPv6静态路由实现网络连通

07

【技术背景】

静态路由是手动配置路由，在部署简单的IPv6网络时，使用IPv6静态路由实现网络连通，如图7-1所示。静态路由的缺点是不能自动适应网络拓扑的变化，当网络发生故障或者发生变化后，必须由网络管理员手动修改配置。

其中，在IPv6网络部署中，在边缘网络的出口处，必须通过IPv6静态路由指定网络出口。也即使用IPv6链路本地地址作为下一跳，必须指定静态路由出接口。

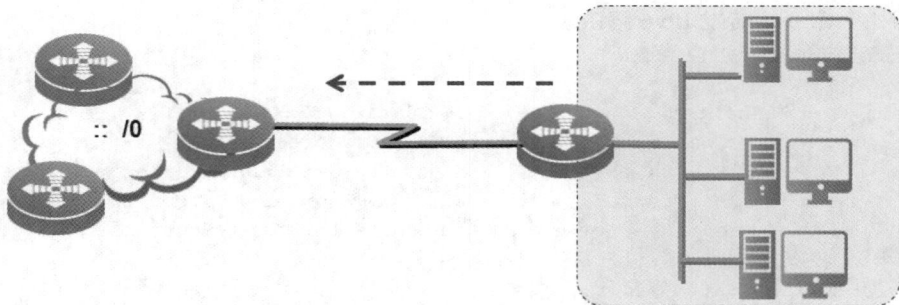

图7-1　使用IPv6静态路由实现网络连通

【学习目标】

在本单元中，学生需要了解IPv6静态路由知识，学会排除静态路由故障。具体学习目标如下。

1. 知识目标

（1）了解IPv6静态路由技术。

（2）了解IPv6静态路由应用：负载分担、浮动路由、默认路由。

2. 技能目标

掌握配置IPv6静态路由的技术，实现网络连通。

3. 素养目标

（1）培养学生了解我国通信设备的发展技术成就，增进科技强国认同感，增强爱国热情和民族自豪感。

（2）通过配置国产交换机设备，增进中国制造认同，增强民族自豪感。

（3）学会和同伴友好沟通，建立团队协作关系。小组实训中，做到任务明确，分工合理，落实到位，工作有序。

（4）在实训现场具有良好安全意识，懂得安全操作知识，严格按照安全标准流程操作。

【技术介绍】

7.1 了解 IPv6 路由技术

1. 什么是路由

路由是 IP 数据包经过不同传输路径，在已连接网络之间转发 IP 数据包的过程。在若干条可用路径之中，选择到达目标网络的最佳路径。其中，每个输入或输出数据包叫作 IPv6 数据包。

IPv6 数据包包含两个地址：发送主机的源地址和接收主机的目的地址。与链路层地址不同，IPv6 报头中的 IPv6 地址在数据包通过 IPv6 网络传输时保持不变。

使用如下命令，转发 IPv6 路由表。

```
Router#show ipv6 route

Codes: C - Connected, L - Local, S - Static, R - RIP
       O - OSPF intra area, IA - OSPF inter area
       N1 - OSPF NSSA external type 1, N2 - OSPF NSSA external type 2
       E1 - OSPF external type 1, E2 - OSPF external type 2
       [*] - the route not add to hardware for hardware table full
L      ::1/128  via ::1, Loopback
C      2001:1::/64  via ::, FastEthernet 0/0
L      2001:1::1/128  via ::, Loopback
S      2001:2::/64  [1/0] via 2001:1::2, FastEthernet 0/0
C      2001:3::/64  via ::, Loopback 0
L      2001:3::1/128  via ::, Loopback
S      2001:4::/64  [1/0] via 2001:1::2, FastEthernet 0/0
......
```

在 IPv6 网络部署中，对所有 IPv4 路由都重新进行了定义，使用 IPv6 路由转发，如图 7-2 所示。

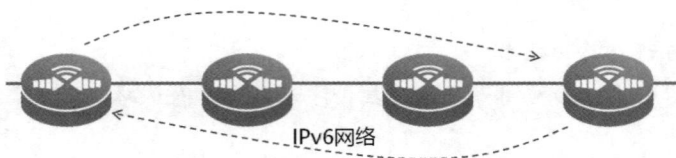

IPv6网络

图 7-2　IPv6 路由转发场景

2. 路由协议分类

IPv6 路由和 IPv4 路由一样，依然使用最长匹配前缀作为路由选择机制，分为静态路由协议和动态路由协议。

其中，动态路由协议按照算法的不同，可分为以下两种。

（1）IPv6 距离矢量路由协议

IPv6 距离矢量路由协议通告直连的路由，从邻居路由器处学习新的路由，计算到达目的地址的路由成本，计算源地址和目的地址之间的跳数。其中，RIPng 是 IPv6 距离矢量路由协议的代表。

（2）IPv6 链路状态路由协议

IPv6 链路状态路由协议从邻居路由器处学习新的链路信息，使用最短路径优先算法，计算所有可用链路，选择最佳路径。其中，OSPFv3 是 IPv6 链路状态路由协议的代表。

3. 动态路由协议分类

（1）RIPng

下一代 RIP（RIP next generation，RIPng）是 RIPv2 的下一代路由协议版本，是 RIPv2 的升级，支持 IPv6。其中，大多数 RIP 技术都可以用于 RIPng。但为了适应 IPv6，RIPng 对原有 RIP 进行了修改，具体如下。

- UDP 端口号：使用 UDP 的 521 端口号发送和接收路由信息。
- 组播地址：使用 FF02::9 作为链路本地范围内 RIPng 路由组播地址。
- 路由前缀：使用 128 位 IPv6 地址作为路由前缀。
- 下一跳地址：使用 128 位 IPv6 地址作为下一跳地址。

（2）OSPFv3

开放最短路径优先（Open Shortest Path First，OSPF）协议支持 IPv4 的版本为 OSPFv2，OSPFv3 支持 IPv6。其中，OSPFv3 与 OSPFv2 两个版本的主要区别如下。

- 修改链路状态公告（Link State Annoucement，LSA）种类和格式，发布 IPv6 路由信息。
- 修改部分协议流程，包括用路由器 ID 标识邻居、使用链路本地地址发现邻居等。
- 理顺拓扑与路由关系。在 LSA 中将拓扑与路由分离，在 1 类、2 类 LSA 中不再携带路由信息，只是单纯描述拓扑，增加 8 类、9 类 LSA。
- 提高协议适应性。引入 LSA 扩散范围，明确对未知 LSA 处理流程，使协议在不识别 LSA 情况下根据需求做出恰当处理，提高协议适应性。

7.2 了解 IPv6 静态路由

IPv6 静态路由与 IPv4 静态路由类似，适用于网络结构简单的 IPv6 网络。

7.2.1　IPv6 静态路由概述

1. 什么是 IPv6 静态路由

当网络结构部署简单时，通过配置 IPv6 静态路由就可实现网络连通。IPv6 静态路由也不能适应网络拓扑变化，当网络变化后，必须由网络管理员手动配置。

2. IPv6 静态路由特点

IPv6 静态路由是网络管理员手动配置的路由，用于定义两台设备之间传输路径。

与 IPv6 动态路由相比，IPv6 静态路由配置简单、可控性高、优先级高、使用带宽少、不占用 CPU 资源，体现网络管理员控制网络特点，一方面减少网络带宽消耗，另一方面给网络增加安全保障。

但是，IPv6 静态路由不适用于大型、复杂的网络。一方面，网络管理员难以全面了解整个网络；另一方面，当网络链路发生变化时，需要大范围调整。

IPv6 静态路由主要应用在网络规模小的场景，网络管理员能全面了解网络部署。此外，在末梢网络中，整个网络只有一条对外路径，使用 IPv6 静态路由就可以指向。

7.2.2　配置 IPv6 静态路由

使用如下命令，配置 IPv6 静态路由。

1. 开启 IPv6 路由功能

使用如下命令，开启 IPv6 路由功能。

```
Router(config)#ipv6 unicast-routing        //开启 I?v6 路由功能
```

2. IPv6 静态路由配置命令

使用如下命令，配置一条 IPv6 静态路由。

```
Router(config)#ipv6  route  <目标 IPv6 网络>  <出接口> /<下一跳 IPv6 地址> 优先级
```

其中，各项参数说明如下。

- 目标 IPv6 网络：指目标方向的 IPv6 网络。
- 出接口：当前路由器转发数据包出接口。
- 下一跳 IPv6 地址：到达目标网络历经下一跳路由器 IPv6 地址。
- 优先级：静态路由默认管理距离值为 0 或者 1，可调整管理距离值。

使用如下命令配置 IPv6 静态路由。配置中使用出接口作为下一跳地址，在路由表中显示为直连路由，管理距离值为 0，度量为 0。

```
Router (config)#ipv6 route FEC0:0:0:8::/64 Serial1/0
```

使用"show ipv6 route"或"show ipv6 route static"命令，查询 IPv6 静态路由表。

```
Router#show ipv6 route

Codes: C - Connected, L - Local, S - Static, R - RIP
       O - OSPF intra area, IA - CSPF inter area
```

```
            N1 - OSPF NSSA external type 1, N2 - OSPF NSSA external type 2
            E1 - OSPF external type 1, E2 - OSPF external type 2
            [*] - the route not add to hardware for hardware table full
L           ::1/128  via ::1, Loopback
C           2001:1::/64  via ::, FastEthernet 0/0
L           2001:1::1/128  via ::, Loopback
S           2001:2::/64  [1/0] via 2001:1::2, FastEthernet 0/0
C           2001:5::/64  via ::, FastEthernet 0/1
L           2001:5::1/128  via ::, Loopback
S           2001:6::/64  [1/0] via 2001:1::2, FastEthernet 0/0
```

3. 指定出接口和下一跳地址区别

配置 IPv6 静态路由时，根据接口类型为出接口，综合考虑以下几种情形。

（1）在点到点网络接口上，只需指定出接口。因为点到点网络的另一端仅有一台设备，所有出接口发出的数据包一定能到达对端设备。

（2）在广播型接口（如以太网接口）中，路由设备必须找到邻居路由器才可以发送数据包，路由设备会在以太网链路上发送组播 RS 报文，等待下一跳设备 RA 报文。因此，必须指定该出接口对应下一跳地址。

【案例 7-1】配置 IPv6 静态路由。

某校园网出口通过专线接入互联网，在出口路由器 A 上配置 IPv6 静态路由，实现出口网络连通，如图 7-3 所示。

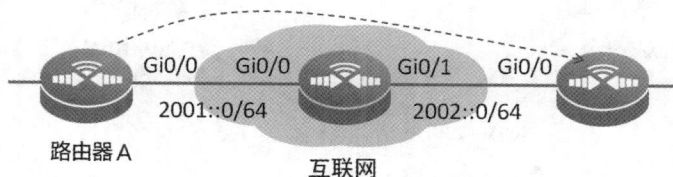

图 7-3　IPv6 静态路由部署场景

在出口路由器 A 上配置 IPv6 静态路由，命令如下。

```
Router#configure terminal
Router(config)#hostname RouterA                    //给设备命名
RouterA (config)#ipv6 unicast-routing              //开启 IPv6 路由功能
RouterA (config)#interface Gigabitethernet 0/0
RouterA (config-if)#ipv6 enable
RouterA (config-if)#ipv6 address 2001::1/64        //接口上配置全球公网地址
RouterA (config-if)#no shutdown
RouterA (config-if)#exit

RouterA(config)#ipv6 router 2002::0/64  2001::2
//配置静态路由指向下一跳
RouterA (config)#exit
RouterA#show ipv6 route    //查看 IPv6 静态路由表
......
```

备注：在实际出口路由器中，公网出口名称为串口，如 Serial1/0。

7.3 掌握 IPv6 静态路由应用

在 IPv6 网络中，使用 IPv6 静态路由还可以实现负载分担、浮动路由、默认路由等重要的应用，得到普通 IPv6 路由无法实现的应用效果。

7.3.1 使用 IPv6 静态路由实现负载分担

在 IPv6 网络部署中配置多条 IPv6 静态路由，如果都是同一目标网络，通过给多条路由都指定相同管理距离值，则可实现 IPv6 静态路由的负载分担。

如图 7-4 所示，多台核心交换机构成冗余网络，增加网络可靠性。其中，从 SwitchA 到 SwitchC 有两条管理距离值相同的 IPv6 静态路由。

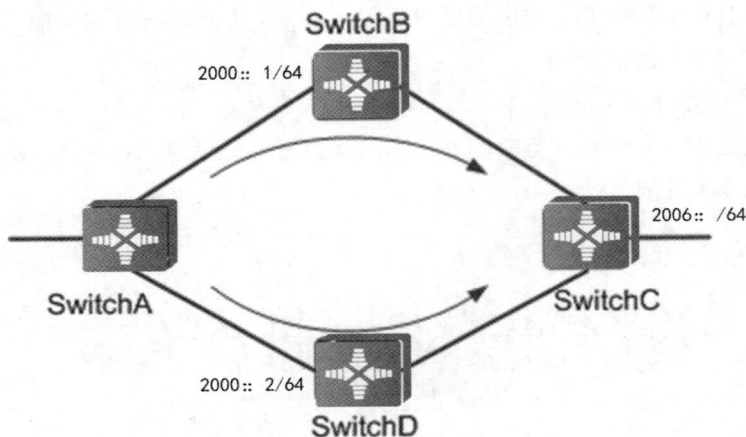

图 7-4　IPv6 静态路由实现网络负载分担

在 SwitchA 上使用如下命令，使用 IPv6 静态路由实现负载分担。

```
……    //配置交换机接口信息
Switch(config)#ipv6 route 2006::/64  2000::1
Switch(config)#ipv6 route 2006::/64  2000::2
Switch(config)#show ipv6 route    //查看路由表信息
……
```

配置完成后，两条静态路由都出现在 SwitchA 路由表中，同时承担 IPv6 数据包转发任务，两条静态路由互相分担通信流量，实现负载分担。

7.3.2 使用 IPv6 静态路由实现浮动路由

在 IPv6 网络部署中，通过配置多条不同路径、到达相同目的网络静态路由，分别给多条 IPv6 静态路由指定不同管理距离值，可实现浮动路由。

如图 7-5 所示，为了实现 SwitchA 和 SwitchC 网络之间连通，在 SwitchA 上配置两条管理距离值（权重）不同的 IPv6 静态路由。

其中，在 SwitchA 上配置 IPv6 静态路由中，下一跳是 SwitchB 的 IPv6 静态路由，其管理距离值小（优先级高），该条路由作为主路由；下一跳是 SwitchD 的 IPv6 静态路由，其管理距离值大（优先级低），该条路由作为备份路由。

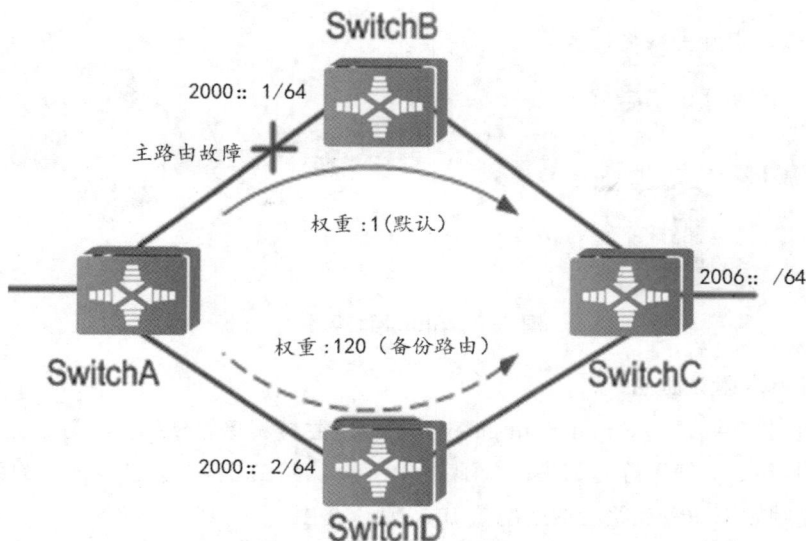

图 7-5　浮动路由实现备份路由

在 SwitchA 上使用如下命令，使用 IPv6 静态路由实现浮动路由。

```
……       //配置交换机接口信息
Switch(config)#ipv6 route 2006::/64  2000::1  1   //首选路由，默认权重
Switch(config)#ipv6 route 2006::/64  2000::2  120
//设置为备份路由，实现浮动路由，赋予权重为 120
Switch(config)#show ipv6 route    //查看路由表信息
……
```

通常把具有相同目的地址、不同下一跳地址、不同管理距离值的静态路由称为浮动路由。浮动路由又称为路由备份。

备份路由在主路由正常情况下，不出现在路由表中；当主路由发生故障时，其才浮现在路由表中，转发数据，起到备份路由作用。

在主路由恢复正常后，具有高优先级（管理距离值小）的主路由经过网络收敛后，其 IPv6 静态路由重新浮现在路由表中，仍由主路由承担数据转发业务。而低优先级（管理距离值大）的备份路由，在路由表中被删除。

7.3.3　使用 IPv6 静态路由实现默认路由应用

1. 什么是 IPv6 默认路由
默认路由是 IPv6 静态路由的一种特殊情况，一般出现在 IPv6 路由表的末尾，用于转发

没有成功匹配的 IPv6 数据包，获得最后转发路径。

2．默认路由应用场景

IPv6 默认路由出现在 Stub 网络（末梢网络、存根网络）中，如图 7-6 所示。Stub 网络只有一条出口路径网络，使用默认路由发送目标网络没有包含在路由表中的 IPv6 数据包。

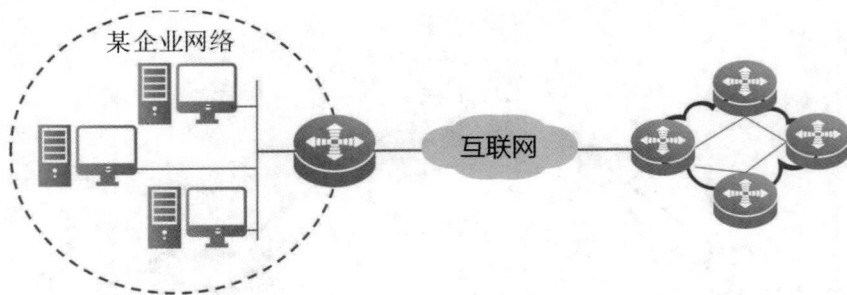

图 7-6　Stub 网络场景

3．配置 IPv6 默认路由

在二层交换机上，通过"ip default gateway"命令生成设备默认网关（默认路由）。

在三层交换机上，使用静态路由命令配置 IPv6 默认路由。其中，使用任意的目标网络地址"::/0"。使用如下命令在路由器上配置 IPv6 默认路由。

```
Router(config)#ipv6 route ::/0  <出接口> /<下一跳地址>
```

使用"show ipv6 route"命令在 IPv6 路由表中生成 IPv6 默认路由表项。

```
Router#show ipv6 route
IPv6 Routing Table - 7 entries
Codes: C - Connected, L - Local, S - Static, R - RIP, B-BGP
       U - Per-user Static route, M - MIPv6
       I1 - ISIS L1, I2 - ISIS L2, IA - ISIS interarea, IS - ISIS summary
       O - OSPF intra, OI - OSPF inter, OE1 - OSPF ext 1, OE2 - OSPF ext 2
       ON1 - OSPF NSSA ext 1, ON2 - OSPF NSSA ext 2
       D - EIGRP, EX - EIGRP external
S   2001::/126 [1/0]
    via 2000::2
S   2020::1/128 [1/0]
    via 2000::2
S   ::0/126 [1/0]
    via 2000::2
```

需要说明的是，IPv6 默认路由是 IPv6 数据包最后求助路由，没有匹配成功的 IPv6 数据包都通过这条默认路由转发到指定出口设备上，进行下一跳转发。

【技术实践】在出口网络部署 IPv6 静态路由

【任务描述】

某园区网使用多台路由器作为园区网出口设备，通过电信网络实现多园区网互联互通。为满足下一代互联网部署需求，通过实施 IPv6 静态路由，实现多园区出口网络之间连通，如

图 7-7 所示。

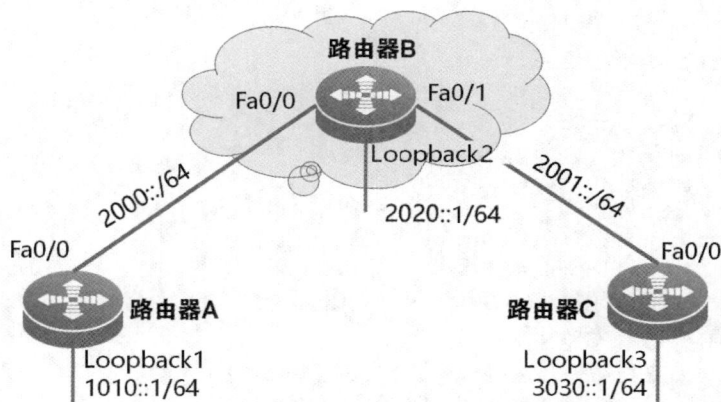

图 7-7　某园区网实施 IPv6 静态路由场景

【设备清单】

路由器或三层交换机（若干）、网线（若干）、测试主机（若干）。

【实施步骤】

详细配置步骤如下。

（1）按照拓扑完成网络场景组建。

按照拓扑上接口连接组网，如果有接口变化，修改相应接口名称，配置信息不变。

（2）配置路由器 A 基础信息。

```
Router#configure terminal
Router(config)#hostname Router1
Router1(config)#ipv6 unicast-routing
Router1(config)#interface Loopback1
Router1(config-if)#ipv6 address 1010::1/64
Router1(config-if)#interface FastEthernet 0/0
Router1(config-if)#ipv6 address 2000::1/64
Router1(config-if)#exit
```

（3）配置路由器 A 静态路由。

```
Router1(config)#ipv6 route 2001::/64 2000::2
Router1(config)#ipv6 route 2020::/64 2000::2
Router1(config)#ipv6 route 3030::/64 2000::2
```

（4）配置路由器 B 基础信息。

```
Router#configure terminal
Router(config)#hostname Router2
Router2(config)#ipv6 unicast-routing
Router2(config)#interface Loopback2
Router2(config-if)#ipv6 address 2020::1/64
Router2(config-if)#interface FastEthernet 0/0
Router2(config-if)#ipv6 address 2000::2/64
Router2(config-if)#interface FastEthernet0/1
Router2(config-if)#ipv6 address 2001::1/64
Router2(config-if)#exit
```

（5）配置路由器 B 静态路由。

```
Router2(config)#ipv6 route 1010::/64 2000::1
Router2(config)#ipv6 route 3030::/64 2001::2
```

（6）配置路由器 C 基础信息。

```
Router#configure terminal
Router(config)#hostname Router3
Router3(config)#ipv6 unicast-routing
Router3(config)#interface Loopback3
Router3(config-if)#ipv6 address 3030::1/64
Router3(config-if)#interface FastEthernet0/0
Router3(config-if)#ipv6 address 2001::2/64
Router3(config-if)#exit
```

（7）配置路由器 C 静态路由。

```
Router3(config-if)#ipv6 route 1010::/64 2001::1
Router3(config-if)#ipv6 route 2000::/64 2001::1
Router3(config-if)#ipv6 route 2020::/64 2001::1
Router3(config-if)#exit
```

（8）查看 IPv6 静态路由表。

```
Router1#show ipv6 route static
IPv6 Routing Table - 7 entries
Codes: C - Connected, L - Local, S - Static, R - RIP, B-BGP
       U - Per-user Static route, M - MIPv6
       I1 - ISIS L1, I2 - ISIS L2, IA - ISIS interarea, IS - ISIS summary
       O - OSPF intra, OI - OSPF inter, OE1 - OSPF ext 1, OE2 - OSPF ext 2
       ON1 - OSPF NSSA ext 1, ON2 - OSPF NSSA ext 2
       D - EIGRP, EX - EIGRP external
S   2001::/126 [1/0]
     via 2000::2
S   2020::1/128 [1/0]
     via 2000::2
S   3030::1/128 [1/0]
     via 2000::2

Router3#show ipv6 route static
IPv6 Routing Table - 7 entries
Codes: C - Connected, L - Local, S - Static, R - RIP, B - BGP
       U - Per-user Static route, M - MIPv6
       I1 - ISIS L1, I2 - ISIS L2, IA - ISIS interarea, IS - ISIS summary
       O - OSPF intra, OI - OSPF inter, OE1 - OSPF ext 1, OE2 - OSPF ext 2
       ON1 - OSPF NSSA ext 1, ON2 - OSPF NSSA ext 2
       D - EIGRP, EX - EIGRP external
S   1010::1/128 [1/0]
     via 2001::1
S   2000::/126 [1/0]
     via 2001::1
S   2020::1/128 [1/0]
     via 2001::1
```

（9）测试 IPv6 网络连通。

路由器 A 有路由到路由器 B 和路由器 C。因此，路由器 A 应该能 ping 通路由器 B 的环回地址和路由器 C 的环回地址。使用 ping 命令验证结果如下。

```
Router1#ping ipv6 2020::1
Sending 5, 100-byte ICMP Echos to 2020::1, timeout is 2 seconds:
!!!!!
Router1#ping 2001::2
Sending 5, 100-byte ICMP Echos to 2001::2, timeout is 2 seconds:
!!!!!
Router1#ping 3030::1
Sending 5, 100-byte ICMP Echos to 3030::1, timeout is 2 seconds:
!!!!!
```

注意：可以在网络出口路由器上部署全网的 IPv6 默认路由，实现全网互联互通。限于篇幅，这里不赘述，请大家独立完成任务。

【认证测试】

下列选择题中每题都只有一个正确选项，把其挑选出来。

1．下列关于静态路由描述不正确的是（　　　）。

A．IPv6 静态路由是管理员手工配置的路由

B．当部署简单的 IPv6 网络时，配置 IPv6 静态路由就可以实现网络连通

C．IPv6 静态路由不能自动适应网络拓扑的变化

D．IPv6 静态路由不能实现路由负载均衡

2．使用如下命令开启路由器 IPv6 路由功能（　　　）。

A．Router(config)#Ipv6 unicast-routing

B．Router(config)#Ipv6 routing

C．Router(config)#Ipv6 enable

D．Router(config)#Ipv6 route

3．使用无状态地址自动配置方式，自动获取 IPv6 地址，实现下面功能中哪一项有错误（　　　）。

A．路由器发现　　　　　　　　　　　　B．地址冲突检测

C．下一跳确定　　　　　　　　　　　　D．IPv6 静态路由

4．在 IPv6 路由表中"ipv6 route ::/0"代表（　　　）。

A．静态路由　　　　　B．动态路由　　　　　C．默认路由　　　　　D．RIP 路由

5．所谓路由协议的最根本特征是（　　　）。

A．向不同网络转发数据

B．向同个网络转发数据

C．向网络边缘转发数据

D．向默认网络转发数据

单元8
使用RIPng路由实现网络连通

08

【技术背景】

　　RIPng路由适应小规模IPv6网络环境，如办公网、金融营业网点等，实现网络互联互通。由于RIPng路由技术实施简单，在管理和维护方面也比静态路由高效，因此，其在中小型组网中广泛应用。

　　如图8-1所示，在某园区网中部署IPv6网络，该园区网设备少，如果由人工来维护，需要一定工作量，因此，配置RIPng路由适应园区网变化，减少网络维护工作量。

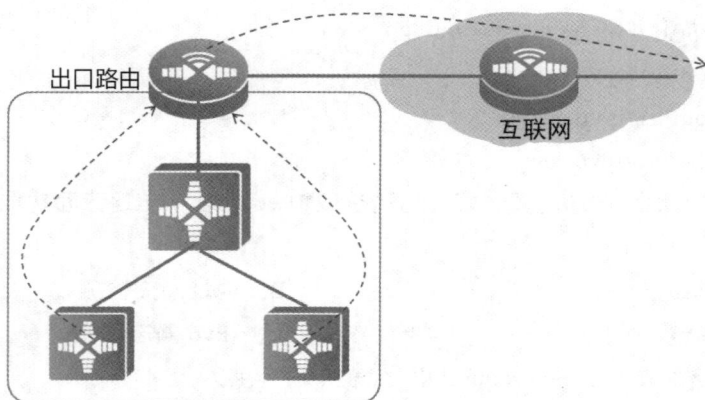

图8-1　使用RIPng路由实现IPv6网络连通

【学习目标】

　　在本单元中，学生需要了解RIPng路由知识，学会排除RIPng路由故障。具体学习目标如下。

1. 知识目标

（1）了解RIPng路由技术原理。

（2）了解防止 RIPng 路由环路知识。

2．技能目标

掌握配置 RIPng 路由技术，实现网络连通。

3．素养目标

（1）培养学生了解我国通信设备的发展技术成就，增进科技强国认同，增强爱国热情和民族自豪感。

（2）通过配置国产交换机设备，增进中国制造认同，增强民族自豪感。

（3）学会和同伴友好沟通，建立团队协作关系。小组实训中，做到任务明确，分工合理，落实到位，工作有序。

（4）在实训现场具有良好安全意识，懂得安全操作知识，严格按照安全标准流程操作。

【技术介绍】

8.1 了解 RIPng 路由基础知识

RIPng 通过对 IPv4 网络中 RIPv2 路由进行扩展，适应 IPv6 网络中距离矢量路由通信需求。

8.1.1 RIPng 路由

1．什么是 RIPng 路由

RIPng 基于距离矢量算法，使用跳数衡量到达目标网络的距离（也称为度量值）。在 RIPng 部署网络中，从一台路由器到直连网络的跳数为 0，通过其相连路由器到达另一个网络的跳数为 1，以此类推。当跳数等于 16 时，目标网络被定义为不可达。

在 IPv6 网络中，RIPng 路由更新时间同样为每 30 秒发送一次更新报文。在 180 秒内没有收到邻居更新报文，RIPng 将从邻居学到所有路由标识为不可达。如果再过 120 秒仍没有收到邻居更新报文，RIPng 将从路由表中删除这些路由。

RIPng 是 RIPv2 在 IPv6 中的扩展，功能和配置相似。RIPng 是基于距离矢量路由算法的，同样通过 UDP 报文交换消息，使用端口号 521。

和 RIPv2 不同的是，RIPng 以组播（FF02::9）方式发送 RIPng 路由更新报文，使用源地址作为链路本地地址（FE80::/10）。

为了提高 RIPng 路由性能，避免路由环路，和传统 RIP 路由一样，RIPng 既支持水平分裂，也支持毒性逆转技术。

2．RIPng 技术特征

RIPng 具有如下技术特征。

（1）UDP 端口号：使用 UDP 的 521 端口发送和接收路由信息。

（2）组播地址：使用 FF02::9 作为链路范围 RIPng 路由器组播地址。

（3）前缀长度：目的地址使用 128 位的前缀长度。

（4）下一跳地址：使用 128 位的 IPv6 地址。

（5）源地址：使用链路本地地址 FE80::/10 作为源地址，发送 RIPng 路由更新报文。

8.1.2　RIPng 报文格式

1. RIPng 报文格式

RIPng 报文由报头（Header）和若干个路由表项（Route Table Entry，RTE）组成，每个 RTE 长度为 20 字节。与 RIPv2 中一个报文仅能携带最多 25 个 RTE 不同，在每个 RIPng 报文中，RTE 最多个数受限于发送接口 MTU 值。RIPng 报文格式如图 8-2 所示。

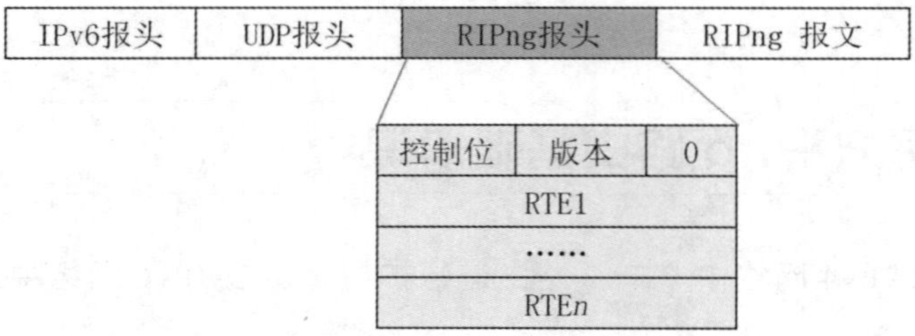

图 8-2　RIPng 报文格式

2. 两类 RTE 格式

RIPng 报文里有两类 RTE——下一跳 RTE 和前缀 RTE，如图 8-3 所示。

图 8-3　两类 RTE

（1）下一跳 RTE

下一跳 RTE 位于前缀 RTE 之前，如果有多组相同的前缀 RTE，依次排序，定义下一跳 IPv6 地址。下一跳 RTE 格式如图 8-4 所示。其中，IPv6 下一跳地址表示下一跳 IPv6 地址。

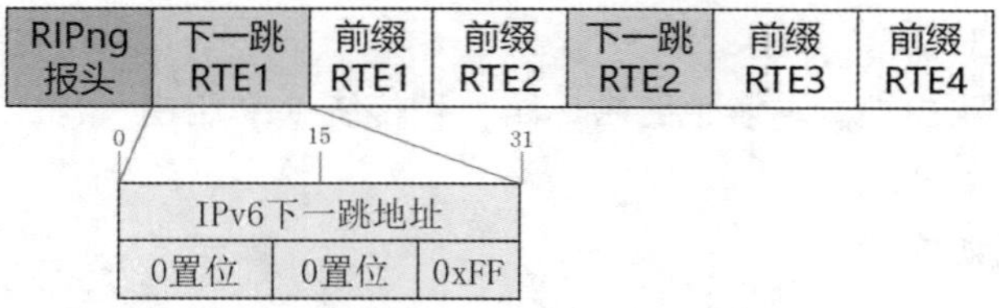

图 8-4　下一跳 RTE 的格式

（2）前缀 RTE

前缀 RTE 位于某个下一跳 RTE 后面，其格式如图 8-5 所示。

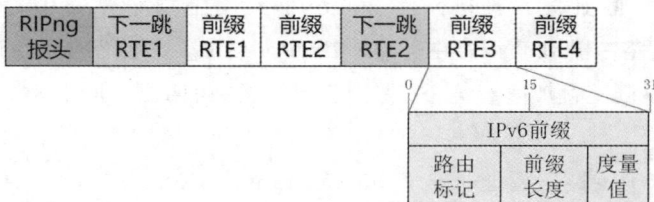

图 8-5　前缀 RTE 格式

同一个下一跳 RTE 后可以有多个不同前缀 RTE。前缀 RTE 用来描述 RIPng 路由表中
IPv6 前缀、路由标记、前缀长度及度量值。

8.2　掌握 RIPng 路由原理

8.2.1　RIPng 路由算法

RIPng 是一种距离矢量算法协议。这里的"距离矢量"是将一条路由信息看作一个由目
的网络和距离组成的矢量。路由设备从邻居处获得一条路由信息，并在这条路由信息上叠加
自己到这个邻居的距离和矢量，形成自己的路由信息。

RIPng 也使用跳数来衡量到达目标网络的距离（也称为度量值）。默认情况下，直连网
络的跳数为 0，以后通过一台路由器则可达网络的跳数加 1，依此类推。

也就是说，度量（Metric）值等于从本网络到达目标网络之间的路由器数量。为限制
RIPng 路由的收敛时间，RIPng 规定度量值的取值范围为 0 ~ 15 的整数，等于 16 时表示目标
网络不可达。由于这个数字限制，使得 RIPng 不可能在大型网络中得到应用。

如图 8-6 所示，路由器 A 连接网络 2000::/64，路由器 B 从路由器 A 获得路由信息
（2000::/64，0），在此基础上叠加度量值 1，得到自己的路由信息（2000::/64，1），下一跳
指向路由器 A。

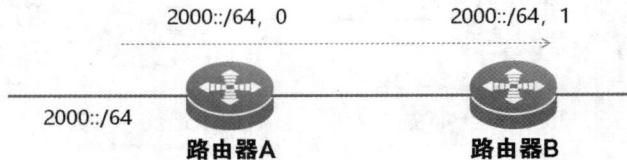

图 8-6　通过 RIPng 度量值计算距离远近

8.2.2　RIPng 选择最优路由原则

RIPng 选择最优路由原则是：路由设备如果获得了多条到达同一目标网络的路由信息，

优先选用度量值小的路由信息。即当路由设备上存在多种来源的路由时，优先选用距离值小的 RTE。

如图 8-7 所示，路由器 A 连接网络 2000::/64，路由器 C 从路由器 A 获得路由信息（2000::/64，0），从路由器 B 获得路由信息（2000::/64，1），则路由器 C 选用来自路由器 A 的路由信息，在此基础上叠加度量值 1，得到自己的路由信息（2000::/64，1），下一跳指向路由器 A。

默认情况下，RIPng 路由管理距离（Administrative Distance，AD）值为 120。在全局模式下，使用"distance"命令修改 RIPng 路由管理距离值。

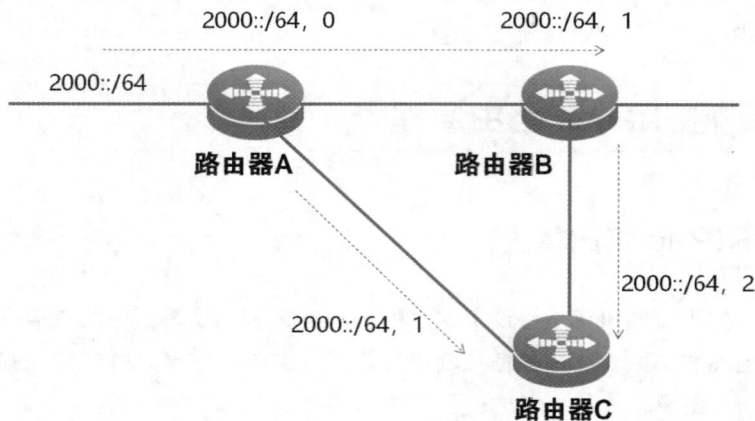

图 8-7　RIPng 选择最优路由原则

8.3　了解 RIPng 报文处理过程

启用 RIPng 路由器，通过封装 Request 报文和 Response 报文，实现 RIPng 路由信息交互，更新路由表，如图 8-8 所示。

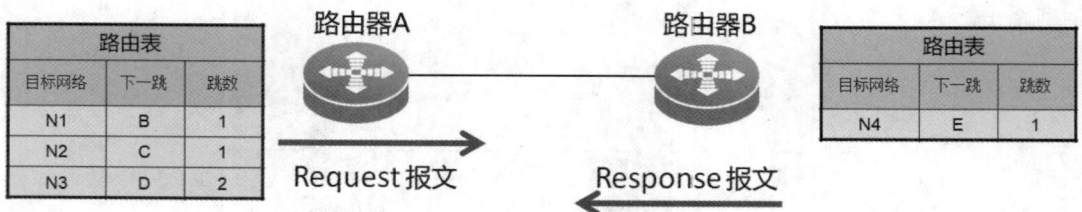

图 8-8　RIPng 路由信息交互报文

1. Request 报文

激活 RIPng 路由器，使其以组播方式发送 Request 报文，向邻居请求路由信息。收到 Request 报文的 RIPng 路由器，对 RTE 进行处理。

RIPng 是应用层协议，封装在 UDP 报文中，端口号为 521，如果报文中控制（Command）信息为 1，表示是 Request 报文。如果报文信息度量值为 16（不可用），表示向对方请求其所有 RIPng 路由。其中，抓取的 Request 报文如下。

```
RIPng
    Command: Request(1)
    Version: 1
    Reserved: 0000
    Route Table Entry: Ipv6 prefix: ::/0  Metric: 16
        IPv6 prefix: :: (::)
        Route Tag: 0x0000
        Prefix Length: 0
        Metric: 16
```

如果 Request 报文中只有一项 RTE，且 IPv6 前缀和前缀长度都为 0，度量值为 16，则表示请求邻居发送全部路由信息。对方路由器收到后，会把路由表中全部路由信息封装为 Response 报文发给请求路由器。

如果 Request 报文中有多项 RTE，对方路由器将对 RTE 逐项进行处理，更新每条路由度量值，最后也封装为 Response 报文发给请求路由器。

2. Response 报文

RIPng 报文里控制信息为 2，表示是 Response 报文。Response 报文包含本地路由表的信息，一般在下列情况下产生：一是对某个 Request 报文进行响应；二是作为更新报文周期性地发出；三是在路由发生变化时触发更新。

收到 Response 报文的路由器及时更新自身 RIPng 路由表。其中，抓取的 Response 报文如下。

```
RIPng
    Command: Response (2)
    Version: 1
    Reserved: 0000
    Route Table Entry: Ipv6 prefix: 2001 ::/64  Metric: 1
        IPv6 prefix: 2001 :: (2001::)
        Route Tag: 0x0000
        Prefix Length: 64
        Metric:1
```

为了保证路由的准确性，RIPng 路由器对收到的 Response 报文进行有效性检查，如源 IPv6 地址是否为链路本地地址、端口号是否正确等，没有通过检查的报文会被忽略。

8.4 防止 RIPng 路由环路

1. 什么是 RIPng 路由环路

RIPng 基于距离矢量算法，由于距离矢量算法的缺陷，容易存在路由环路问题。图 8-9 所示为 RIPng 发生路由环路过程。

路由器 A 连接网络 2000::/64，每隔 30 秒发送一次更新（Update）报文。路由器 B 每 30 秒收到从路由器 A 发来的 2000::/64 路由。

2000::/64, 0   2000::/64, 1

2000::/64

路由器A   路由器B

2000::/64, 2   2000::/64, 1

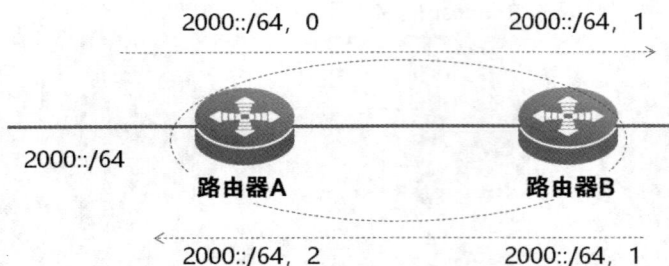

图 8-9　RIPng 发生路由环路过程

如果路由器 A 到 2000::/64 连接中断，该路由就从路由器 A 的路由表中消失，下次路由器 A 发出更新报文，将不再包含此路由。

路由器 B 没有收到目标网络 2000::/64 的更新报文，在 180 秒内仍认为到目标网络 2000::/64 路由有效，使用更新报文将此路由发给路由器 A。

此时，路由器 A 中已不存在目标网络 2000::/64 路由，会认为通过路由器 B 学到一条新的 RTE，将其加入自己的路由表。

路由器 B 认为通过路由器 A 能够到达网络 2000::/64，路由器 A 则认为通过路由器 B 能够到达网络 2000::/64，从而形成路由环路。

2．RIPng 防止路由环路机制

RIPng 通过以下技术来防止路由环路产生。

（1）水平分裂

使用水平分裂（Split Horizon）技术可以防止路由环路。RIPng 从某个接口学到的路由，不从该接口再发回给邻居设备，这样不但可以防止路由环路，还可以减少带宽消耗。

如图 8-10 所示，路由器 A 发来到达目标网络 2000::/64 的路由，传输到路由器 B 上后，由于采用了水平分裂技术，路由器 B 不会再把到达目标网络 2000::/64 的 RTE 发回给路由器 A。

2000::/64, 0   2000::/64, 1

2000::/64

路由器A   X   路由器B

2000::/64, 2   2000::/64, 1

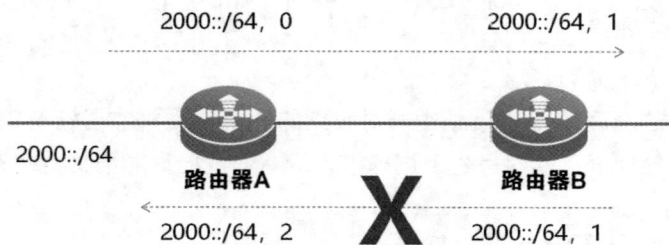

图 8-10　水平分裂原理

（2）毒性逆转

使用毒性逆转（Poison Reverse）技术，也可以防止路由环路。RIPng 从某个接口学到路由，使用毒性逆转技术，将该条路由的管理距离值设置为 16（路由不可达），并从原接口发回邻居设备。通过这种方式，清除对方路由表中的无用 RTE，也防止产生路由环路。

如图 8-11 所示，路由器 A 向路由器 B 发送学到的路由信息。

图 8-11　毒性逆转原理

因此，路由器 B 到达目标网络 2000::/64 的路由开销为 1。

在路由出现故障后，在路由器 A 上配置毒性逆转技术，路由器 A 立即向路由器 B 发送一条这条路由不可达消息（管理距离值设置为 16）。这样，路由器 B 就不会再从路由器 A 学到这条可达路由，避免路由环路产生。

需要注意的是：如果在路由器上同时配置了毒性逆转和水平分裂两种技术，用来防止 RIPng 路由环路，则水平分裂技术的行为会被毒性逆转技术的代替。因此，相比水平分裂技术，毒性逆转技术用于防止路由环路更可靠。

（3）触发更新

使用触发更新技术，也可以防止 RIPng 路由环路。这里的触发更新指 RIPng 路由信息发生变化时，立即向邻居设备发送触发更新报文，通知变化的 RIPng 路由信息。

例如，RIPng 每隔 30 秒发送一次更新报文，但在路由器等待更新周期到来时，邻居路由器的 RIPng 更新报文先传到了路由器。通过触发更新可以缩短网络收敛时间，在路由表项发生变化时，立即向其他设备通知该信息，而不必等待定时更新，可以避免路由环路问题。

8.5　配置 RIPng 路由

配置 RIPng 路由的步骤如下。

（1）创建 RIPng 路由进程。

在全局模式下，使用如下命令创建 RIPng 路由进程。

```
Router(config)#ipv6 router rip
```

（2）在接口上运行 RIPng。

```
Ruijie(config)#int GigabitEthernet 0/1      //打开接口
Router(config-if)#ipv6 enable               //开启 IPv6
Router(config-if)#ipv6 rip enable           //在接口上运行 RIPng，直接对外发布路由
```

若无特殊要求，应在 RIPng 路由域内的每台路由器互连的接口上运行 RIPng，自动向外发布直连网络，不再使用"network"命令。

需要注意的是，如果是在交换机接口上开启 RIPng，需要先使用"no switch"命令开启三层接口功能。此外，由于设备版本不同，提示信息显示为"Router(config-if)"或者"Router(config-if-GigabitEthernet 0/1)"，两者表示含义一样，不再重复说明。

（3）在路由进程模式下，使用如下命令启动水平分裂功能。

```
Router(config-router)#split-horizon [ poisoned-reverse ]
```

其中，可选参数 poisoned-reverse 表示启动毒性逆转功能。

RIPng 启动水平分裂功能方式和 RIPv2 的不同，RIPv2 是在接口模式下配置。

使用"show ipv6 rip"命令检查是否启用水平分裂功能。默认启动水平分裂功能，关闭毒性逆转功能。

（4）在路由进程模式下，使用如下命令配置被动接口。

```
Router(config-router)#passive-interface { default | interface-type interface-num }
```

路由器默认不开启被动接口功能，建议配置被动接口。其中，可选参数 default 表示所有接口；如果选择可选参数 interface-type interface-num 则表示指定接口上配置被动接口。

在配置过程中，首先配置"passive-interface default"命令；然后，将所有接口设置为被动接口；最后，配置"no passive-interface interface-type interface-num"命令，取消与域内路由器互连接口。

（5）修改 RIPng 路由的管理距离。

在路由进程模式下，使用如下命令修改 RIPng 路由的管理距离。

```
Router(config-router)#distance distance
```

其中，distance 允许设置为 1~254 的整数。默认不需要修改路由的管理距离，但在同时运行多种单播路由协议的路由器上，若希望改变 RIPng 路由优先级，必须配置路由的管理距离。

（6）查询信息。

```
Router#show ipv6 rip              //查看 RIPng 进程
Router#show ipv6 rip database     //查看 RIPng 路由表
Router#show ipv6 route            //查看路由表
```

【案例 8-1】配置 RIPng 路由。

配置 RIPng 路由拓扑如图 8-12 所示，使用三层交换机互连两个部门网络，通过 RIPng 路由实现网络连通。

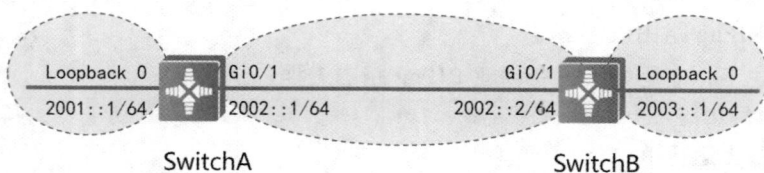

图 8-12 配置 RIPng 路由拓扑

首先，在 SwitchA 上完成如下配置。

```
Ruijie(config)#hostname SwitchA
SwitchA (config)#ipv6 router rip
SwitchA (config-router)#exit
SwitchA (config)#int loopback 0
SwitchA (config-if-Loopback 0)#ipv6 enable
SwitchA (config-if-Loopback 0)#ipv6 address 2001::1/64
SwitchA (config-if-Loopback 0)#ipv6 rip enable
SwitchA (config-if-Loopback 0)#exit

SwitchA (config)#interface GigabitEthernet 0/1
SwitchA (config-if-GigabitEthernet 0/1)#no switchport
SwitchA (config-if-GigabitEthernet 0/1)#ipv6 enable
SwitchA (config-if-GigabitEthernet 0/1)#ipv6 address 2002::1/64
SwitchA (config-if-GigabitEthernet 0/1)#ipv6 rip enable
SwitchA (config-if-GigabitEthernet 0/1)#exit
```

然后，在 SwitchB 上完成如下配置。

```
Ruijie(config)#hostname SwitchB
SwitchB (config)#ipv6 enbale
SwitchB (config)#ipv6 router rip
SwitchB (config-router)#exit
SwitchB (config)#interface GigabitEthernet 0/1
SwitchB (config-if-GigabitEthernet 0/1)#no switchport
SwitchB (config-if-GigabitEthernet 0/1)#ipv6 enable
SwitchB (config-if-GigabitEthernet 0/1)#ipv6 address 2002::2/64
SwitchB (config-if-GigabitEthernet 0/1)#ipv6 rip enable
SwitchB (config-if-GigabitEthernet 0/1)#exit

SwitchB (config)#int loopback 0
SwitchB (config-if-Loopback 0)#ipv6 enable
SwitchB (config-if-Loopback 0)#ipv6 address 2003::1/64
SwitchB (config-if-Loopback 0)#ipv6 rip enable
SwitchB (config-if-Loopback 0)#end
```

最后，查询并显示路由表信息。

```
SwitchB #show ipv6 route
IPv6 routing table name - Default - 11 entries
Codes:  C - Connected, L - Local, S - Static
        R - RIP, O - OSPF, B - BGP, I - IS-IS, V - Overflow route
        N1 - OSPF NSSA external type 1, N2 - OSPF NSSA external type 2
        E1 - OSPF external type 1, E2 - OSPF external type 2
        SU - IS-IS summary, L1 - IS-IS level-1, L2 - IS-IS level-2
        IA - Inter area, EV - BGP EVPN, N - Nd to host
S     ::/0 [1/0] via 2001::1
                 (recursive via FE80::5200:FF:FE01:2, GigabitEthernet 0/1)
R     2001::/64 [120/2] via FE80::5200:FF:FE01:2, GigabitEthernet 0/1
C     2002::/64 via GigabitEthernet 0/1, directly connected
L     2002::2/128 via GigabitEthernet 0/1, local host
C     2003::/64 via Loopback 0, directly connected
L     2003::1/128 via Loopback 0, local host
C     FE80::/10 via ::1, Null0
C     FE80::/64 via Loopback 0, directly connected
L     FE80::5200:FF:FE02:2/128 via Loopback 0, local host
C     FE80::/64 via GigabitEthernet 0/1, directly connected
L     FE80::5200:FF:FE02:2/128 via GigabitEthernet 0/1, local host
```

【技术实践】使用 RIPng 路由，实现 IPv6 网络连通

【任务描述】

某园区网为满足下一代互联网建设需求，全网部署 IPv6，使用 RIPng 路由，实现新建 IPv6 园区网互联互通。图 8-13 所示为某园区 IPv6 部署场景。

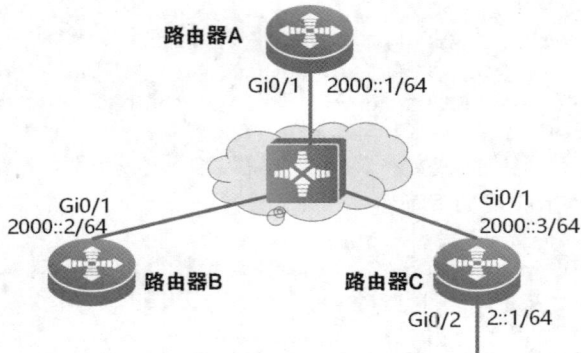

路由器A
Gi0/1 2000::1/64

Gi0/1
2000::2/64

Gi0/1
2000::3/64

路由器B   路由器C

Gi0/2   2::1/64

图 8-13　某园区网 IPv6 部署场景

【设备清单】

路由器或三层交换机（若干）、网线（若干）、测试主机（若干）。

【实施步骤】

详细配置步骤如下。

（1）按照拓扑完成网络场景组建。

尽量按照拓扑上接口连接组网，如果有接口变化，修改相应接口名称，配置信息不变。

（2）配置路由器 A 基本信息和 RIPng 路由功能。

```
Router#configure terminal
Router(config)#hostname RouterA                          //给设备命名
RouterA(config)#ipv6 router rip                          //开启路由器 RIPng
RouterA(config-router)#exit                              //退回上一级
RouterA(config)#interface GigabitEthernet 0/1            //打开接口
RouterA(config-if-GigabitEthernet 0/1)#ipv6 enable       //开启 IPv6 功能
RouterA(config-if-GigabitEthernet 0/1)#ipv6 address 2000::1/64
//开启 IPv6 地址
RouterA(config-if-GigabitEthernet 0/1)#ipv6 rip enable
//开启接口上 RIPng 路由
RouterA(config-if-GigabitEthernet 0/1)#exit             //退回上一级
```

（3）配置路由器 B 基本信息和 RIPng 路由功能。

```
Router#configure terminal
Router(config)#hostname RouterB
RouterB(config)#ipv6 router rip
RouterB(config-router)#exit
RouterB(config)#interface GigabitEthernet 0/1
```

```
RouterB(config-if-GigabitEthernet 0/1)#ipv6 enable
RouterB(config-if-GigabitEthernet 0/1)#ipv6 address 2000::2/64
RouterB(config-if-GigabitEthernet 0/1)#ipv6 rip enable
RouterB(config-if-GigabitEthernet 0/1)#exit
```

（4）配置路由器 C 基本信息和 RIPng 路由功能。

```
Router#configure terminal
Router(config)#hostname RouterC
RouterC(config)#ipv6 router rip RouterC(config-router)#exit
RouterC(config)#interface GigabitEthernet 0/1
RouterC(config-if-GigabitEthernet 0/1)#ipv6 enable
RouterC(config-if-GigabitEthernet 0/1)#ipv6 address 2000::3/32
RouterC(config-if-GigabitEthernet 0/1)#ipv6 rip enable
RouterC(config-if-GigabitEthernet 0/0)#exit
RouterC(config)#interface GigabitEthernet 0/2
RouterC(config-if-GigabitEthernet 0/2)#ipv6 enable
RouterC(config-if-GigabitEthernet 0/2)#ipv6 address 2::1/64
RouterC(config-if-GigabitEthernet 0/2)#ipv6 rip enable
RouterC(config-if-GigabitEthernet 0/2)#exit
```

（5）查询所有路由器上 RIPng 路由表信息。

```
RouterA#show ipv6 route
IPv6 routing table name - Default - 6 entries
Codes: C - Connected, L - Local, S-Static R - RIP, O - OSPF, B - BGP, I - IS-IS,
V - Overflow route N1 - OSPF NSSA external type 1, N2 - OSPF NSSA external type
2 E1 - OSPF external type 1, E2 - OSPF external type 2 SU - IS-IS summary, L1 -
IS-IS level-1, L2 - IS-IS level-2
R 2::/64 [120/2] via FE80::2D0:F8FF:FEFB:D521, GigabitEthernet 0/1
C 2000::/64 via GigabitEthernet 0/1, directly connected
L 2000::1/64 via GigabitEthernet 0/1, local host
C FE80::/10 via ::1, Null0
C FE80::/64 via GigabitEthernet 0/1, directly connected
L FE80::2D0:F8FF:FEFB:E7CE/128 via GigabitEthernet 0/1, local host

RouterB#show ipv6 route
IPv6 routing table name - Default - 6 entries
Codes: C - Connected, L - Local, S-Static R - RIP, O - OSPF, B - BGP, I - IS-IS,
V - Overflow route N1 - OSPF NSSA external type 1, N2 - OSPF NSSA external type
2 E1 - OSPF external type 1, E2 - OSPF external type 2 SU - IS-IS summary, L1 -
IS-IS level-1, L2 - IS-IS level-2
R 2::/64 [120/2] via FE80::2D0:F8FF:FEFB:D521, GigabitEthernet 0/1
C 2000::/64 via GigabitEthernet 0/1, directly connected
L 2000::2/64 via GigabitEthernet 0/1, local host
C FE80::/64 via GigabitEthernet 0/1, directly connected
L FE80::2D0:F8FF:FEFB:C9BA/128 via GigabitEthernet 0/1, local host
```

【认证测试】

下列选择题中每题都只有一个正确选项，把其挑选出来。

1. RIPng 基于距离矢量算法，使用跳数衡量到达目标网络的距离（也称为度量值）。当跳数大于或等于（   ）时，目标网络就被定义为不可达。

A. 15   B. 16   C. 24   D. 32

2. 在 IPv6 网络中，RIPng 路由更新时间同样为每 30 秒发送一次更新报文。如果在（　　　）秒内没有收到邻居更新报文，路由标识为不可达。

A. 60 　　　　　　　　B. 120 　　　　　　　　C. 180 　　　　　　　　D. 240

3. RIPng 对 RIPv2 进行扩展，其中，使用 UDP 端口号为（　　　）。

A. 120 　　　　　　　　B. 180 　　　　　　　　C. 520 　　　　　　　　D. 521

4. RIPng 规定度量值取值范围为（　　　）的整数，大于或等于这个范围，使得 RIPng 不可能在大型网络中得到应用。

A. 0 ~ 12 　　　　　　　B. 0 ~ 14 　　　　　　　C. 0 ~ 15 　　　　　　　D. 0 ~ 16

5. 默认情况下，RIPng 路由的管理距离值是（　　　）。

A. 90 　　　　　　　　B. 100 　　　　　　　　C. 110 　　　　　　　　D. 120

单元9

使用OSPFv3路由实现网络连通

09

【技术背景】

随着 IPv6 网络大规模建设，需要在 IPv6 环境中部署链路状态路由。IETF 针对 IPv6 网络开发完成 OSPFv3 路由。图 9-1 所示为 OSPFv3 路由应用场景，通过使用 OSPFv3 路由，实现 IPv6 网络连通。

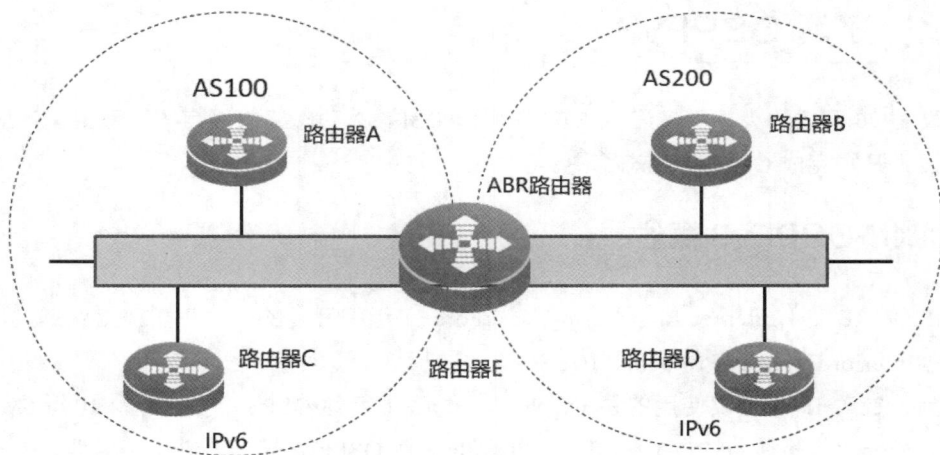

图 9-1   OSPFv3 路由应用场景

【学习目标】

在本单元中，学生需要了解 OSPFv3 路由知识，学会排除 OSPFv3 网络故障。具体学习目标如下。

1. 知识目标

（1）了解 OSPFv3 路由知识。

（2）了解 OSPFv3 生成路由过程。

（3）了解 OSPFv3 区域技术。

2．技能目标

掌握配置 OSPFv3 路由技术，实现网络连通。

3．素养目标

（1）随着网络通信技术的发展，我国很多网络通信设备生产都处于世界领先地位，覆盖到了世界的各个角落。在技术和设备的研发中，关键的核心技术一定要原创，让学生思考、意识到"自主创新、自力更生"对企业、对国家的重要意义。

（2）OSPF 路由根据链路状态数据库构造自己路由表。通过这个知识点启发学生未来进入职场要有相互合作意识，必须与他人进行良好沟通，要有团队精神，秉持合作共赢的理念，与他人协调一致完成工作任务，没有合作意识的人在职场生存很困难，这一点也是建立和谐社会的基础。

（3）能保持工作环境干净、物料放置地整洁，遵守 6S 现场管理标准。在现场具有良好安全意识，懂得安全操作知识，严格按照安全标准流程操作。

【技术介绍】

9.1 了解 OSPFv3

随着 IPv6 网络的大规模建设，IETF 在保留 OSPFv2 动态路由优点的基础上，针对 IPv6 网络建设，开发完成 OSPFv3 动态路由。

9.1.1 OSPFv3 概述

OSPF 是 IETF（Internet Engineering TaskForce）组织开发的一个基于链路状态的内部网关协议（Interior Gateway Protocol，IGP）。

目前，针对 IPv4 协议使用的是 OSPF Version 2（简称 OSPFv2），针对 IPv6 协议使用 OSPF Version 3（简称 OSPFv3）。其中，OSPFv3 在 OSPFv2 基础上进行了增强，是一个独立的路由协议。OSPFv3 的主要目的是开发一种独立于任何具体网络层的路由协议。为实现这一目的，OSPFv3 的内部路由信息被重新进行了设计。

9.1.2 OSPFv3 与 OSPFv2 的异同点

OSPFv3 与 OSPFv2 在算法上没有区别。为了适应 IPv6 地址长度，OSPFv3 开发出独立于任何网络层的新特性，适应 IPv6 网络传输。

1．OSPFv3 和 OSPFv2 相同点

（1）二者路由器 ID、区域 ID 仍是 32 位。

（2）二者区域划分规则相同，区域 ID 编码规则相同。

OSPFv3 和 OSPFv2 的异同点

（3）二者使用相同报文类型，如 Hello、DD、LSR、LSU 和 LSAck。

（4）二者使用相同 LSA 扩散和老化机制。为了保证 LSDB（Link State DataBase，链路状态数据库）内容正确性，二者都使用 LSA 泛洪和 LSA 同步机制相同。

（5）二者都采用 LSA 数据库，邻接路由器之间的同步规则也都相同。

（6）二者路由计算方法相同，都采用最短路径优先算法计算路由。

（7）二者支持网络类型相同，包括支持广播、NBMA、P2MP 和 P2P 四种网络类型。

（8）二者选举 DR（Designated Router，指定路由器）相同，在 NBMA 和广播网络类型中选举 DR 和 BDR（Backup Designated Router，备份指定路由器）。

（9）建立邻居关系成功后，二者邻居发现和邻接关系形成机制相同。

2．OSPFv3 和 OSPFv2 不同点

（1）运行方式不同

OSPFv3 基于链路（Link）运行；而 OSPFv2 基于网络（Network）运行。在 OSPFv2 网络中，两台路由器要形成邻居关系，必须在同一个网段。但 OSPFv3 邻居的实现基于链路，一条链路可以划分为多个子网，只要在同一链路上就可以直接通信。

（2）使用地址不同

OSPFv3 路由器使用链路本地地址作为报文源地址。同一条链路上所有路由器使用链路本地地址通信，并使用链路本地地址作为下一跳转发。

（3）认证方式不同

OSPFv3 不再提供安全认证，而是使用 IPv6 安全保证报文合法性。OSPFv2 报文中的认证字段在 OSPFv3 中被取消。

9.1.3　了解 OSPFv3 网络类型

OSPFv3 根据链路层类型，将网络分为 4 种类型，如表 9-1 所示。

表 9-1　OSPFv3 网络类型

网络类型	含义
广播（Broadcast）类型	当链路层协议是以太网时，OSPFv3 认为网络类型是广播，以组播方式发送 Hello、LSU 和 LSAck 报文（其中，FF02::5 为 OSPFv3 预留 IPv6 组播地址；FF02::6 为 DR/BDR 预留 IPv6 组播地址），以单播形式发送 DD 报文和 LSR 报文
NBMA（Non-Broadcast Multiple Access，非广播式多路访问）类型	当链路层协议是 X.25 时，OSPFv3 认为网络类型是 NBMA。在该网络类型中，以单播形式发送报文（Hello、DD、LSR、LSU、LSAck）
P2MP（Point-to-MultiPoint，点到多点）类型	P2MP 由其他网络类型更改，如将 NBMA 改为 P2MP。在该网络类型中，以组播形式（FF02::5）发送 Hello 报文，以单播形式发送其他报文（DD、LSR、LSU、LSAck）
P2P（Point-to-Point，点到点）类型	当链路层协议是 PPP、HDLC 和 LAPB 时，OSPFv3 认为网络类型是 P2P。在该网络类型中，以组播形式（FF02::5）发送报文（Hello、DD、LSR、LSU、LSAck）

9.2 了解 OSPFv3 报文

9.2.1 5 种 OSPFv3 报文类型

OSPFv3 中使用 5 种报文类型，即 Hello 报文、DD 报文、LSR 报文、LSU 报文和 LSAck 报文，如表 9-2 所示。

表 9-2 OSPFv3 报文类型

报文类型	报文作用
Hello 报文	周期性发送 Hello 报文，以维持邻居关系
DD（Database Description，数据库描述）报文	描述本地 LSDB 摘要信息，用于两台设备进行数据库同步
LSR（Link State Request，链路状态请求）报文	向对方请求所需 LSA。在邻居建立成功后交换 DD 报文，再向对方发出 LSR 报文
LSU（Link State Update，链路状态更新）报文	向对方发送其所需 LSA
LSAck（Link State Acknowledgment，链路状态确认）报文	用来对收到的 LSA 进行确认

9.2.2 OSPFv3 报文格式

1. OSPFv3 基本报头

OSPFv3 定义的 5 种报文都拥有相同基本报头，都为 16 字节报头，如图 9-2 所示。

图 9-2 OSPFv3 基本报头

其中，主要字段内容解释如下。

- 版本：8 位，OSPFv3 版本号为 3。
- 类型：8 位，报文类型值从 1 到 5 分别对应 Hello 报文、DD 报文、LSR 报文、LSU 报文和 LSAck 报文。
- 报文长度：16 位，报文长度包括报头，单位为字节。
- 路由器 ID：32 位，发送该报文路由器的标识符。
- 区域 ID：32 位，发送该报文路由器的所属区域。
- 校验和：16 位，包含除了认证字段的整个报文的校验和。
- 实例 ID：8 位，同一条链路上的实例标识符。

- 0：8 位，保留位，必须为 0。

2. 区分 OSPFv2 报头和 OSPFv3 报头格式

为了适应 IPv6 网络部署，OSPFv3 报头长度只有 16 字节，且没有认证信息字段。此外，OSPFv3 多了一个实例 ID 字段，支持在同一条链路上运行多个实例。OSPFv2 报头和 OSPFv3 报头格式对比如图 9-3 所示。

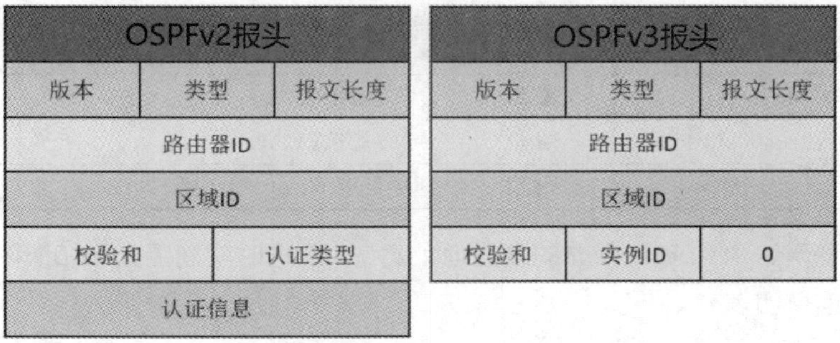

图 9-3   OSPFv2 报头和 OSPFv3 报头格式对比

9.2.3   Hello 报文

Hello 报文建立和维护邻居关系，在激活 OSPFv3 接口上周期性地被发送。Hello 报文内容包括：定时器数值、DR、BDR 及邻居等信息。Hello 报文格式如图 9-4 所示。

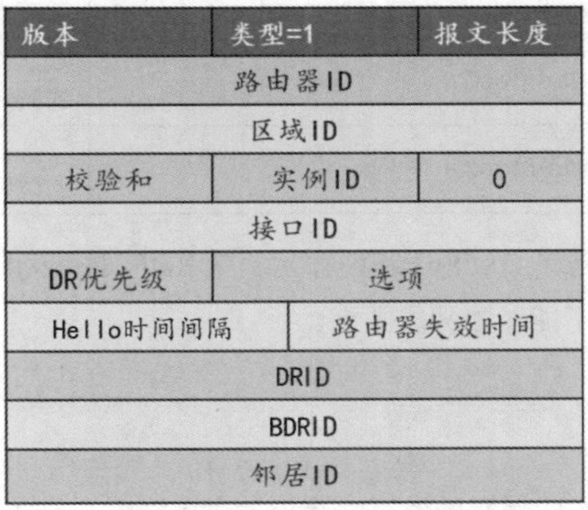

图 9-4   Hello 报文格式

Hello 报文主要字段含义如表 9-3 所示。

表 9-3   Hello 报文主要字段含义

字段名	长度	含义
Interface ID	32 位	发送 Hello 报文的接口 ID
Rtr Priority	8 位	DR 优先级。默认为 1。如果设置为 0，则路由器不能参与 DR 或 BDR 的选举

续表

字段名	长度	含义
Options	24 位	E：允许 Flood AS-External-LSAs。 MC：转发 IP 组播报文。N/P：处理 Type-7 LSAs。 DC：处理按需链路
HelloInterval	16 位	发送 Hello 报文的时间间隔
RouterDeadInterval	16 位	失效时间。如果在此时间内未收到邻居发来的 Hello 报文，则认为邻居失效
Designated Router ID	32 位	DR 的接口地址
Backup Designated Router ID	32 位	BDR 的接口地址
Neighbor ID	32 位	邻居，以 Router ID 标识

在不同类型网络中，Hello 报文的发送地址类型、发送时间间隔类型和时间间隔默认值各不相同，相关信息如表 9-4 所示。

表 9-4　Hello 报文属性

网络类型	地址类型	发送时间间隔类型	时间间隔默认值
广播	组播地址	HelloInterval	默认情况下，接口发送 Hello 报文的时间间隔的值为 10 秒
NBMA	单播地址	DR、BDR 路由器发送时间间隔为 HelloInterval。 邻居状态为 Down 时，发送时间间隔为 Pollinterval，其他情况为 HelloInterval	默认情况下，接口发送 Hello 报文的时间间隔的值为 30 秒 默认情况下，接口发送 Pollinterval 间隔为 120 秒
P2P	组播地址	HelloInterval	默认情况下，接口发送 Hello 报文的时间间隔的值为 10 秒
P2MP	组播地址	HelloInterval	默认情况下，接口发送 Hello 报文的时间间隔的值为 30 秒

需要注意的是：同一网段 OSPFv3 路由器上，其 Hello 时间间隔、Poll 时间间隔和 Router 失效时间必须一致，否则不能形成邻居关系。

9.2.4　DD 报文

在邻接初始化时，用 DD 报文描述本端路由器上 LSDB，进行数据库同步。DD 报文内容包括：LSDB 中每一条 LSA 的报头（LSA 的报头唯一标识一条 LSA）。因为 LSA 报头只占一条 LSA 数据中的一小部分，可以减少路由器之间的协商报文流量，对端路由器可以根据 LSA 报头判断是否已有这条 LSA。

两台路由器交换 DD 报文过程中，需要区分出主控/从属（Master/Slave，M/S）关系，简称为主/从关系，设置一台为 Master，另一台为 Slave。由 Master 路由器设置起始 DD 序列号，每发送一个 DD 报文，DD 序列号加 1；Slave 路由器使用 Master 路由器的 DD 序列号确认。DD 报文格式如图 9-5 所示。

版本	类型=2	报文长度
路由器ID		
区域ID		
校验和	实例ID	0
0	选项	

接口MTU	0	00000	I	M	M/S
DD序列号					
LSA报头					

图 9-5　DD 报文格式

9.2.5　LSR 报文

两台激活 OSPFv3 路由器交换 DD 报文后，需要发送 LSR 报文，向对方请求更新 LSA，内容包括需要的 LSA 摘要信息。LSR 报文格式如图 9-6 所示。

版本	类型=3	报文长度
路由器ID		
区域ID		
校验和	实例ID	0
0	LSR类型	
链接状态ID		
通告路由		
……		

图 9-6　LSR 报文格式

9.2.6　LSU 报文

LSU 报文向对端路由器发送其需要的 LSA 或者泛洪（Flooding）本端更新 LSA。LSU 报文内容是多条 LSA 报文（全部内容）集合。LSU 报文在组播和广播网络中，以组播形式将 LSA 泛洪出去。为了实现泛洪可靠性传输，需要 LSAck 报文进行确认，对没有收到确认的 LSA 报文进行重传，重传的 LSA 报文直接发送给邻居路由器。LSU 报文格式如图 9-7 所示。

版本	类型	报文长度
路由器ID		
区域ID		
校验和	实例ID	0
LSA编号		
……		

图 9-7　LSU 报文格式

141

9.2.7 LSAck 报文

LSAck 报文用来对接收到的 LSU 报文进行确认，内容是需要确认 LSA 报文的报头信息（一个 LSAck 报文可对多个 LSA 报文确认）。根据不同链路，LSAck 报文以单播或组播形式发送。LSAck 报文格式如图 9-8 所示。

版本	类型	报文长度
路由器ID		
区域ID		
校验和	实例ID	0
LSA报头		

图 9-8　LSAck 报文格式

9.3　掌握 OSPFv3 生成路由过程

9.3.1　建立 OSPFv3 邻接关系

在不同网络类型中，如广播、NBMA、P2P、P2MP，OSPFv3 邻接关系建立过程也各不相同。

1. 在广播网络类型中建立 OSPFv3 邻接关系

在广播网络类型中，DR、BDR 和网段内每一台路由器都形成邻接关系，但与其他路由器之间只形成邻居关系。在广播网络类型中建立 OSPFv3 邻接关系过程如图 9-9 所示。

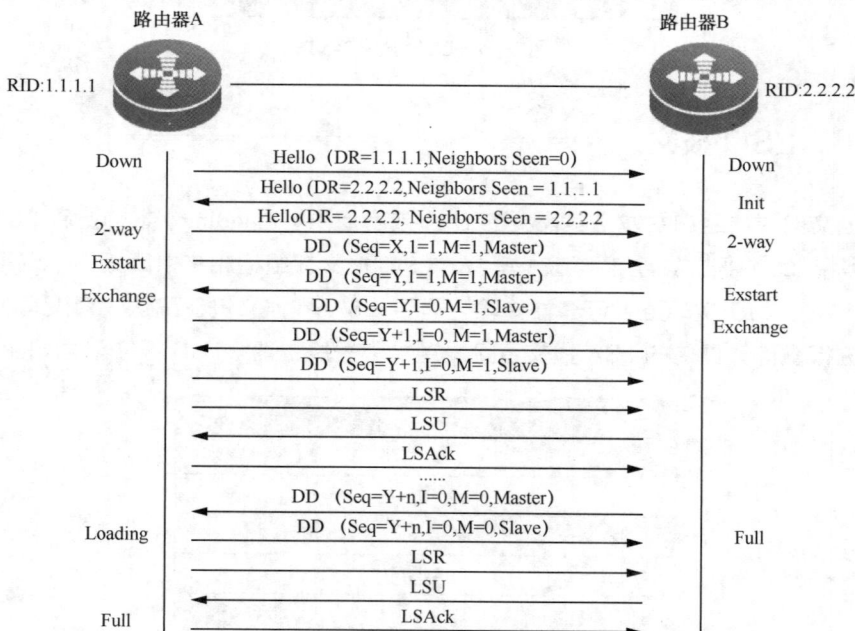

路由器A　　　　　　　　　　　　　　　　　路由器B

RID:1.1.1.1　　　　　　　　　　　　　　　　RID:2.2.2.2

Down	Hello（DR=1.1.1.1,Neighbors Seen=0）	Down
	Hello (DR=2.2.2.2,Neighbors Seen = 1.1.1.1)	Init
2-way	Hello(DR= 2.2.2.2, Neighbors Seen = 2.2.2.2	2-way
Exstart	DD（Seq=X,I=1,M=1,Master）	
Exchange	DD（Seq=Y,I=1,M=1,Master）	Exstart
	DD（Seq=Y,I=0,M=1,Slave）	Exchange
	DD（Seq=Y+1,I=0, M=1,Master）	
	DD（Seq=Y+1,I=0,M=1,Slave）	
	LSR	
	LSU	
	LSAck	
	……	
	DD（Seq=Y+n,I=0,M=0,Master）	
Loading	DD（Seq=Y+n,I=0,M=0,Slave）	Full
	LSR	
	LSU	
Full	LSAck	

图 9-9　在广播网络类型中建立 OSPFv3 邻接关系过程

（1）建立邻居关系

路由器 A 在广播接口上激活 OSPFv3，发送一个 Hello 报文（组播地址）。此时，路由器 A 认为自己是 DR（DR=1.1.1.1），但不确定邻居是哪台路由器（Neighbors Seen=0）。

路由器 B 收到路由器 A 发送来的 Hello 报文，回应一个 Hello 报文。在报文的 Neighbors Seen 字段填入路由器 A 的 RID（Neighbors Seen=1.1.1.1），表示收到 Hello 报文。接下来，宣告 DR 是路由器 B（DR=2.2.2.2）。

然后，路由器 B 邻居状态机置为 Init 状态。路由器 A 收到路由器 B 回应报文，将邻居状态机置为 2-way 状态。下一步，双方开始发送各自的 LSDB。

需要说明的是：在广播网络类型中，接口是 DRother 状态，路由器之间则停留在此步骤，不再继续交换消息。

（2）完成 M/S 关系协商，实现 DD 报文交换

接下来，路由器 A 和路由器 B 互相了解对端数据库中哪些 LSA 需要更新。如果某一条 LSA 在 LSDB 中存在，就不再请求更新。路由器 A 和路由器 B 发送 DD 报文。该 DD 报文包含 LSA 摘要信息（每一条摘要唯一标识一条 LSA）。

为了保证传输可靠性，在 DD 报文发送中确定双方 M/S 关系。作为 Master 定义一个序列号 Seq，每发送一个新 DD 报文，将 Seq+1。作为 Slave，每次发送 DD 报文时，使用接收的上一个 Master 发送的 DD 报文中序列号 Seq。

路由器 B 收到路由器 A 发送的 DD 报文后，将路由器 A 邻居状态机改为 Exstart 状态，回应一个 DD 报文（该报文中同样不包含 LSA 摘要信息）。由于路由器 B 的 RID 大，在报文中认为自己是 Master，并重新规定序列号 Seq=y。

路由器 A 收到报文后，同意路由器 B 为 Master，将路由器 B 邻居状态机改为 Exchange 状态。路由器 A 使用路由器 B 的序列号 Seq=y，发送新的 DD 报文，该报文正式传送 LSA 摘要。在该报文中路由器 A 将 MS 置为 0，说明自己是 Slave。

路由器 B 收到报文后，将路由器 A 邻居状态机改为 Exchange 状态，并发送新的 DD 报文描述自己的 LSA 摘要。此时，路由器 B 将报文的序列号改为 Seq=y+1。

上述过程持续进行，路由器 A 通过重复路由器 B 序列号，确认已收到路由器 B 的报文。路由器 B 通过将序列号 Seq+1，确认已收到路由器 A 的报文。

当路由器 B 发送完最后一个 DD 报文时，在报文中写上 M=0。

（3）进行 LSDB 同步（LSA 请求、LSA 传输、LSA 应答）

路由器 A 收到最后一个 DD 报文后，发现路由器 B 数据库中有许多 LSA 是自己没有的，于是将邻居状态机改为 Loading 状态。

此时，路由器 B 也收到路由器 A 最后一个 DD 报文。但路由器 A 的 LSA，路由器 B 都已经有，不再请求更新。所以，直接将路由器 A 邻居状态机改为 Full 状态。

路由器 A 发送 LSR 报文，向路由器 B 请求更新 LSA。路由器 B 用 LSU 报文回应路由器 A 的请求。路由器 A 收到后，发送 LSAck 报文确认。

上述过程持续到路由器 A 中的 LSA 与路由器 B 的 LSA 完全同步为止。此时，路由器 A

将路由器 B 的邻居状态机改为 Full 状态。

当路由器之间互相交换完 DD 报文、更新所有的 LSA 后，此时，邻接关系建立完成。

2．在 NBMA 网络类型中建立 OSPFv3 邻接关系

在 NBMA 网络类型中，邻接关系建立过程和广播网络类型的相比，只在交换 DD 报文前不一致，如图 9-10 中虚线框标记所示。在 NBMA 网络类型中，所有路由器只与 DR 和 BDR 形成邻接关系。

图 9-10　在 NBMA 网络类型中建立 OSPFv3 邻接关系过程

（1）建立邻居关系

路由器 B 连接路由器 A 的接口状态为 Down，发送 Hello 报文后，路由器 B 的邻居状态机置为 Attempt 状态。此时，路由器 B 认为自己是 DR（DR=2.2.2.2），但不确定邻居是哪台路由器（Neighbors Seen=0）。

路由器 A 收到 Hello 报文后，将邻居状态机置为 Init 状态。然后，回复路由器 B 一个 Hello 报文。此时，路由器 A 同意路由器 B 是 DR（DR=2.2.2.2）。并在 Neighbors Seen 字段中填入邻居路由器的 RID（Neighbors Seen=2.2.2.2）。

需要说明的是，在 NBMA 网络类型中，两个接口状态是 DRother 的路由器之间，将停留在此步骤。

（2）完成 M/S 关系协商，实现 DD 报文交换

M/S 关系协商、DD 报文交换过程，与广播网络类型建立 OSPFv3 邻接关系过程相同。

（3）进行 LSDB 同步（LSA 请求、LSA 传输、LSA 应答）

LSDB 同步过程，与广播网络类型建立 OSPFv3 邻接关系过程相同。

3. 在 P2P 及 P2MP 网络类型中建立 OSPFv3 邻接关系

在 P2P 及 P2MP 网络类型中建立 OSPFv3 邻接关系过程和广播网络类型的几乎一样。唯一不同的是：在 P2P、P2MP 网络类型中，不需要选举 DR 和 BDR，DD 报文通过组播地址发送。

9.3.2　计算 OSPFv3 路由

OSPFv3 路由也采用 SPF（Shortest Path First，最短路径优先）算法，使用 LSA 描述拓扑，通过 LSDB 生成有向图，达到快速收敛的目的。

如图 9-11 所示，路由器之间使用 LSA 描述链路属性，汇聚成 LSDB；然后，将 LSDB 转换成一张带权有向图，真实反映整个网络拓扑。其中，各台路由器得到的有向图完全相同。

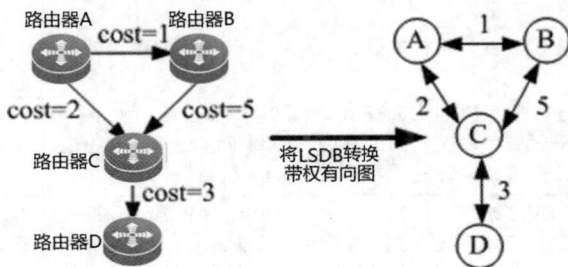

图 9-11　将 LSDB 转换成带权有向图

每台路由器根据有向图，使用 SPF 算法，计算出一棵以自己为根的最小生成树，这棵树给出到自治系统内各节点的路由，如图 9-12 所示。

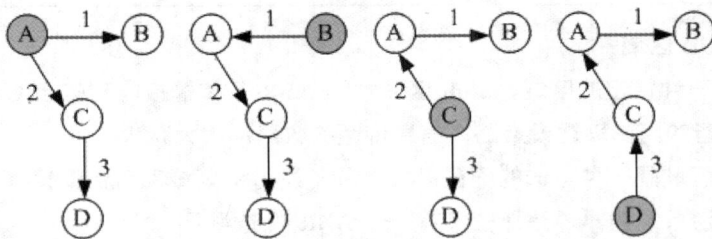

图 9-12　最小生成树

当 LSDB 发生改变时，需要重新计算最短路径。这将占用大量资源，影响路由器效率。因此，通过调节 SPF 间隔时间，抑制由于网络频繁变化占用资源。默认情况下，SPF 时间间隔为 5 秒。

9.4　掌握 OSPFv3 区域技术

1. 为什么划分 OSPFv3 区域

随着网络规模扩大，大型网络中路由器都运行 OSPFv3 时，路由器数量的增多会导致 LSDB 庞大，消耗大量的存储空间，并使得运行 SPF 算法的复杂度增加，导致路由器负担很重。

在网络规模增大之后，拓扑结构发生变化的概率也增大，网络会经常处于"动荡"之中，造成网络中会有大量的 OSPFv3 报文传递，降低网络的带宽利用率。更为严重的是，每一次变化都会导致网络中所有的路由器重新计算路由。

2. OSPFv3 区域类型

在 OSPFv3 计算中，通过划分不同区域解决 LSDB 频繁更新问题，提高路由利用率。区域从逻辑上将路由器划分为不同的组，每个组用 Area ID 标识。

在 OSPFv3 中，区域的边界是路由器，而不是链路。一个网段（或链路）只能属于一个区域，或者说每个运行 OSPFv3 的接口，必须指明属于哪一个区域。在 OSPFv3 中，区域类型包括普通区域、Stub 区域，如表 9-5 所示。

表 9-5 OSPFv3 中区域类型

区域类型	作用	说明
普通区域	标准区域：通用区域，它传输区域内路由、区域间路由和外部路由。 骨干区域：连接所有其他 OSPFv3 区域的中央区域，用 Area 0 表示。骨干区域负责区域间的路由，非骨干区域间的路由信息必须通过骨干区域来转发	骨干区域必须保持连通。所有非骨干区域必须与骨干区域连通
Stub 区域	Stub 区域是特定区域，Stub 区域中 ABR（Area Border Router，区域边界路由器）不传播接收到的自治系统外部路由，区或内路由数量大大减少。Stub 区域位于自治系统边界，是只有一个 ABR 的非骨干区域，为保证到自治系统外部的路由依旧可达，Stub 区域内的 ABR 生成一条默认路由，并发布给 Stub 区域的其他非 ABR。 完全存根（Totally Stub）区域允许 ABR 发布 Type 3 默认路由，不允许发布自治系统外部路由和区域间路由，只允许发布区域内路由	骨干区域不能配置成 Stub 区域。 Stub 区域内不存在 ASBR（Autonomous System Boundary Router，自治系统边界路由器），因此，自治系统外部的路由不能在本区域内传播

3. 了解 Stub 区域

Stub 区域是一种特定的区域，Stub 区域中的 ABR 不传播接收到的自治系统外部路由，在这些区域中设备的路由表规模及路由信息传递的数量都大大减少。

此外，Stub 区域是一种可选的配置区域，并不是每个区域都符合配置条件。通常来说，Stub 区域位于自治系统边界，是那些只有一个 ABR 的非骨干区域。

为保证到自治系统外部的路由依旧可达，该区域内的 ABR 将生成一条默认路由，并发布给 Stub 区域内的其他非 ABR。配置 Stub 区域时需要注意下列几点。

（1）骨干区域不能配置成 Stub 区域。

（2）如果要将一个区域配置成 Stub 区域，则该区域内的所有设备必须都要通过"stub"命令配置成 Stub 设备。

（3）Stub 区域内不能存在 ASBR，即自治系统外部路由不能在本区域内传播。

9.5 配置 OSPFv3 路由

要配置 OSPFv3 路由，需要在特权模式下，按照要求在路由器上配置相关信息。

9.5.1　配置 OSPFv3 基本信息

通过如下步骤和命令，配置 OSPFv3 路由基本信息。

（1）启动 OSPFv3 路由进程。

在全局模式下启动 OSPFv3 路由进程，进入 OSPFv3 配置模式。

```
Router(config)#ipv6 router ospf process-id
```

其中，参数 process-id 为 OSPFv3 进程号，默认进程号为 1。

（2）在路由模式下，配置路由器 ID。

建议在启动 OSPFv3 进程后，指定好路由器 ID，避免选举。

```
Router(config-router)#router-id router-id
```

其中，参数 router-id 为设备标识符，使用 IPv4 地址表示。

（3）在接口上启动 OSPFv3，配置运行参数。

在接口模式下，使用以下命令启动接口参与 OSPFv3 路由信息发布。

```
Router(config-if)#ipv6 ospf process-id area area-id
Router(config-if)#ipv6 ospf process-id area area-id [instance instance-id]
```

各项参数说明如下。

- area-id 是接口参与 OSPFv3 区域，指定一个整数。
- instance-id 是参与 OSPFv3 接口实例号，取值范围为 0～255。连接同一网络上的不同设备的接口，选择参与不同 OSPFv3 实例。需要注意的是：OSPFv3 实例号和进程号有不同含义。OSPFv3 进程号只在本设备有效，不影响与其他设备交互。而 OSPFv3 实例号会影响与其他设备交互，只有实例号相同的设备才能建立 OSPFv3 邻接关系。

9.5.2　配置 OSPFv3 接口参数

在接口模式下，根据实际应用需求，修改接口参数值。

（1）在接口模式下，设置接口参与 OSPFv3 路由进程。

```
Router(config-if)#ipv6 ospf process-id area area-id [instance instance-id]
```

（2）在接口模式下，设置接口连接的网络类型，默认为广播网络类型（可选）。

```
Router(config-if)#ipv6 ospf network {broadcast | non-broadcast | point-to-point | point-to-multipoint [non-broadcast]} [instance instance-id]
```

（3）定义接口代价（可选）。

```
Router(config-if)#ipv6 ospf cost cost [instance instance-id]
```

（4）设置接口优先级，用于选举 DR 和 BDR（可选）。

```
Router(config-if)#ipv6 ospf priority number [instance instance-id]
```

（5）设置接口上认证，两边配置必须一致（可选）。

```
Router(config-if)#ipv6 ospf authentication ipsec spi spi [ md5 | sha1 ] [ 0 | 7 ] key
```

各项参数说明如下。

- spi 表示安全参数索引，取值范围为 256～4 294 967 295。

- md5 表示指定 MD5 认证模式；sha1 表示指定 SHA-1 认证模式。
- 0 表示指定密钥以明文显示；7 表示指定密钥以密文显示。
- key 表示认证密钥。

9.5.3　监控 OSPFv3 运行状态

在特权配置模式下，使用如下命令启动 OSPFv3 进程的监控命令。

（1）显示 OSPFv3 进程信息，命令如下。

```
Router#show ipv6 ospf
```

（2）显示数据库信息，命令如下。

```
Router#show ipv6 ospf [process-id] database [lsa-type [adv-router router-id] ]
```

（3）显示接口信息，命令如下。

```
Router#show ipv6 ospf interface [interface-type interface-number]
```

（4）显示邻居信息，命令如下。

```
Router#show ipv6 ospf neighbor[process-id] [detail] [neighbor-id |
interface-type interface-number [neighbor-id]]
```

（5）显示 OSPFv3 路由信息，命令如下。

```
Router#show ipv6 ospf [process-id] route
```

【案例 9-1】配置 OSPFv3 路由。

如图 9-13 所示，三层交换机连接两个部门网络，通过 OSPFv3 路由实现 IPv6 网络连通。

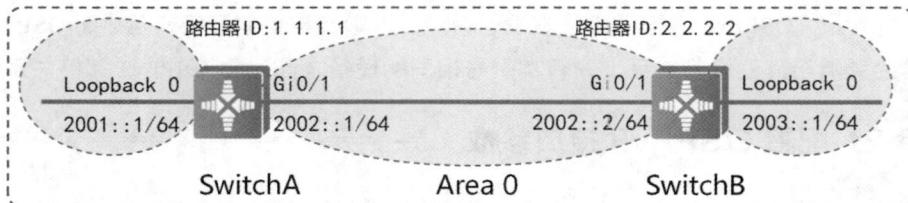

图 9-13　通过 OSPFv3 路由实现 IPv6 网络连通

首先，在 SwitchA 上完成如下配置。

```
Switch(config)#hostname SwitchA
SwitchA(config)#interface loopback 0
SwitchA(config-if)#ipv6 enable
SwitchA(config-if)#ipv6 address 2001::1/64
SwitchA(config-if)#exit

SwitchA(config)#interface GigabitEthernet 0/1
SwitchA(config-if)#no switchport
SwitchA(config-if)#ipv6 enable
SwitchA(config-if)#ipv6 address 2002::1/64
SwitchA(config-if)#exit

SwitchA(config)#ipv6 router ospf 1
SwitchA(config-router)#router-id 1.1.1.1
SwitchA(config-router)#exit
```

```
SwitchA(config)#interface loopback 0
SwitchA(config-if)#ipv6 ospf 1 area 0
SwitchA(config-if)#exit
SwitchA(config)#interface gigabitEthernet 0/1
SwitchA(config-if)#ipv6 ospf 1 area 0
SwitchA(config-if)#end
```

接下来，在 SwitchB 上完成如下配置。

```
Switch(config)#hostname SwitchB
SwitchB#configure terminal
SwitchB(config)#interface gigabitEthernet 0/1
SwitchB(config-if)#no switchport
SwitchB(config-if)#ipv6 enable
SwitchB(config-if)#ipv6 address 2002::2/64
SwitchB(config-if)#exit

SwitchB(config)#interface loopback 0
SwitchB(config-if)#ipv6 enable
SwitchB(config-if)#ipv6 address 2003::1/64
SwitchB(config-if)#exit

SwitchB(config)#ipv6 router ospf 1
SwitchB(config-router)#router-id 2.2.2.2
SwitchB(config-router)#exit
SwitchB(config)#interface gigabitEthernet 0/1
SwitchB(config-if)#ipv6 ospf 1 area 0
SwitchB(config-if)#exit
SwitchB(config)#interface loopback 0
SwitchB(config-if)#ipv6 ospf 1 area 0
SwitchB(config-if)#end
```

然后，查询通过 OSPFv3 学习到的全网路由表。

```
SwitchB#show ipv6 route
IPv6 routing table name - Default - 12 entries
Codes:  C - Connected, L - Local, S - Static
        R - RIP, O - OSPF, B - BGP, I - IS-IS, V - Overflow route
        N1 - OSPF NSSA external type 1, N2 - OSPF NSSA external type 2
        E1 - OSPF external type 1, E2 - OSPF external type 2
        SU - IS-IS summary, L1 - IS-IS level-1, L2 - IS-IS level-2
        IA - Inter area, EV - BGP EVPN, N - Nd to host
O    2001::1/128 [110/1] via FE80::5200:FF:FE01:2, GigabitEthernet 0/1
C    2002::/64 via GigabitEthernet 0/1, directly connected
L    2002::2/128 via GigabitEthernet 0/1, local host
C    2003::/64 via Loopback 0, directly connected
L    2003::1/128 via Loopback 0, local host
C    FE80::/10 via ::1, Null0
C    FE80::/64 via Loopback 0, directly connected
L    FE80::5200:FF:FE02:2/128 via Loopback 0, local host
C    FE80::/64 via GigabitEthernet 0/1, directly connected
L    FE80::5200:FF:FE02:2/128 via GigabitEthernet 0/1, local host
```

最后，测试网络通信正常，通过 OSPFv3 路由实现网络连通。

```
SwitchB#ping ipv6 2001::1
!!!!!
Success rate is 100 percent (5/5), round-trip min/avg/max = 2/20/86 ms.
```

【技术实践】配置多区域 OSPFv3，实现 IPv6 网络连通

【任务描述】

为了适应下一代互联网需求，某企业在全网使用 OSPFv3 路由，实现 IPv6 网络连通。如图 9-14 所示，在所有交换机上启用 OSPFv3。其中，交换机 SwitchA 和 SwitchB 属于 Area 0，交换机 SwitchA 和 SwitchC 属于 Area 1，3 台交换机通过 VLAN（Virtual Local Area Network，虚拟局域网）接口互通。

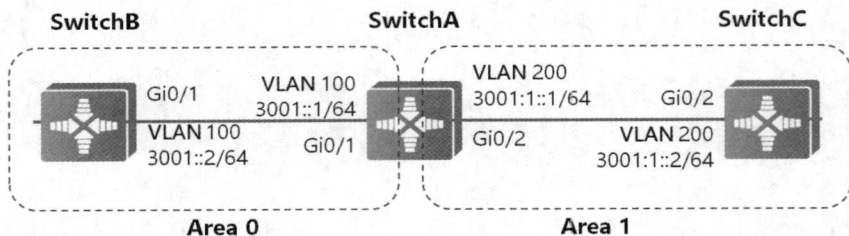

图 9-14　多区域 OSPFv3 路由部署

【设备清单】

三层交换机（3 台）、网线（若干）、测试主机（若干）。

【实施步骤】

详细配置步骤如下。

（1）按照拓扑完成网络场景组建。

尽量按照拓扑上接口连接组网，如果有接口变化，修改相应接口名称，配置信息不变。

（2）配置 SwitchA 设备 OSPFv3 路由。

① 创建 VLAN，并配置 IPv6 地址。

```
Switch#config terminal                                      //进入配置模式
Switch(config)#hostname SwitchA                             //给设备命名
SwitchA(config)#vlan 100                                    //创建 vlan 100
SwitchA(config-vlan)#interface Gigabitethernet 0/1          //打开接口
SwitchA(config-if)#switch access vlan 100                   //把该接口划分到 vlan 100
SwitchA(config-if)#exit                                     //退出
SwitchA(config)#interface vlan 100                          //打开 vlan 100 接口
SwitchA(config-if)#ipv6 enable                              //开启 IPv6 功能
SwitchA(config-if)#ipv6 address 3001::1/64                  //配置 IPv6 地址
SwitchA(config-if)#exit                                     //退出

SwitchA(config)#vlan 200                                    //创建 vlan 200
SwitchA(config-vlan)#interface Gigabitethernet 0/2          //打开接口
```

```
SwitchA(config-if)#switch access vlan 200        //把该接口划分到 vlan 200
SwitchA(config-if)#exit                          //退出
SwitchA(config)#interface vlan 200               //打开 vlan 200 接口
SwitchA(config-if)#ipv6 enable                   //开启 IPv6 功能
SwitchA(config-if)#ipv6 address 3001:1::1/64     //配置 IPv6 地址
SwitchA(config-if)#exit                          //退出
```

② 创建 OSPFv3 进程，并指定 router-id。

```
SwitchA(config)#ipv6 router ospf 10              //开启 OSPFv3 路由
SwitchA(config-router)#router-id 1.1.1.1         //配置 router-id
SwitchA(config-router)#exit                      //退出
```

③ 在 vlan 100 接口上启用 OSPFv3，区域为 Area 0。

```
SwitchA(config)#interface vlan 100               //打开 vlan 100 接口
SwitchA(config-if)#ipv6 ospf 10 area 0           //分配到 Area 0
SwitchA(config-if)#exit                          //退出
```

④ 在 vlan 200 接口上启用 OSPFv3，区域为 Area 1。

```
SwitchA(config)#interface vlan 200               //打开 vlan 200 接口
SwitchA(config-if)#ipv6 ospf 10 area 1           //分配到 Area 1
SwitchA(config-if)#exit                          //退出
```

（3）配置 SwitchB 设备 OSPFv3 路由。

① 创建 VLAN，配置 IPv6 地址。

```
Switch#config terminal
Switch(config)#hostname SwitchB
SwitchB(config)#vlan 100                                 //创建并配置 vlan 100 接口
SwitchB(config-vlan)#interface Gigabitethernet 0/1
SwitchB(config-if)#switch access vlan 100
SwitchB(config-if)#exit

SwitchB(config)#interface vlan 100
SwitchB(config-if)#ipv6 enable
SwitchB(config-if)#ipv6 address 3001::2/64
SwitchB(config-if)#exit
```

② 创建 OSPFv3 进程，并指定 router-id。

```
SwitchB(config)#ipv6 router ospf 10
SwitchB(config-router)#router-id 2.2.2.2
SwitchB(config-router)#exit
```

③ 在 vlan 100 接口上启用 OSPFv3，区域为 Area 0。

```
SwitchB(config)#interface vlan 100
SwitchB(config-if)#ipv6 ospf 10 area 0
SwitchB(config-if)# exit
```

（4）配置 SwitchC 设备 OSPFv3 路由。

① 创建 VLAN 并配置 IPv6 地址。

```
Switch#config terminal
Switch(config)#hostname SwitchC
SwitchC(config)#vlan 200
```

```
SwitchC(config-vlan)#interface Gigabitethernet 0/2
SwitchC(config-if)#switch access vlan 200
SwitchC(config-if)#exit

SwitchC(config-vlan)#interface vlan 200
SwitchC(config-if)#ipv6 enable
SwitchC(config-if)#ipv6 address 3001:1::2/64
SwitchC(config-if)#exit
```

② 创建 OSPFv3 进程，并指定 router-id。

```
SwitchC(config)#ipv6 router ospf 10
SwitchC(config-router)#router-id 3.3.3.3
SwitchC(config-router)#exit
```

③ 在 vlan 200 接口上启用 OSPFv3，区域为 Area 1。

```
SwitchC(config)#interface vlan 200
SwitchC(config-if)#ipv6 ospf 10 area 1
SwitchC(config-if)#exit
```

（5）配置验证。

首先，确认配置是否正确，关注点为是否指定 router-id，接口是否启用 OSPFv3，同一个区域内的 OSPFv3 的定时器等参数是否一致。

① 查看所有设备的配置信息。

```
SwitchA#show running-config
vlan 100
!
vlan 200
!
interface VLAN 100
 no ip proxy-arp
 ipv6 address 3001::1/64
 ipv6 enable
ipv6 ospf 10 area 0
!
interface VLAN 200
 no ip proxy-arp
 ipv6 address 3001:1::1/64
 ipv6 enable
 ipv6 ospf 10 area 1
!
ipv6 router ospf 10
 router-id 1.1.1.1
```

```
SwitchB#show running-config
vlan 100
!
interface VLAN 100
 no ip proxy-arp
 ipv6 address 3001::2/64
 ipv6 enable
ipv6 ospf 10 area 0
!
ipv6 router ospf 10
 router-id 2.2.2.2

SwitchC#show running-config
vlan 200
!
interface VLAN 200
 no ip proxy-arp
 ipv6 address 3001:1::2/64
 ipv6 enable
ipv6 ospf 10 area 1
!
ipv6 router ospf 10
 router-id 3.3.3.3
```

② 查看 OSPFv3 的邻居关系，关注邻居关系是否建立。

```
SwitchA#show ipv6 ospf neighbor
OSPFv3 Process(10), 2 Neighbors, 2 is Full:
NeighborID Pri State Dead Time Instance ID Interface
2.2.2.2 1 Full/BDR 00:00:370 VLAN 100
3.3.3.3 1 Full/DR00:00:34 0 VLAN 200
```

以同样方式查看 SwitchB 和 SwitchC 的邻居关系，显示信息与 SwitchA 类似。限于篇幅，此处省略。

③ 查看 OSPFv3 路由，是否学习到全部 IPv6 路由。

```
SwitchC#show ipv6 route
IPv6 routing table name is Default（0）global scope - 7 entries
Codes: C - Connected, L - Local, S - Static, R - RIP, B - BGP
 I1 - ISIS L1, I2 - ISIS L2, IA - ISIS interarea, IS - ISIS summary
 O - OSPF intra area, OI - OSPF inter area, OE1 - OSPF external type 1, OE2 -
OSPF external type 2 ON1 - OSPF NSSA external type 1, ON2 - OSPF NSSA external type 2
 [*] - NOT in hardware forwarding table
L ::1/128 via Loopback, local host
OI 3001::/64 [110/2] via FE80::21A:A9FF:FE15:4CB9, VLAN 200
C 3001:1::/64 via VLAN 200, directly connected
L 3001:1::2/128 via VLAN 200, local host
L FE80::/10 via ::1, Null0
C FE80::/64 via VLAN 200, directly connected
L FE80::21A:A9FF:FE01:FB1F/128 via VLAN 200, local host
```

④ 使用 ping 命令测试网络连接是否连通。

```
SwitchC#ping ipv6 3001::2
!!!!!
Success rate is 100 percent（5/5）, round-trip min/avg/max = 1/2/10 ms
```

【认证测试】

下列选择题中每题都只有一个正确选项，把其挑选出来。

1. 由于 IPv6 地址长度变化，OSPFv3 协议中重新定义了协议的标准，适应 IPv6 网络应用需求。和 OSPFv2 相比，OSPFv3 表现的不同点是（   ）。

  A. 区域 ID 编码规则不同　　　　　　　　B. LSA 扩散机制和 LSA 老化机制不同

  C. LSA 数据库内容不同　　　　　　　　　D. 安全认证方式不同

2. OSPFv3 定义的所有报文都拥有相同报头，都为（   ）字节。

  A. 16　　　　　　　　B. 20　　　　　　　　C. 24　　　　　　　　D. 32

3. 下列报文中，（   ）不是 OSPFv3 定义的报文。

  A. Hello 报文　　　　B. DD 报文　　　　　C. LSR 报文　　　　　D. LSA 报文

4. OSPFv3 和 RIPng 路由最大的区别是（   ）。

  A. OSPFv3 基于距离矢量

  B. OSPFv3 基于链路状态

  C. OSPFv3 是外部网关协议，RIPng 是内部网关协议

  D. OSPFv3 是基于跳数的路由协议，RIPng 是基于度量值的路由协议

5. OSPFv3 和 RIPng 的默认管理距离值分别为（   ）。

  A. 1、110　　　　　　B. 120、110　　　　　C. 1、120　　　　　　D. 110、120

单元10

配置VRRP6实现出口网络备份

10

【技术背景】

随着网络应用深入，各种增值业务（如 IPTV、视频会议等）广泛应用，出口网络可靠性成为网络传输焦点，因此，需要保障出口网络稳定性，增加出口网络冗余和备份。部署 VRRP6 是增强出口网关稳定性、提高网络系统可靠性的常见方法。

如图 10-1 所示，在出口网络中部署 VRRP6 路由，解决 IPv6 网络多出口网络备份问题。当其中一台出口设备发生故障时，VRRP6 保障机制可以选出最新出口设备，保障网络可靠通信。

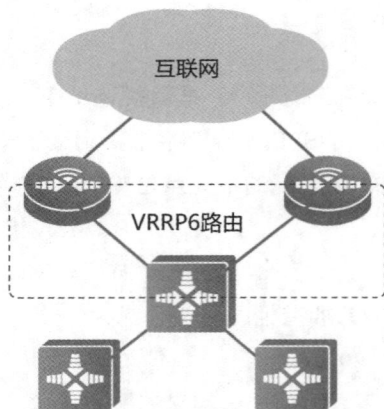

图 10-1 部署 VRRP6 路由保障出口网络可靠性

【学习目标】

在本单元中，学生需要了解 VRRP6 路由知识，学会配置出口网络备份。具体学习目标如下。

1. 知识目标

（1）了解 VRRP 技术原理。

（2）了解 VRRP 路由应用：主备备份和负载均衡。

2．技能目标

学会配置 VRRP6 路由，实现 IPv6 出口网络备份。

3．素养目标

（1）培养学生的了解我国路由器技术发展成绩，增进中国制造、科技强国认同，增强爱国热情和民族自豪感。

（2）通过配置国产路由器设备，培育科技强国的责任担当。

（3）遵守教学秩序，按操作规范要求使用工具及仪器设备，实训中线缆及设备摆放有序，实训完成后及时整理现场等。

（4）在实训现场具有良好安全意识，懂得安全操作知识，严格按照安全标准流程操作。

【技术介绍】

10.1　了解 VRRP 技术原理

虚拟路由器冗余协议（Virtual Router Redundancy Protocol，VRRP）把几台路由设备虚拟成一台虚拟设备，将虚拟设备上配置的 IP 地址作为默认网关，实现与外部网络通信。

当其中一台网关设备发生故障时，VRRP 技术选举新的网关设备来承担出口网络的通信任务，从而保障出口网络通信的可靠性。

10.1.1　什么是 VRRP

VRRP 采用主、备模式，当主路由发生故障时，自动切换为备份路由。在不改变 IP 组网情况下，VRRP 技术把多台出口设备虚拟成一台出口网关，将虚拟设备 IPv6 地址作为用户设备默认网关，实现网络出口的下一跳网关备份。

在 IPv6 网络中，也使用和 IPv4 网络中统一的 VRRP 通信原理实现，下面以图 10-2 所示的 IPv4 网络中部署的 VRRP 场景为例进行说明。

某企业网出口网络中部署 3 台路由器实现出口备份，其中，路由器 A、路由器 B、路由器 C 与内网核心交换机连接，在内网接口上配置 VRRP，所有出口路由在同一个 VRRP 虚拟组；配置 VRRP 虚拟组 IP 地址为 192.168.1.1；配置路由器 A 为主设备，路由器 B 与路由器 C 为备份设备。

因此，所有内网主机默认网关配置虚拟路由 IP 地址 192.168.1.1/24。内网主机发往外网 IPv6 数据包，将由主路由（路由器 A）转发。一旦路由器 A 失效，就在路由器 B 与路由器 C 之间选举出一台主设备，承担虚拟路由转发，保障内网主机出口网络稳定。

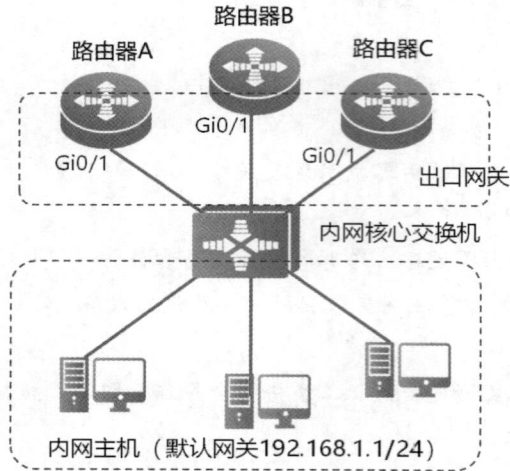

图 10-2　IPv4 网络中部署的 VRRP 场景

10.1.2　VRRP 基本概念

图 10-3 所示为 VRRP 备份组示意，在出口路由器，即路由器 A 和路由器 B 上配置 VRRP 备份组，实现网络备份。下面结合 VRRP 设备，介绍 VRRP 相关概念。

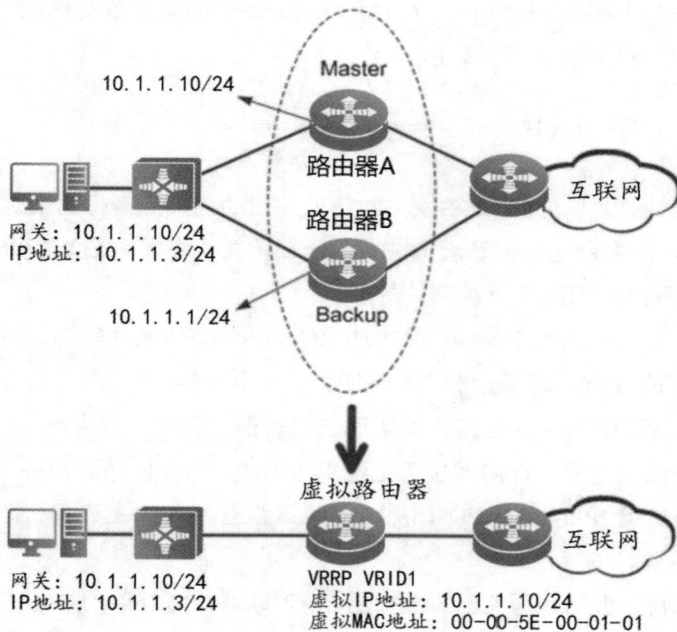

图 10-3　VRRP 备份组示意

（1）VRRP 路由器（VRRP Router）。运行 VRRP 的路由器，可能属于一个或多个虚拟路由器，也可以由路由器 A 和路由器 B 承担。

（2）虚拟路由器（Virtual Router）。又称为 VRRP 备份组，由一台 Master 设备和多台 Backup 设备组成，当作主机默认网关。如路由器 A 和路由器 B 共同组成一台虚拟路由器。

（3）Master 路由器（Master Router）。承担转发 IP 报文的 VRRP 设备，如路由器 A。

（4）Backup 路由器（Backup Router）。没有承担转发任务的 VRRP 设备。当 Master 设备出现故障时，它将通过竞选成为新的 Master 设备，如路由器 B。

（5）虚拟路由器标识符（Virtual Router ID，VRID）。如路由器 A 和路由器 B 组成虚拟路由器的 VRID 为 1。

（6）虚拟 IP 地址（Virtual IP Address）。虚拟路由器有一个虚拟 IP 地址，由用户配置。如路由器 A 和路由器 B 组成虚拟路由器的虚拟 IP 地址为 10.1.1.10/24。

（7）IP 地址拥有者（IP Address Owner）。如果一台 VRRP 设备将虚拟 IP 地址作为真实物理接口地址，称其为 IP 地址拥有者，通常为 Master 路由器。如路由器 A，其接口 IP 地址与虚拟 IP 地址相同，均为 10.1.1.10/24。它是这个 VRRP 备份组 IP 地址拥有者。

（8）虚拟 MAC 地址（Virtual MAC Address）。一台虚拟路由器拥有一个虚拟 MAC 地址，其格式为：00-00-5E-00-02-{VRID}。当虚拟路由器进行三层 IP 地址解析时，使用虚拟 MAC 地址，而不是接口真实 MAC 地址。如路由器 A 和路由器 B 组成虚拟路由器的 VRID 为 1，这个 VRRP 备份组的 MAC 地址为 00-00-5E-00-01-01。

10.1.3　VRRPv3 报文

VRRP 有 VRRPv2 和 VRRPv3 两个版本。其中，VRRPv2 仅适用于 IPv4 网络；VRRPv3 同时适用于 IPv4 和 IPv6 两种网络。

VRRPv2 报文结构如图 10-4 所示。

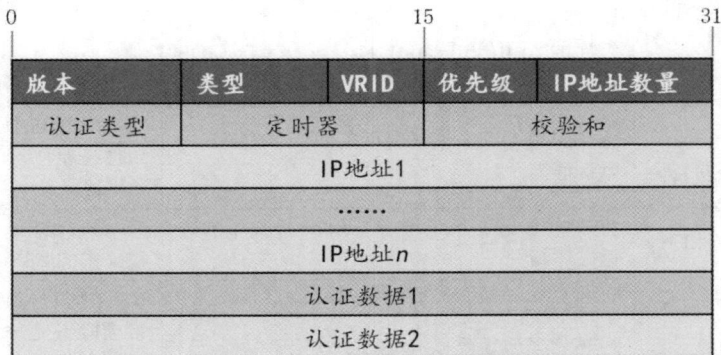

图 10-4　VRRPv2 报文结构

VRRPv3 报文结构如图 10-5 所示。

VRRP 报文字段含义如表 10-1 所示。

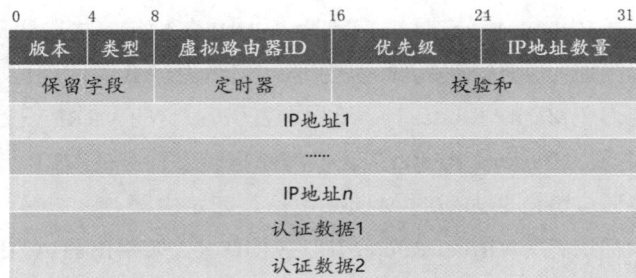

图 10-5　VRRPv3 报文结构

表 10-1　VRRP 报文字段含义

报文字段	含义	
	VRRPv2	VRRPv3
Version（版本）	VRRP 版本号，取值为 2	VRRP 版本号，取值为 3
Type（类型）	VRRP 通告报文的类型，取值为 1，表示通告	VRRP 通告报文的类型，取值为 1，表示通告
VRID	VRID，取值范围是 1～255	VRID，取值范围是 1～255
Priority（优先级）	主设备在 VRRP 备份组中的优先级，取值范围是 0～255。0 表示设备停止参与 VRRP 备份组；255 则保留给 IP 地址拥有者。默认值是 100	主设备优先级，取值范围是 0～255。0 表示设备停止参与 VRRP 备份组；255 则保留给 IP 地址拥有者。默认值是 100
Count IP Address /Count IPvX Address（IP 地址数量）	VRRP 备份组中虚拟 IPv4 地址个数	VRRP 备份组中虚拟 IPv4 地址或虚拟 IPv6 地址个数
Auth Type（认证类型）	VRRP 报文认证类型。其中： 0 为 Non Authentication，表示无认证方式； 1 为 Simple Text Password，表示明文认证方式； 2 为 IP Authentication Header，表示 MD5 认证方式	—
Adver Int/ Max Adver Int（定时器）	VRRP 通告报文发送时间间隔，单位是秒，默认值为 1 秒	VRRP 通告报文发送时间间隔，单位是厘秒，默认值为 100 厘秒（1 秒）
Checksum（校验和）	16 位校验和，用于检测 VRRP 报文中的数据破坏情况	16 位校验和，用于检测 VRRP 报文中的数据破坏情况
IP Address/ IPvX Address(es)（IP 地址）	VRRP 备份组虚拟 IPv4 地址	VRRP 备份组虚拟 IPv4 地址或者虚拟 IPv6 地址，所包含的地址数在 Count IPvX Address 字段中定义
Authentication Data（认证数据）	VRRP 报文的认证字。目前只有明文认证方式和 MD5 认证方式才用到该字段，对于其他认证方式，一律填 0	—
rsvd（保留字段）	—	VRRP 报文保留字段，必须设为 0

　　通过比较图 10-4、图 10-5 所示的报文结构，VRRPv2 和 VRRPv3 区别如下。

（1）适用网络不同

VRRPv3 适用于 IPv4 和 IPv6 两种网络，而 VRRPv2 仅适用于 IPv4 网络。

（2）认证功能不同

VRRPv3 不支持认证，而 VRRPv2 支持认证。

（3）发送通告报文时间间隔的单位不同

VRRPv3 支持厘秒级，而 VRRPv2 支持秒级。

10.1.4　VRRP 工作原理

1. VRRP 状态机

无论是 VRRPv2（支技 IPv4）还是 VRRPv3（支持 IPv4/IPv6），都定义了 3 种状态机：初始（Initialize）状态、主控（Master）状态、备份（Backup）状态。只有处于 Master 状态的设备才转发报文。表 10-2 所示为 VRRP 状态机内容。

表 10-2　VRRP 状态机内容

状态	说明
Initialize 状态	为 VRRP 不可用状态，处于此状态的设备不对 VRRP 报文做处理。 配置 VRRP 或设备检测到故障时，进入 Initialize 状态。 收到接口 Up 消息后，如果设备优先级为 255，直接成为 Master 设备；如果设备优先级小于 255，则先切换至 Backup 状态
Master 状态	当 VRRP 设备处于 Master 状态时，会做下列工作。 （1）定时发送 VRRP 通告报文。 （2）以虚拟 MAC 地址响应对虚拟 IP 地址的 ARP 请求。 （3）转发目的 MAC 地址为虚拟 MAC 地址的 IP 报文。 如果 VRRP 设备是虚拟 IP 地址拥有者，接收目的 IP 地址为虚拟 IP 地址的 IP 报文。否则，丢弃这个 IP 报文。 如果 VRRP 设备收到比自己优先级高的报文，立即处于 Backup 状态。如果 VRRP 设备收到与自己优先级相同的报文且本地接口 IP 地址小于对端接口 IP 地址，立即处于 Backup 状态
Backup 状态	当 VRRP 设备处于 Backup 状态时，会做下列工作。 （1）接收 Master 设备发送的 VRRP 通告报文，判断 Master 设备的状态是否正常。 （2）对虚拟 IP 地址的 ARP 请求不做响应。 （3）收到目的 IP 地址为虚拟 IP 地址的报文，按正常二层转发流程处理。 如果 VRRP 设备收到比自己优先级低的报文，则升为 Master 状态。如果配置不抢占延迟，则重置定时器；如果配置抢占延迟，则重置定时器，待抢占延迟到期再升为 Master 状态。 如果 VRRP 设备收到比自己优先级高的报文，则重置定时器；如果 VRRP 设备收到优先级和自己相同的报文，则重置定时器，不进一步比较 IP 地址。 如果 VRRP 设备收到比自己优先级低的报文，且该报文优先级不是 0，则丢弃报文，立刻处于 Master 状态。如果 VRRP 设备收到报文的优先级是 0，则定时器设置为 Skew_time（偏移时间）

2. VRRP 工作过程

VRRP 工作过程如下。

（1）VRRP 备份组中的设备根据优先级，选举出 Master 设备。Master 设备通过发送免费 ARP 报文，将虚拟 MAC 地址通知给与它连接的设备或者主机，从而承担报文转发任务。

（2）Master 设备周期性向 VRRP 备份组内所有 Backup 设备发送 VRRP 通告报文，以公布其配置信息（如优先级等）和工作状况。

（3）如果 Master 设备出现故障，VRRP 备份组中的 Backup 设备将根据优先级重新选举新的 Master 设备。

（4）VRRP 备份组状态切换时，Master 设备由一台设备切换为另外一台设备，新的 Master 设备立即发送携带虚拟路由器的虚拟 MAC 地址和虚拟 IP 地址的免费 ARP 报文，刷新与它连接的主机中 MAC 地址表项，把用户流量引到新 Master 设备上，整个过程对用户透明。

（5）原 Master 设备故障恢复时，若该设备为 IP 地址拥有者（优先级为 255），将直接切换至 Master 状态。若该设备优先级小于 255，将首先切换至 Backup 状态，且其优先级恢复为故障前配置的优先级。

（6）Backup 设备的优先级高于 Master 设备时，由 Backup 设备的工作方式（抢占方式和非抢占方式）决定是否重新选举 Master 设备。

其中，在抢占方式下，如果 Backup 设备的优先级比当前 Master 设备的优先级高，则主动将自己切换成 Master 设备。在非抢占方式下，只要 Master 设备没有出现故障，Backup 设备即使随后被配置了更高的优先级，也不会成为 Master 设备。

为了保证 Master 设备和 Backup 设备能够协调工作，VRRP 需要实现以下功能：Master 设备选举、通告 Master 设备状态。

3. Master 设备选举

VRRP 根据优先级来确定虚拟路由器中每台设备的角色（Master 设备或 Backup 设备）。优先级越高，则越有可能成为 Master 设备。

首先，初始创建的 VRRP 设备工作在 Initialize 状态，收到接口上的 Up 消息后，如果设备的优先级为 255，则直接成为 Master 设备。如果设备的优先级小于 255，则会先切换至 Backup 状态，待 Master_Down_Interval 定时器超时后，再切换至 Master 状态。

然后，切换至 Master 状态的 VRRP 设备，通过 VRRP 通告报文的交互获知虚拟路由器中其他设备的优先级，进行 Master 设备选举。

（1）如果 VRRP 通告报文中 Master 设备优先级高于或等于 Backup 设备优先级，则 Backup 设备保持 Backup 状态。

（2）如果 VRRP 通告报文中 Master 设备优先级低于 Backup 设备优先级，采用抢占方式 Backup 设备将切换至 Master 状态；采用非抢占方式 Backup 设备则仍保持 Backup 状态。

（3）如果多台 VRRP 设备同时切换至 Master 状态，通过 VRRP 通告报文的交互协商后，优先级较低的 VRRP 设备将切换至 Backup 状态，优先级最高的 VRRP 设备成为最终 Master 设备；优先级相同时，VRRP 设备上 VRRP 备份组所在接口主 IP 地址较大的成为 Master 设备。

（4）如果创建的 VRRP 设备为 IP 地址拥有者，收到接口上的 Up 消息后，将会直接切换至 Master 状态。

4. 通告 Master 设备状态

Master 设备周期性发送 VRRP 通告报文，在 VRRP 备份组中通告其配置信息（优先级等）和工作状况。Backup 设备通过接收到的 VRRP 通告报文中携带的信息，来判断 Master 设备是否正常工作。

（1）当 Master 设备主动放弃 Master 地位（如 Master 设备退出 VRRP 备份组）时，会发送优先级为 0 的通告报文，使 Backup 设备快速切换成 Master 设备，而不用等到 Master_Down_Interval 定时器超时。这个切换的时间称为 Skew_time，取值为(256 − Backup 设备优先级)/256，单位为秒。

（2）当 Master 设备因发生网络故障而不能发送通告报文时，Backup 设备并不能立即知道其工作状况。等到 Master_Down_Interval 定时器超时后，才认为 Master 设备无法正常工作，从而将状态切换为 Master。其中，Master_Down_Interval 定时器取值为 3 × Advertisement_Interval + Skew_time，单位为秒。

此外，在性能不稳定的网络中，网络堵塞可能导致 Backup 设备在 Master_Down_Interval 期间没有收到 Master 设备的通告报文，Backup 设备则会主动切换为 Master 设备。如果此时原 Master 设备的通告报文又到达了，新 Master 设备将再次切换回 Backup 设备。

如此反复，则会出现 VRRP 备份组设备状态频繁切换的现象。为了缓解这种现象，可以配置抢占延迟，使得 Backup 设备在等待了 Master_Down_Interval 后，再等待抢占延迟时间。如在此期间，仍没有收到通告报文，Backup 设备才会切换为 Master 设备。

10.2　实施 VRRP 主备备份和负载均衡

10.2.1　VRRP 主备备份

主备备份是 VRRP 提供备份的基本方式，如图 10-6 所示。该方式建立一台虚拟路由器，该虚拟路由器包括一台 Master 设备和若干 Backup 设备。

正常情况下，路由器 A 为 Master 设备并承担业务转发，路由器 B 和路由器 C 为 Backup 设备，不承担业务转发。路由器 A 定期发送 VRRP 通告报文，通知路由器 B 和路由器 C 自己工作状况正常。如果路由器 A 发生故障，路由器 B 和路由器 C 则根据优先级选举新 Master 设备，继续承担业务转发，实现网关备份功能。

路由器 A 故障恢复后，在抢占方式下，将重新选举成为 Master 设备；在非抢占方式下，将保持在 Backup 状态。

下面以图 10-6 所示场景为例，说明 VRRP 主备备份原理。其中，涉及的主要参数如下。

- 路由器 A 为 Master 设备，优先级设置为 120，采用延迟抢占方式。
- 路由器 B 为 Backup 设备，优先级为默认值 100，采用立即抢占方式。

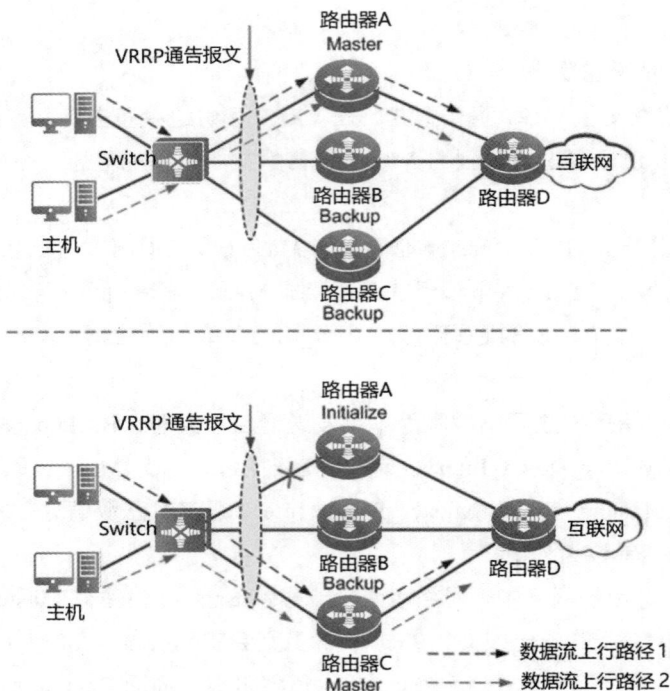

图 10-6　VRRP 主备备份示意

- 路由器 C 为 Backup 设备，优先级设置为 110，采用立即抢占方式。

（1）Master 设备路由器 A 正常时，主机的数据流向。

正常情况下，网络中发送数据流上行路径为：Switch→路由器 A→路由器 D。此后，路由器 A 定期发送 VRRP 通告报文，通知路由器 B 和路由器 C 设备工作正常。

（2）Master 设备路由器 A 故障时，主机的数据流向。

当路由器 A 发生故障时，路由器 A 上 VRRP 处于不可用状态。路由器 C 优先级高于路由器 B，变为 Master 设备，开始发送 VRRP 通告报文和免费 ARP 报文，路由器 B 继续保持 Backup 状态。此时，网络中主机发送数据流上行路径为：Switch→路由器 C→路由器 D。

（3）Master 设备路由器 A 故障恢复后，主机的数据流向。

当路由器 A 故障恢复后，路由器 C 继续定期发送 VRRP 通告报文。当路由器 A 收到 VRRP 通告报文后，比较优先级，发现自己优先级更高，等待抢占延迟后，抢占为 Master 设备，开始发送 VRRP 通告报文和免费 ARP 报文。此时，网络中主机发送数据流上行路径恢复为：Switch→路由器 A→路由器 D。

10.2.2　VRRP 负载均衡

1. 什么是 VRRP 负载均衡

VRRP 负载均衡是指通过在出口网络中部署多台设备同时承担业务，在出口网络中实现负载均衡。其中，需要两台或两台以上路由器组成虚拟路由器组，每个虚拟路由器组都包括一台 Master 路由器和若干台 Backup 路由器，各虚拟路由器组中的 Master 路由器可以各不相同。VRRP 实现负载均衡场景如图 10-7 所示。

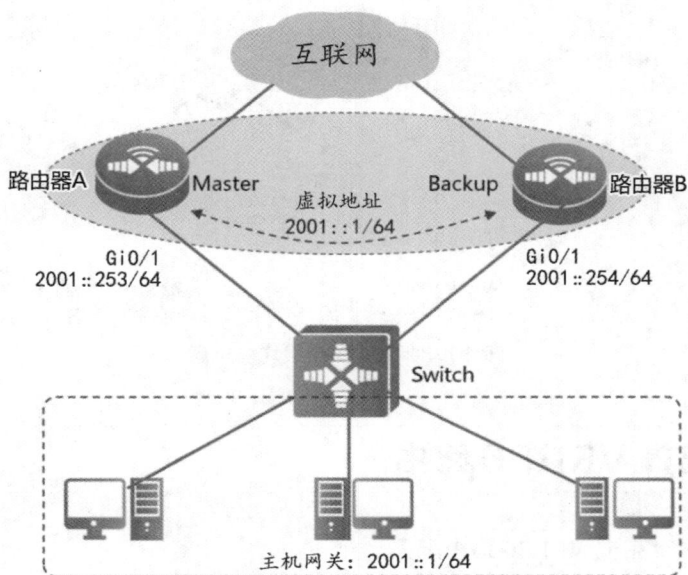

图 10-7　VRRP 实现负载均衡场景

2．VRRP 负载均衡和 VRRP 主备备份区别

VRRP 负载均衡和 VRRP 主备备份的基本原理和报文协商过程都类似。其中，VRRP 负载均衡和 VRRP 主备备份区别在于以下几点。

（1）VRRP 负载均衡需建立多个 VRRP 备份组，各 VRRP 备份组中 Master 设备可以不同。

（2）同一台 VRRP 设备可以加入多个 VRRP 备份组，在不同 VRRP 备份组中具有不同优先级。

3．VRRP 负载均衡实现功能

在网络中的出口网关设备上配置 VRRP 主备备份功能，可以很方便地实现出口网关的冗余和备份。为减轻出口网关中承担主备设备上转发数据流量的承载压力，通过配置 VRRP 的负载均衡技术，实现网络中上行流量的负载均衡。

通过创建多个带虚拟 IP 地址的 VRRP 备份组，为网络中不同的区域用户指定不同的 VRRP 备份组，作为出口网络的网关，实现出口网络的数据转发流量的负载均衡。如图 10-8 所示，规划完成如下两个 VRRP 备份组，实现 VRRP 负载均衡。

VRRP 备份组 1：路由器 A 为 Master 设备，路由器 B 为 Backup 设备。

VRRP 备份组 2：路由器 B 为 Master 设备，路由器 A 为 Backup 设备。

在网络内部，规划一部分用户将 VRRP 备份组 1 作为网关，另一部分用户将 VRRP 备份组 2 作为网关。这样，可实现业务流量的负载均衡，同时起到相互备份的作用。

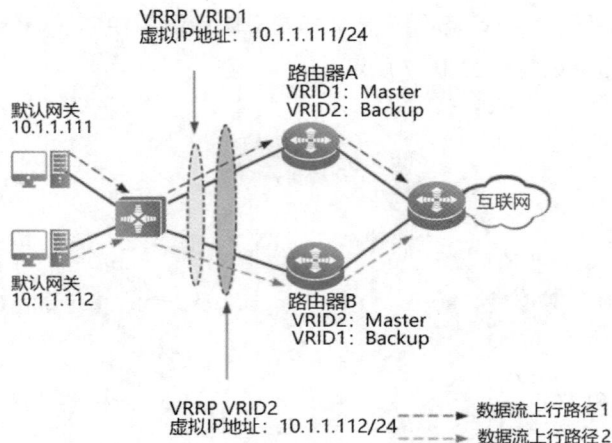

图 10-8 多网关负载均衡示意

10.3 配置 VRRP6 路由

通过如下步骤，完成 VRRP6 路由配置。

（1）启动 VRRP6 备份功能。

在接口模式下，使用如下命令启动 VRRP6 备份功能。

```
Router(config-if)#vrrp group-id ipv6 ipv6-address    //启动 VRRP6 备份功能
```

其中，group-id 取值范围为 1～255。VRRP6 第一个虚拟 IP 地址必须是链路本地地址。如果 VRRP6 备份组中虚拟 IPv6 地址与接口上 IPv6 地址一致，该 VRRP6 备份组占用接口地址，该 VRRP6 备份组优先级为 255。

（2）设置 VRRP6 备份组中抢占方式。

VRRP6 备份组在抢占方式下，发现自己优先级高于当前 Master 设备优先级，则抢占成为 Master 设备。使用如下命令设置 VRRP6 备份组中抢占方式。

```
Router(config-if)# vrrp ipv6 group preempt [delay seconds]    //设置抢占方式
```

（3）设置 VRRP6 备份组中优先级。

VRRP6 备份组中默认优先级为 100。使用如下命令设置 VRRP6 备份组中优先级。

```
Router(config-if)#vrrp ipv6 group-id  priority level    //设置 VRRP6 备份组中优
先级
```

其中，level 的取值范围为 1～254。

（4）设置 VRRP6 备份组监视接口。

配置监视接口，系统监视接口状态，动态调整设备优先级。一旦监视接口变为不可用，按数值减少本设备优先级，成为 Master 设备。

```
Router(config-if)# vrrp ipv6 group-id track interface-type number [interface-
priority]
```

默认状态下，系统没有设置 VRRP6 备份组监视接口。其中，参数 interface-priority 取值范围为 1 ~ 255。如果参数 interface-priority 省略，取默认值 10。

（5）查看 VRRP6 信息。

```
Router#show [ipv6] vrrp interface type number [brief]   //显示接口上 VRRP6 状态
```

【技术实践】使用 VRRP6 实现 IPv6 出口网络备份

【任务描述】

某企业部署 IPv6 网络中，使用多台设备实现 IPv6 网络互联互通。其中，路由器 A 和路由器 B 作为出口网关，核心交换机连接各部门中计算机，如图 10-9 所示。

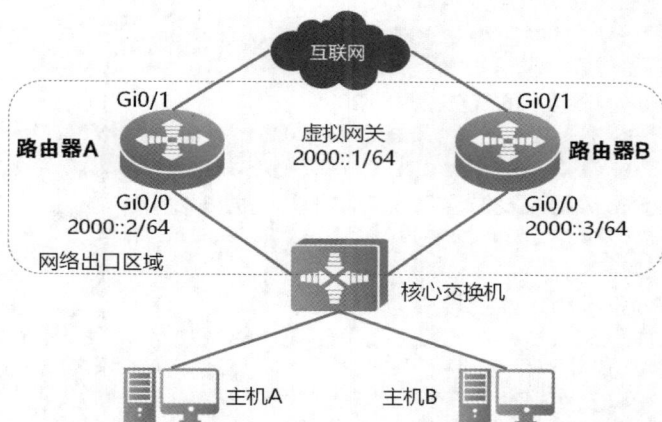

图 10-9　实施基于 VRRP6 备份

需要完成以下任务。

（1）各部门计算机，如主机 A 和主机 B，通过虚拟网关 2000::1/64 访问互联网。

（2）路由器 A 和路由器 B 组成虚拟 IPv6 备份组，虚拟 IPv6 地址为 2000::1/64 和 FE80::1（默认存在的组播地址）。

（3）当路由器 A 正常时，主机 A 访问互联网报文通过路由器 A 转发；当路由器 A 出现故障时，主机 A 访问互联网报文通过路由器 B 转发。

（4）通过路由器 A 监视互联网接口 Gi 0/1，当 Gi 0/1 接口不可用时，路由器 A 降低自己的优先级，由路由器 B 承担网关功能。

【设备清单】

路由器（2 台）、交换机（1 台）、网线（若干）、测试主机（若干）。

【实施步骤】

详细配置步骤如下。

（1）按照拓扑完成网络场景组建。

如果没有路由器，也可以使用三层交换机替代出口网络中路由器。尽量按照拓扑上接口连接组网，如果有接口变化，修改相应接口名称，配置信息没有变化。

（2）配置路由器 A 的 VRRP6 信息。

① 配置路由器 A 的接口 IPv6 地址，启用接口 IPv6 服务。

```
Router(config)#hostname RouterA
RouterA (config)#interface Gigabitethernet 0/0
RouterA (config-if)#ipv6 enable
RouterA (config-if)#ipv6 address 2000::2/64
RouterA (config-if)#no shutdown
RouterA (config-if)#exit
```

② 创建路由器 A 的 VRRP6 备份组 1，配置虚拟 IPv6 地址 FE80::1 和 2000::1。

```
RouterA (config)#interface Gigabitethernet 0/0
RouterA (config-if)#ipv6 enable
RouterA (config-if)#vrrp 1 ipv6 FE80::1
RouterA (config-if)#vrrp 1 ipv6 2000::1
RouterA (config-if)#no shutdown
RouterA (config-if)#exit
```

③ 调整 VRRP6 备份组 1 的优先级为 120。

```
RouterA (config)#interface Gigabitethernet 0/0
RouterA (config-if)#vrrp ipv6 1 priority 120
```

④ 调整 VRRP6 备份组 1 发送通告报文时间间隔为 3 秒。

```
RouterA (config-if)#vrrp ipv6 1 timers advertise 3
RouterA (config-if)#exit
```

⑤ 配置 VRRP6 备份组 1 监视接口为 Gi 0/1。

```
RouterA (config)#interface Gigabitethernet 0/1
RouterA (config-if)#ipv6 enable
RouterA (config-if)#vrrp ipv6 1 track Gigabitethernet 0/1 50
RouterA (config-if)#no shutdown
RouterA (config-if)#exit
```

（3）配置路由器 B 的 VRRP6 信息。

① 配置路由器 B 的接口 IPv6 地址，启用接口 IPv6 服务。

```
Router(config)#hostname RouterB
RouterB (config)#interface Gigabitethernet 0/0
RouterB (config-if)#ipv6 enable
RouterB (config-if)#ipv6 address 2000::3/64
RouterB (config-if)#no shutdown
RouterB (config-if)#exit
```

② 创建路由器 B 的 VRRP6 备份组 1，配置虚拟 IPv6 地址 FE80::1 和 2000::1。

```
RouterB (config)#interface Gigabitethernet 0/0
RouterB (config-if)#ipv6 enable
RouterB (config-if)#vrrp 1 ipv6 FE80::1
RouterB(config-if)#vrrp 1 ipv6 2000::1
RouterB (config-if)#no shutdown
RouterB (config-if)#exit
```

③ 调整 VRRP6 备份组 1 的优先级为 120。

```
RouterB (config)#interface Gigabitethernet 0/C
RouterB (config-if)#vrrp ipv6 1 priority 120
```

④ 调整 VRRP6 备份组 1 发送通告报文时间间隔为 3 秒。

```
RouterB (config-if)#vrrp ipv6 1 timers advertise 3
RouterB (config-if)#exit
```

通过以上配置，路由器 A 和路由器 B 同处于 VRRP6 备份组 1 中，指向相同的虚拟 IPv6 地址（2000::1），并且均处于 VRRP6 的抢占方式。

由于路由器 A 的 VRRP6 备份组 1 优先级为 120，而路由器 B 的 VRRP6 备份组 1 优先级为默认值 100，所以路由器 A 在正常情况下充当 VRRP6 的 Master 设备。

如果路由器 A 作为 Master 设备，发现接口 Gi 0/1 不可用，路由器 A 将自己的 VRRP 备份组优先级降低 50，变为 70，这样路由器 B 就会成为 Master 设备。

如果在此后，路由器 A 发现自己接口 Gi 0/1 恢复可用，就将自己的 VRRP 备份组优先级增加 50，恢复到 120，这样路由器 A 将再次成为 Master 设备。

（4）显示路由器 A 的 VRRP6 配置信息。

```
RouterA#show ipv6 vrrp 1
Gigabitethernet0/0 - Group 1
State is Master
Virtual IPv6 address is as follows:
FE80::1
2000::1
Virtual MAC address is 0000.5e00.0201
Advertisement interval is 3 sec
Accept_Mode is enabled
Preemption is enabled
min delay is 0 sec
Priority is 120
Master Router is FE80::1 (local), priority is 120
Master Advertisement interval is 3 sec
Master Down interval is 10.59 sec
Tracking state of 1 interface, 1 up:
up Gigabitethernet0/1 priority decrement=50
```

（5）显示路由器 B 的 VRRP6 配置信息。

```
RouterB#show ipv6 vrrp 1
Gigabitethernet0/0 - Group 1
State is Backup
Virtual IPv6 address is as follow:
FE80::1
2000::1
Virtual MAC address is 0000.5e00.0201
Advertisement interval is 3 sec
Accept_Mode is enabled
Preemption is enabled
min delay is 0 sec
Priority is 100
Master Router is FE80::1, priority is 120
Master Advertisement interval is 3 sec
Master Down interval is 10.82 sec
```

【认证测试】

下列选择题中每题至少有一个选项正确，把其挑选出来。

1. 以下关于 VRRP 选举 Master 的说法正确的是（　　　）。

A. 配置的 Priority 最大者成为 Master

B. 配置的 Priority 最大者成为 Slave

C. 配置的 Priority 最小者不一定成为 Master

D. 配置的 Priority 最大者不一定成为 Slave

2. 有关 IPv6 vrrp10 track F 0/24 150，（　　　）说法是错误的。

A. 10 代表 VRRP 备份组

B. track 代表开启 VRRP 跟踪功能

C. 150 代表在 F0/24 端口失效后，VRRP 的优先级将降低至 150

D. 150 代表在 F0/24 端口失效后，VRRP 的优先级将下降 150

3. 当 VRRP6 备份组配置的虚拟 IP 地址为某接口的物理 IP 地址时，该接口的优先级为（　　　）。

A. 255　　　　　　　B. 0　　　　　　　C. 100　　　　　　　D. 254

4. VRRP 的优先级默认值是（　　　）。

A. 0　　　　　　　B. 255　　　　　　　C. 1　　　　　　　D. 254

5. VRRP 是使用（　　　）方式来发送协议报文的。

A. 广播　　　　　　　B. 单播　　　　　　　C. 组播　　　　　　　D. 任播

单元11

保护IPv6网络安全技术

11

【技术背景】

IPv6 技术带有天然安全优势，其在可溯源性、NDP、安全邻居发现协议等方面，都大大提升网络安全。

但在 IPv6 网络运行过程中，仍面临 IPv6 地址欺骗，需要实施 IPv6 安全地址绑定；面临 DHCPv6 服务器被攻击，需要实施 DHCPv6 Snooping 安全、IPv6 Source Guard 安全；面临 NDP 欺骗，需要实施 ND Snooping 等安全。在针对网络中不同区域之间安全防护时，还需要实施 ACL6 安全，如图 11-1 所示。

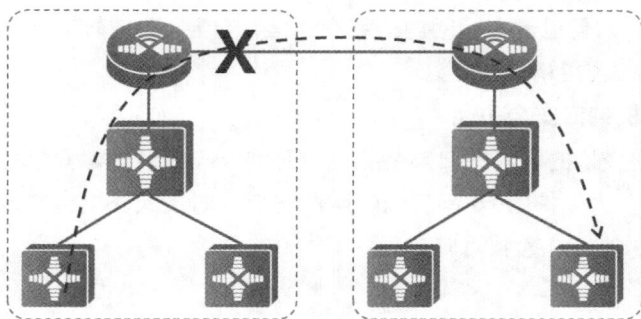

图 11-1　IPv6 网络中区域之间实施 ACL6 安全

【学习目标】

在本单元中，学生需要了解 IPv6 网络安全技术，学会配置 IPv6 网络安全。具体学习目标如下。

1. 知识目标

（1）了解 IPv6 安全地址绑定技术。

（2）了解 DHCPv6 Snooping 安全技术。

（3）了解 ND Snooping 安全技术、IPv6 RA Guard 安全技术。

（4）了解 ACL6 安全技术。

2．技能目标

（1）实施 IPv6 安全地址绑定。

（2）实施 DHCPv6 Snooping 安全。

（3）实施 ND Snooping 安全。

（4）实施 ACL6 安全。

3．素养目标

（1）培养网络安全和信息安全意识，树立总体国家安全观。

（2）使学生了解国家关于网络安全的法律以及安全防护的重要性，教育学生要做好日常
网络安全防护，培养学生网络安全意识。

（3）教育学生建立正确的价值观，在未来工作中有良好的职业道德和法律意识。

（4）学会与同学友好沟通，建立友好团队合作关系。

（5）在实训现场具有良好安全意识，懂得安全操作知识，严格按照安全标准流程操作。

【技术介绍】

11.1　实施 IPv6 安全地址绑定

在 IPv6 网络中，如何过滤办公网内的用户通信，安全、有效转发数据？我们可以通过以
下安全防控手段来保障内部网络安全。

1．什么是交换机端口安全功能

默认情况下，交换机的所有端口都是完全敞开的，不提供任何安全检查措施，允许所有
的 IPv6 数据流通过。为保护 IPv6 网络内的用户安全，对接入交换机的端口增加安全功能，
有效保护接入网络安全，如图 11-2 所示。

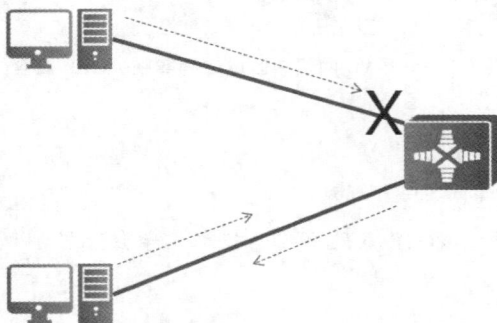

图 11-2　对 IPv6 网络中的端口增加安全功能

交换机端口安全在二层端口上实施安全特性，实现以下功能。

（1）只允许特定 MAC 地址接入 IPv6 网络，防止未授权设备接入。

（2）限制端口接入设备数量，防止过多设备接入 IPv6 网络。

大部分网络攻击行为都采用欺骗源 IP 地址或源 MAC 地址方法，对网络进行连续数据包攻击，达到耗尽核心设备资源的目的，如 MAC 攻击、DHCPv6 攻击。这些针对交换机端口产生的攻击，可以通过启用交换机端口安全功能来防范。

2. 交换机端口安全检测原理

通常把实施端口安全功能的端口称为安全端口。安全端口通过检查收到的帧中源 MAC 地址，限定报文是否进入交换机。为了增强 IPv6 接入安全性，将 MAC 地址和 IPv6 地址绑定作为安全地址，也可以只绑定 MAC 地址或者 IPv6 地址，实施访问限制，如图 11-3 所示。

非授权用户　　　　　授权用户

图 11-3　非授权用户无法访问 IPv6 网络

3. 限制交换机端口最大连接数

当端口上连接安全地址数目达到允许个数，或端口收到一个不属于该端口的地址时，交换机就会产生一个违例通知，如丢弃接收到的 IPv6 数据包、发送违例通知或关闭端口等。

4. 配置交换机端口安全

（1）设置端口安全功能。

```
Switch(config-if)#switchport port-security
```

在接口模式下，开启端口安全特性，限制允许访问接口的 MAC 地址及 IPv6 地址。

（2）设置端口最多安全地址个数。

```
Switch(config-if)#switchport port-security maximum value
```

其中，安全地址个数的 value 取值范围为 1～128。

（3）设置处理违例方式。

```
Switch(config-if)#switchport port-security violation { protect | restrict | shutdown }
```

其中，protect 表示发现违例则丢弃违例的报文；restrict 表示发现违例则丢弃违例的报文并发送 trap；shutdown 表示发现违例则丢弃报文并关闭接口。

（4）配置安全端口上的安全地址。

在接口模式下，为安全端口添加安全地址。

```
Switch(config-if)#switchportport-security mac-address mac-address
```

（5）为安全端口添加 IPv6 安全地址绑定。

在全局模式下，为安全端口添加 IPv6 安全地址绑定。

171

```
Switch(config)#switchport   port-security   interface   interface-id   binding
[ mac-address vlan vlan_id] [ ipv6-address]
```

在接口模式下，为安全端口添加 IPv6 安全地址绑定。

```
Switch(config-if)#switchport port-security binding [ mac-address vlan vlan_id ]
[ ipv6-address]
```

（6）显示安全地址。

显示所有安全地址，或者指定接口的安全地址。

```
Switch#show port-security address [ interface interface-id ]
```

显示所有生效的端口安全地址和端口安全地址绑定记录。

```
Switch#show port-security all
```

【案例 11-1】配置安全端口。

为办公网中接入交换机 Gi 0/1 端口配置安全地址。安全 MAC 地址为 00d0.f800.073c，安全 IPv6 地址为 2012::1。按如下示例配置安全端口。

```
Switch(config)#interface Gigabitethernet 0/1
Switch(config-if)#switchport port-security
Switch(config-if)#switchport port-security maximum 1
Switch(config-if)#switchport port-security binding  00d0.f800.073c  vlan 1
2012::1
Switch(config-if)#end

Switch#show port-security address
Vlan Mac Address     IP Address TypePort        Remaining Age(mins)
----------------- -------------------------
1  00d0.f800.073c    2012::1  ConfiguredGi0/3  8
```

11.2　实施 DHCPv6 Snooping 安全

DHCPv6 有状态地址自动配置通过实施 DHCPv6 Snooping（DHCPv6 窥探）安全，保护网络中 DHCPv6 服务器安全。

11.2.1　DHCPv6 Snooping 安全

1. 什么是 DHCPv6 Snooping

DHCPv6 Snooping，即黑客通过数据包捕获工具，对部署在 IPv6 网络中的 DHCPv6 服务器通信进行窥探，达到 DHCPv6 攻击的目的。

通过部署 DHCPv6 Snooping 安全技术，过滤非法 DHCPv6 报文，保护 DHCPv6 服务器安全。其中，记录在 DHCPv6 Snooping 生成的用户数据表项，为 IPv6 Source Guard 安全提供服务。

2. DHCPv6 Snooping 应用场景

安装在网络中的 DHCPv6 服务器处于被动状态，意味着不论什么消息，只要 DHCPv6 服务器接收到，都要立即做出响应。因此，其很容易被网络中非法客户端利用，产生安全隐患。

（1）DHCPv6 欺骗攻击

非法客户端伪造 DHCPv6 请求报文，向 DHCPv6 服务器申请 IPv6 地址，发起 DHCPv6

欺骗攻击。大量伪造 DHCPv6 请求报文导致 DHCPv6 服务器资源耗尽，使合法客户端申请不到 IPv6 地址，如图 11-4 所示。

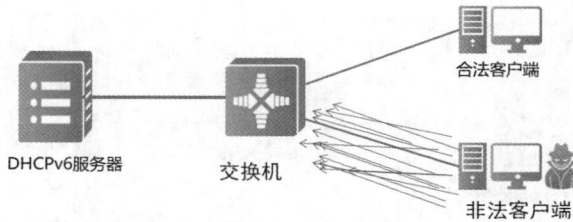

图 11-4　发送大量伪造 DHCPv6 请求报文

（2）伪造 DHCPv6 欺骗

安装非法 DHCPv6 服务器，干扰合法 DHCPv6 服务器工作，导致客户端地址申请被发送到非法 DHCPv6 服务器上，所获取的 IPv6 地址不可用，如图 11-5 所示。

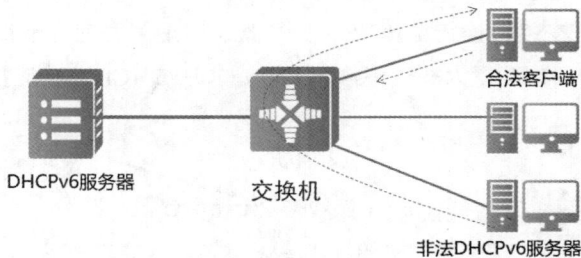

图 11-5　安装非法 DHCPv6 服务器安全事件

3. DHCPv6 Snooping 安全内容

通过 DHCPv6 Snooping 安全技术保护 DHCPv6 服务器安全有以下方法。

（1）过滤非法报文

- 丢弃非信任端口收到的响应报文。
- 仅对来自非信任端口的报文进行合法性检查。
- 丢弃与 SNP（Single Nucleotide Paymorphism）数据库中信息不一致的 Release（释放）、Decline（下降）报文。
- 丢弃 IP、MAC 地址等信息与数据库中不一致的请求报文。

（2）隔离非法服务器

- 连接非信任端口的服务器均属于非法服务器，默认其端口非法。
- 设备仅将客户端请求报文转发至信任端口。
- 设备仅转发从信任端口接收的响应报文。

11.2.2　DHCPv6 欺骗原理

1. DHCPv6 欺骗攻击过程

网络中可能存在多台 DHCPv6 服务器，保证客户端只能从信任 DHCPv6 服务器获取配置参数。DHCPv6 欺骗攻击过程如图 11-6 所示，客户端仅与信任 DHCPv6 服务器通信，只有信任 DHCPv6 服务器的响应报文才允许传输给客户端。

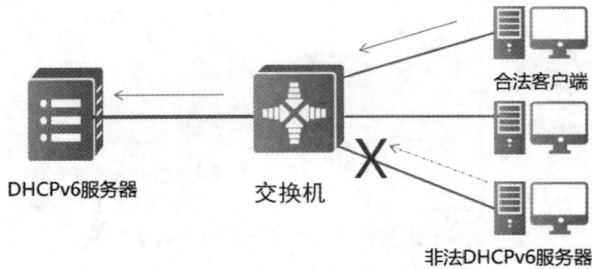

图 11-6　DHCPv6 欺骗攻击过程

2. 开启 DHCPv6 Snooping 安全功能

为了保障 DHCPv6 服务器安全，在交换机上开启 DHCPv6 Snooping 安全功能，监控网络中的 DHCPv6 报文。把交换机连接 DHCPv6 服务器端口配置为信任端口，响应正常 DHCPv6 报文转发服务；其他端口都配置为非信任端口，过滤非法 DHCPv6 响应报文，如图 11-7 所示。

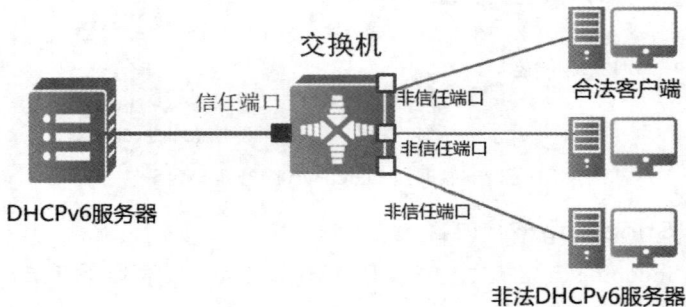

图 11-7　实施 DHCPv6 信任端口

通过如下安全检测过程，开启 DHCPv6 Snooping 安全功能。

首先，在交换机上开启 DHCPv6 Snooping 功能，实现 DHCPv6 监控。

然后，把交换机连接 DHCPv6 服务器端口配置为信任端口，响应正常 DHCPv6 报文转发服务；把交换机连接用户端口配置为非信任端口，过滤非法 DHCPv6 响应报文。

最后，还可以在交换机上开启 IPv6 Source Guard 安全功能，实现非法 IPv6 报文过滤；并设置 IPv6 Source Gurad 安全的匹配模式为"IPv6+MAC"，检查来自非信任端口的 IPv6 报文，检查报文源 IPv6 地址是否和 DHCPv6 分配的 IPv6 地址一致。

如果收到的 IPv6 报文的源 IPv6 地址、连接端口、二层源 MAC 地址与交换机中记录的 DHCPv6 服务器分配记录不匹配，则丢弃报文。

11.2.3　配置 DHCPv6 Snooping 安全

通过实施如下命令，在 IPv6 网络中保护 DHCPv6 服务器安全。

（1）开启 DHCPv6 Snooping 安全功能。

在全局模式下，使用如下命令开启 DHCPv6 Snooping 安全功能。

```
Switch(config)#ipv6 dhcp snooping
```

使用"show ipv6 dhcp snooping"命令查看 DHCPv6 Snooping 安全功能是否打开。

（2）启动 DHCPv6 请求报文过滤功能。

```
Switch(config-if)#ipv6 dhcp snooping filter-dhcp-pkt
```

在接口模式下，通过该命令拒绝该端口下所有 DHCPv6 请求报文。

（3）配置指定 VLAN 的 DHCPv6 Snooping 安全功能。

```
Switch(config)#ipv6 dhcp snooping vlan { vlan-rng | {vlan-min [ vlan-max ] } }
```

其中，各项参数说明如下。

- vlan-rng：DHCPv6 Snooping 安全功能生效 VLAN 范围。

- vlan-min：DHCPv6 Snooping 安全功能生效 VLAN 下限。

- vlan-max：DHCPv6 Snooping 安全功能生效 VLAN 上限。

如：Switch(config)#ipv6 dhcp snooping vlan 1-3。

（4）配置 DHCPv6 Snooping 信任端口。

```
Switch(config-if)#ipv6 dhcp snooping trust
```

在指定的接口上，通过配置该命令，将连接合法 DHCPv6 服务器的接口配为信任端口。其中，信任端口能正常转发 DHCPv6 响应报文；其他没有配置的都为非信任端口，该种类型接口上丢弃所有收到 DHCPv6 相应报文。

（5）查看 DHCPv6 服务器运行情况。

```
Switch#show ipv6 dhcp snooping              //显示 DHCPv6 Snooping 安全配置
Switch#show ipv6 dhcp snooping vlan         //显示 DHCPv6 Snooping 安全没有生效 VLAN
Switch#show ipv6 dhcp snooping binding     //显示绑定数据库动态绑定表项
Switch#show ipv6 source binding
//显示手动添加所有静态绑定表项和 DHCPv6 Snooping 绑定数据库动态绑定表项
```

【案例 11-2】实施 DHCPv6 Snooping 安全。

如图 11-8 所示，某企业 DHCPv6 服务器在交换机上实施 DHCPv6 Snooping 安全，保障客户端通过交换机连接合法 DHCPv6 服务器，动态获取 IPv6 地址。

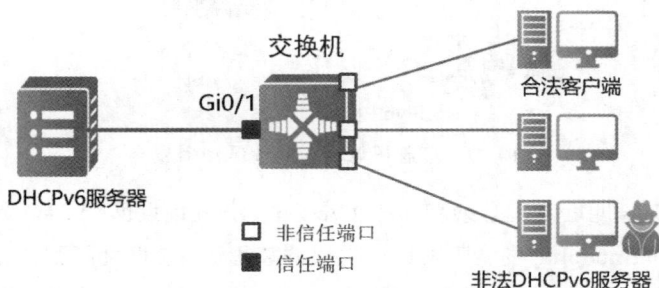

图 11-8　实施 DHCPv6 Snooping 安全，保障 DHCPv6 服务器安全

通过配置如下命令，完成安全配置。

```
Switch#configure terminal
Switch(config)#ipv6 dhcp snooping
Switch(config)#interface GigabitEthernet 0/1
Switch(config-if)#ipv6 dhcp snooping trust
Switch(config-if)#end

Switch#show ipv6 dhcp snooping
DHCPv6 snooping status : ENABLE
DHCPv6 snooping database write-delay time : 0 seconds
DHCPv6 snooping binding-delay time : 0 seconds
DHCPv6 snooping option18/37 status : DISABLE
DHCPv6 snooping link detection : DISABLE
Interface             Trusted     Filter DHCPv6
------------------- --------- ---------------
GigabitEthernet 0/1    YES         DISABLE

Switch #show ipv6 dhcp snooping binding
Total number of bindings: 1
Interface GigabitEthernet 0/1
NO.    MacAddress      IPv6 Address   Lease(sec)   VLAN
----- -------------- -------------- ---------- -----
1     00d0.f801.0101  2001::10        42368         2
//需要激活接口，需要对端连接设备才可以实现上述效果
```

11.2.4 配置 IPv6 Source Guard 安全

1. 什么是 IPv6 Source Guard 安全

为保护 DHCPv6 服务器安全，在交换机上实施 IPv6 Source Guard 安全，对交换机转发 IPv6 报文中的源 IPv6 地址字段进行检查，检查网络中来自 DHCPv6 客户端（合法 IPv6 主机、非法 IPv6 主机）的 IPv6 报文，如图 11-9 所示。

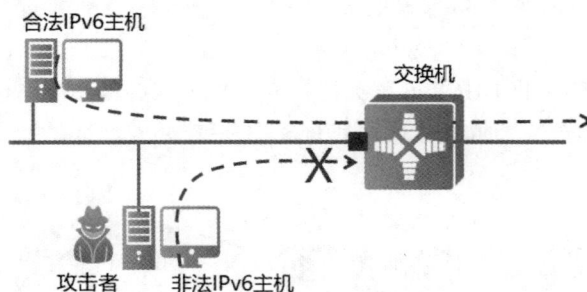

图 11-9　实施 IPv6 Source Guard 安全

其中，IPv6 报文源地址字段必须和 DHCPv6 分配 IPv6 地址匹配。数据帧中源 MAC 地址和交换机上 DHCPv6 Snooping 安全下发给硬件过滤表里 MAC 地址匹配。

通过交换机硬件对转发 IPv6 报文进行过滤，保证交换机的 IPv6 报文过滤数据库中存在对应信息用户才能正常转发，防止伪造 IPv6 报文攻击事件发生。

需要注意的是：IPv6 Source Guard 安全是在 DHCPv6 Snooping 安全基础上实施的进一步

安全检查。也就是说基于端口 IPv6 Source Guard 安全，仅在 DHCPv6 Snooping 安全控制网络内的非信任端口上生效。

2. 配置 IPv6/MAC 欺骗攻击安全

在交换机上开启 IPv6 Source Guard 安全功能，交换机对安全端口上转发报文进行源地址检查。只有源地址字段和 DHCPv6 Snooping 安全生成的绑定用户记录集匹配，或和管理员静态配置的用户集匹配的报文，才能经过端口转发。

首先，在交换机上开启 DHCPv6 Snooping 安全功能，实施 DHCPv6 报文监控。

接下来，设置交换机所有连接终端主机端口为 DHCPv6 非信任端口。并在交换机上开启 IPv6 Source Guard 安全功能，实现 IPv6 报文过滤。

最后，在交换机上设置 IPv6 Source Guard 安全匹配模式为"IPv6+MAC"，让交换机针对 MAC 字段与 IPv6 字段进行综合检查防范。

此外，在安全端口上的匹配模式有以下两种。

① 基于源 IPv6 地址过滤，要求三层 IP 报文中的源 IPv6 字段属于绑定用户记录集中的 IPv6 地址集合，才能通过端口。

② 基于 IPv6+MAC 地址过滤，要求报文中源 MAC 地址与源 IPv6 地址都必须和合法用户集中的某条记录完全匹配，才能通过端口。

（1）启动端口上 IPv6 Source Guard 安全功能。

在接口模式下，启动接口上 IPv6 Source Guard 安全功能。

```
Switch(config-if)#ipv6 verify source port-security
```

首先，通过该命令打开端口 IPv6 Source Guard 安全功能，对用户进行基于 IPv6 的检测，或者进行基于 IPv6+MAC 的检测。需要注意：开启 IPv6 Source Guard 安全功能，还需要启动 DHCPv6 Snooping 安全功能配合。

然后，配置该端口为信任端口。

```
Switch(config-if)#ipv6 verify source trust
```

（2）把静态用户信息绑定到源 IPv6 地址数据库中。

在全局模式下，通过如下命令允许部分用户通过 IPv6 Source Guard 安全检测。

```
Switch(config)#ipv6 source binding mac-address vlan vlan-id ipv6-address
{ interface interface-id | ip-mac | ip-only }
```

其中，各项参数说明如下。

- mac-address：静态添加的用户的 MAC 地址。
- vlan-id：静态添加的用户的 VLAN ID。
- ipv6-address：静态添加的用户的 IPv6 地址。
- interface-id：静态添加的用户所属的有线接入接口 ID。
- ip-mac：全局绑定的类型为 IPv6+MAC 绑定。
- ip-only：全局绑定的类型为仅 IPv6 绑定。

（3）查看源 IPv6 地址绑定数据库的信息。

```
Switch#show ipv6 source binding
```

【案例 11-3】打开交换机 IPv6 Source Guard 安全功能。

按如下应用案例指令，打开交换机上 IPv6 Source Guard 安全功能。

```
Switch(config)#interface GigabitEthernet 0/1
Switch(config-if)# ipv6 verify source port-security
Switch(config-if)#exit
Switch(config)#ipv6 source binding 0001.0002.0006 vlan 1 2008::1 ip-mac
//添加静态用户过滤项

Switch(config)#show ipv6 source binding
Total number of bindings: 7
NO. Filter Type Filter Status IPv6 Address
MACAddress VLAN Type Interface
------ ---------- -----------------------------------
1  IPv6+MAC              Inactive-system-error    2000::127
0001.0002.0003  1  Static                     Global
2  IPv6-ONLY             Active               2008::4
0001.0002.0004  1  DHCPv6-Snooping          GigabitEthernet 0/5
3  IPv6-ONLY             Active               2008::7
0001.0002.0007  1  Static                     Global
4  IPv6+MAC              Active               2008::1
0001.0002.0006  1  Static                     Global
5  UNSET                 Inactive-restrict-off    2008::9
0001.0002.0009  1  DHCPv6-Snooping          GigabitEthernet 0/1
```

常见配置错误：在 DHCPv6 Snooping 安全信任端口上，开启 IPv6 Source Guard 安全功能。

11.3　实施 ND Snooping 安全

ND（Neighbor Discorery，邻居发现）Snooping 安全针对 IPv6 中的 NDP，在二层交换网中实施。

通过侦听用户重复地址检测中 NS 报文，建立 ND Snooping 安全动态绑定表，记录报文源 IPv6 地址、源 MAC 地址、所属 VLAN、入口等信息，防止后续用户实施网关欺骗。

11.3.1　ND Snooping 安全概述

ND 没有安全防范机制，容易被攻击者利用。常见 ND 攻击有以下两种。

1. 地址欺骗攻击

攻击者仿冒其他用户 IPv6 地址，通过发送 NS 报文、NA 报文、RS 报文，发起改写网关地址等欺骗攻击；或者网络中用户 ND 表项被仿冒，造成无法正常接收报文，如图 11-10 所示。

2. RA 攻击

攻击者仿冒网关设备，向用户发送 RA 报文，改写用户设备上 ND 表项，导致合法用户记录错误，造成用户无法通信，如图 11-11 所示。

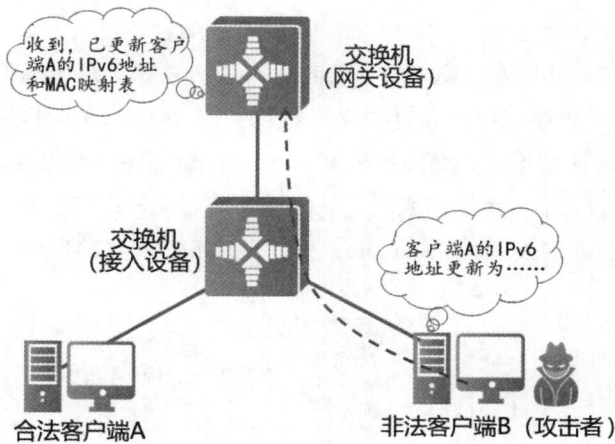

图 11-10　地址欺骗攻击

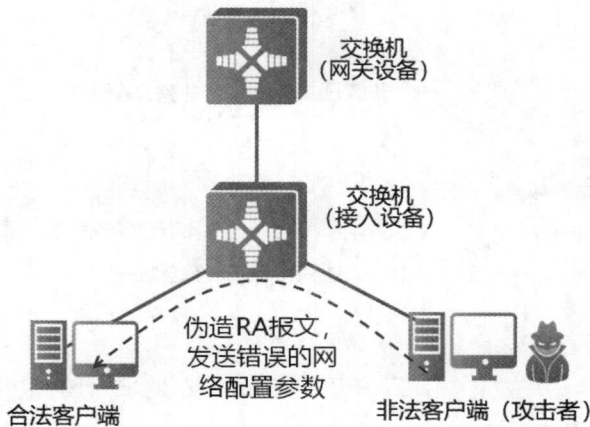

图 11-11　RA 攻击

　　为了避免 ND 攻击带来危害，交换机提供 ND Snooping 安全防护，针对网络中 ND 攻击事件进行安全防范。

11.3.2　ND Snooping 安全原理

　　ND Snooping 安全通过侦听基于 ND 的报文，建立前缀管理表、ND Snooping 动态绑定表。设备根据前缀管理表，管理用户 IPv6 地址。交换机根据 ND Snooping 动态绑定表，过滤从非信任端口上收到的非法 ND 报文，防止 ND 攻击事件发生。

1. 区分 ND Snooping 信任端口/非信任端口

ND Snooping 安全将连接 IPv6 交换机端口分为以下两种角色。

（1）ND Snooping 信任端口

ND Snooping 信任端口连接网络中信任的 IPv6 主机，从该端口上收到的 ND 报文正常转发。同时，交换机根据收到的 RA 报文，建立前缀管理表。

（2）ND Snooping 非信任端口

ND Snooping 非信任端口连接网络中不被信任的 IPv6 主机，从该端口上收到的 RA 报文，交换机认为是非法报文，直接丢弃。针对交换机收到的 NA/NS/RS 报文，如果该端口所在 VLAN 开启 ND 报文合法性检查，交换机根据 ND Snooping 动态绑定表，对 NA/NS/RS 报文进行绑定表匹配检查。当不符合绑定表时，认为该报文是非法报文，直接丢弃；对于其他类型 ND 报文，交换机正常转发。ND Snooping 安全防护如图 11-12 所示。

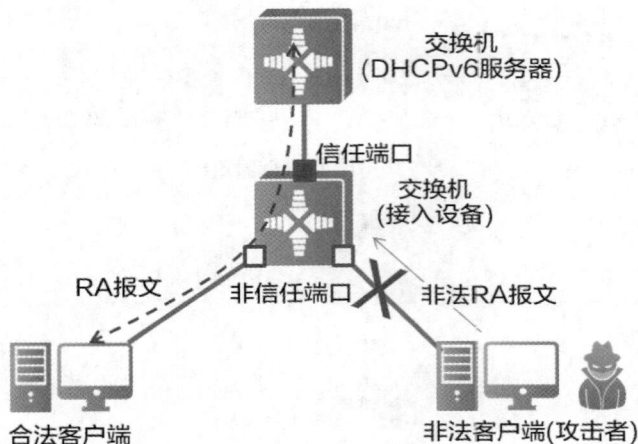

图 11-12　ND Snooping 安全防护

2. 自动生成前缀管理表

通过无状态地址自动配置方法，用户设备获取 IPv6 地址。其中，IPv6 地址根据路由器发送的 RA 报文中网络前缀自动生成。配置 ND Snooping 安全检查后，交换机侦听从 ND Snooping 信任端口上收到的 RA 报文，自动生成前缀管理表，供网络管理员查看，灵活管理用户 IPv6 地址。

3. 更新 ND Snooping 动态绑定表

在交换机上配置 ND Snooping 动态绑定表，包括源 IPv6 地址、源 MAC 地址、所属 VLAN 等信息，帮助交换机从非信任端口上对收到的 NA/NS/RS 报文进行绑定表匹配检查，过滤非法 NA/NS/RS 报文。

通过配置 ND Snooping 安全检查，检查重复地址检测中 NS 报文信息，建立 ND Snooping 动态绑定表；通过检查 NS 报文、NA 报文内容，更新 ND Snooping 动态绑定表。

4. ND Snooping 动态绑定表应用场景

防范地址欺骗攻击场景如图 11-13 所示。攻击者（Attacker）仿冒合法用户，向交换机发送伪造 NA/NS/RS 报文，导致交换机上 ND 表中记录合法用户错误地址映射。因此，攻击者获得原来互联网通过网关发往合法用户的数据。

同时，攻击者又假冒网关，向合法用户发送伪造 NA/NS/RS 报文，导致合法用户中 ND 表记录错误的网关地址映射。攻击者轻易获取合法用户发往互联网的数据信息。

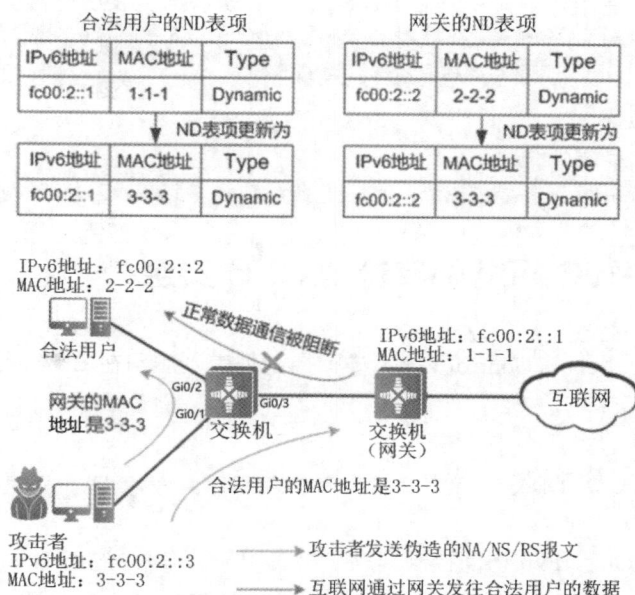

合法用户的ND表项

IPv6地址	MAC地址	Type
fc00:2::1	1-1-1	Dynamic

ND表项更新为

IPv6地址	MAC地址	Type
fc00:2::1	3-3-3	Dynamic

网关的ND表项

IPv6地址	MAC地址	Type
fc00:2::2	2-2-2	Dynamic

ND表项更新为

IPv6地址	MAC地址	Type
fc00:2::2	3-3-3	Dynamic

图 11-13 防范地址欺骗攻击场景

为了防范地址欺骗和攻击事件发生，在交换机的 Gi0/1 和 Gi0/3 端口上部署 ND Snooping 安全检查，将交换机与网关相连端口 Gi0/3 置为信任端口；在连接用户端口 Gi0/1 上开启 ND Snooping 安全检查功能。

从交换机的 Gi0/1 端口收到 NA/NS/RS 报文，交换机根据生成 ND Snooping 动态绑定表，匹配检查到非法报文则直接丢弃，避免伪造的 NA/NS/RS 报文带来危害。

11.3.3 配置 ND Snooping 安全

默认情况下，在 IPv6 网络中交换机上所有端口均为信任端口。配置 ND Snooping 安全检查，将交换机端口分为信任端口和非信任端口。

通过如下配置，完成 ND Snooping 安全配置操作。

（1）开启 ND Snooping 安全功能。

在接口模式下，使用如下命令开启 ND Snooping 安全功能。

```
Switch(config-if)#ipv6 nd snooping enable    //开启 ND Snooping 安全功能
```

（2）配置 ND Snooping 信任端口。

在接口模式下，使用如下命令完成 ND Snooping 信任端口配置。

```
Switch(config-if)#ipv6 nd snooping trust     //配置该端口为信任端口
```

（3）配置 NDP 报文合法性检查。

在接口模式下，使用如下命令完成 NDP 报文合法性检查配置。

```
Switch(config-if)#ipv6 nd snooping check address-resolution    //开启报文合法性
检查
```

在接口模式下，使用如下命令开启 ND Snooping 动态绑定表检查告警功能。

```
Switch(config-if)#ipv6 nd snooping bind warning-threshold 15-100
//开启 ND Snooping 动态绑定表检查告警功能
```

（4）查看配置结果。

查看 ND 用户的前缀管理表项。

```
Switch#Show ipv6 nd snooping [binding | log | prefix |packet ]
```

11.4　在 IPv6 网络中实施 ACL6 安全

通常说的 ACL（Access Control List，访问控制列表）应用在 IPv4 网络中，在 IPv6 网络中应用的是 ACL6。

11.4.1　ACL6 概述

ACL6（IPv6 ACL，IPv6 访问控制列表）指在 IPv6 网络中过滤 IPv6 报文的访问控制列表技术。ACL6 对进出 IPv6 网络中 IPv6 报文进行控制，阻止或允许特定 IPv6 报文进入网络，达到控制 IPv6 网络中特定的用户访问网络的目的。

ACL6 通过配置规则对特定 IPv6 数据包进行过滤。根据设定策略，允许或禁止相应 IPv6 数据包通过。和 IPv4 网络中实施 ACL 规则一样，ACL6 规则对 IPv6 数据包分类，网络设备根据这些规则，判断哪些 IPv6 数据包可以接收，哪些 IPv6 数据包应该拒绝。

11.4.2　ACL6 规则匹配方式

1. ACL6 匹配内容

ACL6 匹配内容与 IPv4 中 ACL 的相同，也使用 IPv6 数据包中组成元素来控制 IPv6 数据包通过与否。IPv6 数据包中组成元素如图 11-14 所示，其能标识某数据包"来龙"（即源地址、源端口）、"去脉"（即目的地址、目的端口）和通信方式（协议号），唯一标识某一个 IPv6 数据包。

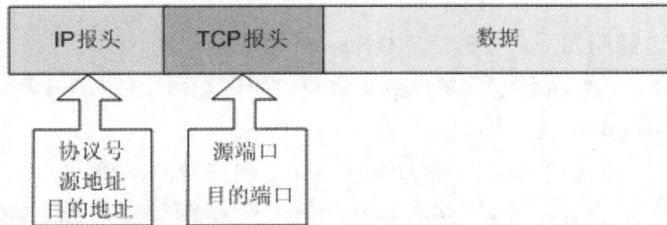

图 11-14　IPv6 数据包中组成元素

2. ACL6 匹配顺序

在 ACL6 规则中，可以包含多条规则，允许匹配不同 IPv6 报文。同样，在匹配 IPv6 报文时也会出现匹配顺序问题。因此，规则的输入次序非常重要，它决定该规则在 ACL6 中的优先级，找到匹配 IPv6 报文的规则后，便不再检查其他规则。

根据如下命令创建一条 ACL6 规则，允许所有 IPv6 数据通过，后面语句将不被检查。

```
Router(config)#ipv6 access-list ipv6_acl_name      //创建名称为ipv6_acl-name的规则
Router (config-ipv6-nacl)#permit ipv6 any any       //允许所有 IPv6 报文通过
Router (config-ipv6-nacl)#deny ipv6 host 200::1 any   //拒绝 2001::1 报文通过
```

第一条规则允许所有 IPv6 报文通过，从主机 200::1 上发出 IPv6 报文无法和后面的 deny 规则匹配。设备在检查到报文和第一条规则匹配后，便不再检查后面规则。

11.4.3 配置 ACL6 规则

配置 ACL6 规则的步骤如下。

（1）创建 ACL6。

在配置模式下，使用如下命令创建一个 ACL6。

```
Router(config)#ipv6 access-list acl-name              //进入 ACL6 配置模式
```

（2）配置 ACL6 规则。

在 ACL6 配置模式下，使用如下命令配置一条 ACL6 规则。

```
Router (config-ipv6-nacl)#[sn] {permit | deny }protocol {src-ipv6-prefix/
prefix-len | host src-ipv6-addr | any} {dst-ipv6-pfix/pfix-len | host dst-ipv6-addr
| any} [op dstport | range lower upper ] [dscp dscp] [flow-label flow-label] [fragment]
[time-range tm-rng-name]
```

其中，各项参数说明如下。

- sn：规则表序号，取值范围为 1 ~ 2 147 483 647。
- permit：表示规则允许通过。
- deny：表示规则禁止通过。
- protocol：IPv6。
- src-ipv6-prefix/prefix-len：表示匹配某一个 IPv6 网段内主机发出的报文。
- host src-ipv6-addr：表示匹配源 IP 地址为某一台主机发出 IPv6 的报文。
- any：表示匹配任意主机发出的 IPv6 报文。
- dst-ipv6-pfix/pfix-len：表示匹配某一 IPv6 网段内接收主机的 IPv6 报文。
- host dst-ipv6-addr：表示匹配某一接收主机的 IPv6 报文。
- any：表示匹配发往任意主机的 IPv6 报文。
- op dstport：表示匹配 TCP 或 UDP 报文中目的端口，op 参数可以是 eq、neq、gt、lt，对应等于、不等于、大于、小于 4 个不同操作。
- range lower upper：表示匹配 TCP 或 UDP 报文中某个范围内端口。
- dscp dscp：表示匹配 IPv6 报头 dscp 域。
- flow-label flow-label：表示匹配 IPv6 报头流标签域。
- fragment：表示匹配非首片（非第一个报文）的 IPv6 分片报文。

- time-range tm-rng-name：在指定时间区间内该规则才生效。

（3）应用 ACL6。

在接口模式下，使用如下命令让 ACL6 在指定接口上生效。

```
Router(config-if)#ipv6 traffic-filter acl-name { in | out }
```

其中，各项参数说明如下。

- acl-name：ACL6 名称。
- in：表示对进入该接口的 IPv6 报文进行控制。
- out：表示对从该接口发出的 IPv6 报文进行控制。

（4）查看规则。

```
Router#show access-lists [acl-ame]          //查看基本 ACL6
Router#show ipv6 traffic-filter [interface interface-name_]        //显示接口上
应用 ACL6
```

（5）关于隐含"拒绝所有 IPv6 数据流"规则。

在每条 ACL6 末尾，隐含着一条"拒绝所有 IPv6 数据流"规则。

```
Router(config)#ipv6 access-list ipv6_acl
Router (config-ipv6-nacl)#permit ipv6 host 200::1 any
```

这条 ACL6 最后包含一条规则：deny ipv6 any any。

需要注意的是：ACL6 默认拒绝所有 IPv6 报文，但不会过滤 ND 报文。

【技术实践 1】使用 ACL6 安全实现 IPv6 网络之间安全访问

【任务描述】

如图 11-15 所示，通过配置 ACL6 安全禁止开发部计算机访问网络中心视频服务器。

【设备清单】

三层交换机（若干）、网线（若干）、测试主机（若干）。

【实施步骤】

详细配置步骤如下。

（1）按照拓扑完成网络场景组建。

尽量按照拓扑上接口连接组网，如果有接口变化，修改相应接口名称，配置信息不变。

图 11-15 禁止开发部计算机访问网络中心视频服务器

（2）配置 ACL6 规则。

```
Switch#configure terminal
Switch(config)#ipv6 access-list deny-ipv6-video   //创建 ACL6
Switch(config-ipv6-nacl)#deny ipv6 any host 2C01::1   //禁止访问视频服务器
Switch(config-ipv6-nacl)#permit ipv6 any any  //允许其他所有 IPv6 报文通过
Switch(config-ipv6-nacl)#exit
```

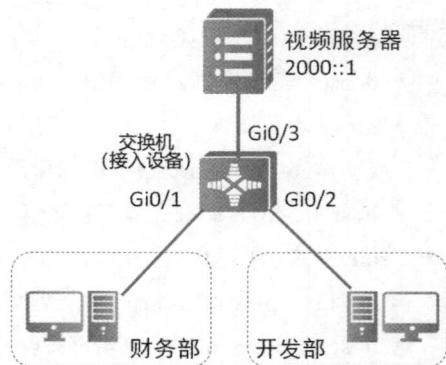

（3）将 ACL6 应用在开发部接口入口方向。

```
Switch(config)#inerfaceGigabitEthernet 0/2
Switch(config-if-GigabitEthernet 0/2)#ipv6 traffic-filter deny-ipv6-video in
Switch(config-if-GigabitEthernet 0/2)#exit

Switch(config)#show access-lists
……
Switch(config)#show access-group
……
```

（4）测试效果。

通过以下方法检验 ACL6 配置效果。

① 通过 ping 方式检查 ACL6 是否在指定接口上生效。如 ACL6 里配置禁止某台 IPv6 主机或某个 IPv6 地址范围内主机访问网络，通过 ping 方式验证。

② 通过访问网络资源方式检验 ACL6 是否在指定接口上生效，如访问 IPv6 网站。从开发部某台主机上 ping 视频服务器，确认 ping 不通。

【技术实践 2 】使用 ND Snooping 安全保护 DHCPv6 服务器

【任务描述】

某部门使用交换机连接网关，实现 DHCPv6 中继。由于网络中没有部署 DHCPv6 服务器，部门主机只能通过无状态地址自动配置方法获取 IPv6 地址。如果网络中有攻击，发送非法 NA/NS/RS/RA 报文，存在用户无法获取 IPv6 地址安全隐患。希望在交换机中对非法 NA/NS/RS/RA 报文实施有效防范，提供安全的网络环境。配置 ND Snooping 安全场景如图 11-16 所示。

【设备清单】

三层交换机或路由器（若干）、网线（若干）、测试主机（若干）。

【实施步骤】

本任务的配置步骤如下。

（1）按照拓扑完成网络场景组建。

尽量按照拓扑上接口连接组网，如果有接口变化，修改相应接口名称，配置信息不变。

（2）在交换机上创建 VLAN 10，分配接口到 VLAN 中。

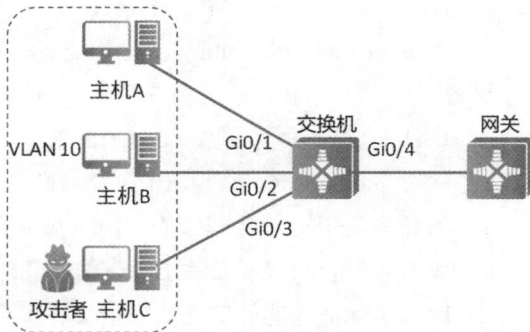

图 11-16　配置 ND Snooping 安全场景

```
Switch#config terminal
Switch(config)#vlan 10
Switch(config-vlan)#exit
Switch(config)#interface range Gigabitethernet 0/0-3
Switch(config-if-range)#switch access vlan10
Switch(config-if-range)#exit
```

（3）在交换机上开启 ND Snooping 安全功能。

```
Switch(config)#ipv6 nd snooping enable      //开启 ND Snooping 安全功能
Switch(config)#interface vlan 10
Switch(config-if)#ipv6 nd snooping enable   //开启 ND Snooping 安全功能
Switch(config-if)#exit
```

（4）在交换机上配置连接网关端口为 ND Snooping 信任端口。

```
Switch(config)#interface Gigabitethernet 0/4
Switch(config-if)#ipv6 nd snooping trust
Switch(config-if)#ipv6 nd snooping check address-resolution
//开启报文合法性检查功能
Switch(config-if)#ipv6 nd snooping bind warning-threshold 15-100
//开启 ND Snooping 动态绑定表检查告警功能
Switch(config-if)#exit
```

（5）验证配置结果。

```
Switch#Show ipv6 nd snooping binding
......
Switch#Show ipv6 nd snooping prefix
......
```

【认证测试】

下列选择题中每题都只有一个正确选项，把其挑选出来。

1. 在 IPv6 交换机上设置端口最多安全地址个数最大值为（　　）。

A. 64　　　　　　　　B. 128　　　　　　　　C. 256　　　　　　　　D. 不一定

2. 在 IPv6 交换机上设置端口安全，下面（　　）方式不是违例方式。

A. protect　　　　　　B. restrict　　　　　　C. shutdown　　　　　D. forward

3. 开启 DHCPv6 Snooping 安全功能后，不但可以防止 DHCPv6 服务器被冒充，还可以通过配置（　　）功能，禁止用户私设 IPv6 地址。

A. DAI　　　　　　　B. IP-CHECK　　　　　C. IP Source Guard　　D. CPP

4. 有关 ip dhcp snooping trust 命令，说法错误的是（　　）。

A. 该命令用于防止从非法的 DHCP 服务器获得的 IP 地址被绑定

B. 所谓 snooping 实际上就是对 DHCP 报文进行窥探，并记录相关信息

C. 启用了此命令的端口上收到报文将不会被窥探

D. 配置 DHCP Server 必须配置该选项

5. ACL6 是根据（　　）来判断数据报的合法性的。

A. 源地址　　　　　　　　　　　　　　　　B. 目的地址

C. 源地址和目的地址　　　　　　　　　　　D. 源地址及端口号

单元12

掌握IPv6 over IPv4过渡技术

12

【技术背景】

在 IPv6 成为主流协议前，IPv6 网络需要穿越 IPv4 网络才可以实现 IPv6 网络之间通信，如图 12-1 所示。

在 IPv4 向 IPv6 过渡期间，使用隧道技术实现 IPv6 穿越 IPv4（IPv6 over IPv4），保证 IPv4 网络能够平稳过渡到 IPv6 网络。除隧道技术外，还出现了多种 IPv6 over IPv4 过渡技术，这些技术各有特点，解决 IPv4 向 IPv6 过渡期间 IPv6 网络通信问题。

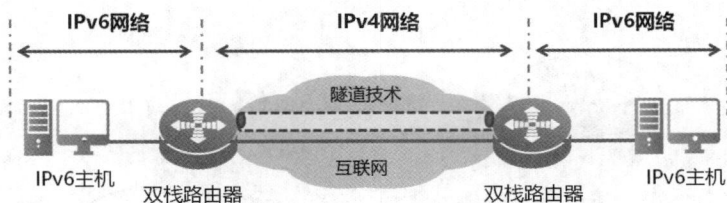

图 12-1　IPv4 向 IPv6 过渡的隧道技术

【学习目标】

在本单元中，学生需要掌握 IPv6 over IPv4 过渡技术。具体学习目标如下。

1．知识目标

（1）了解 IPv6 over IPv4 过渡技术。

（2）了解双协议栈技术。

（3）了解各种隧道技术。

2．技能目标

学会配置隧道，实现 IPv6 over IPv4 过渡。

3．素养目标

（1）了解我国互联网接入技术发展历程，树立科技强国信念，有维护国家网络主权和保障国家安全责任感。

（2）能保持工作环境干净、物料放置地整洁，遵守 6S 现场管理标准。

（3）学会和同伴友好沟通，建立团队协作关系。小组实训中，做到任务明确，分工合理，落实到位，工作有序。

【技术介绍】

12.1　了解 IPv6 over IPv4 过渡技术

在很长一段时间内，IPv4 和 IPv6 共存。如何实现 IPv4 平滑、无缝地向 IPv6 过渡，是解决 IPv4 向 IPv6 过渡期间问题的工作重点。

12.1.1　IPv6 网络部署进程

通常将 IPv4 向 IPv6 过渡分为 3 个阶段：孤岛阶段、共存阶段、主导阶段。

1. 孤岛阶段

在孤岛阶段，IPv4 网络占绝对地位，出现若干孤岛 IPv6 网络，采用隧道技术实现孤岛 IPv6 网络之间通信，把孤岛 IPv6 网络通过 IPv4 网络互联在一起，如图 12-2 所示。

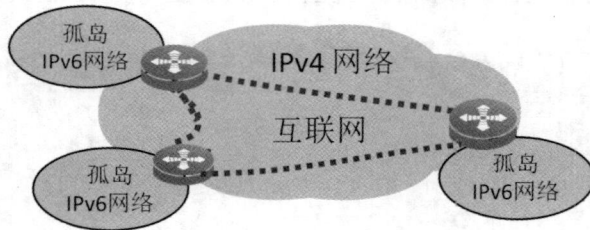

图 12-2　孤岛阶段

2. 共存阶段

随着 IPv6 技术应用，出现若干骨干 IPv6 网络，但不同的 IPv6 网络之间仍需要通过 IPv4 网络连接到一起，因此进入 IPv6 网络与 IPv4 网络共存阶段。在共存阶段，不但需要使用双栈技术、隧道技术实现 IPv4 网络和 IPv6 网络互联通信，还可以通过实施网络协议转换技术实现通信，如图 12-3 所示。

3. 主导阶段

当 IPv6 技术发展到主导阶段，骨干网全是 IPv6 网络。在 IPv6 网络主导阶段，此时的 IPv4 网络成为孤岛网络，采取隧道技术解决 IPv4 网络穿越 IPv6 网络通信问题，如图 12-4 所示。

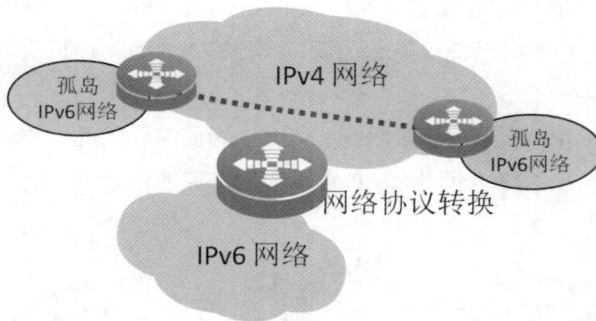

图 12-3　共存阶段

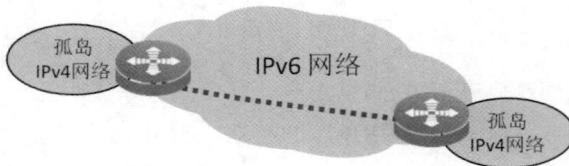

图 12-4　主导阶段

12.1.2　IPv6 过渡技术简介

IPv4 通过 3 种过渡技术向 IPv6 平稳过渡，分别是：双协议栈技术、隧道技术、网络地址转换-协议转换技术。

1. 双协议栈技术

双协议栈（Dual Stack）指一个节点同时支持 IPv4 通信和 IPv6 通信，称为双栈节点，如图 12-5 所示。

双协议栈技术是 IPv6 over IPv4 过渡技术中应用最广泛的技术之一，更是其他过渡技术的基础。只要网络中主机或路由器设置成双栈节点，就能够与其他直接相连节点通信。

图 12-5　双协议栈技术

双协议栈技术的优点是：网络部署简单，提供 IPv4 和 IPv6 完全兼容。

双协议栈技术的缺点是：每个双栈节点必须拥有一个合法 IPv4 地址，这丝毫没有缓解 IPv4 地址紧缺局面；另外，节点不仅要支持 IPv4，也要支持 IPv6。所以，对双栈节点的性能要求较高，维护的复杂度加大。

2. 隧道技术

隧道（Tunnel）技术借助 IPv4 网络实现 IPv6 网络中的站点之间通信机制。

通过隧道技术将 IPv6 分组封装在 IPv4 分组中，即把 IPv6 分组看成 IPv4 分组中的数据载荷部分。然后，通过 IPv4 网络传输 IPv6 信息。该 IPv4 分组到达目的网络后，又被解封装，恢复到最初的 IPv6 分组形态。

隧道技术依托现有 IPv4 网络，实现 IPv6 网络之间通信。因此，要求 IPv4 网络两端设备必须是双协议栈设备，连接 IPv4 网络和 IPv6 网络，并实现对 IP 报文进行封装和解封装，如图 12-6 所示。

图 12-6　隧道技术

隧道技术的优点是：对孤岛 IPv6 网络而言，这个隧道是透明的；充分利用现有 IPv4 网络，减少网络投资；此外，在 IPv6 网络过渡的后期，当 IPv6 网络占据主导地位的时候，也可以实现 IPv4 孤岛网络之间的通信。

隧道技术的缺点是：通信隧道对设备的要求高，也不能实现 IPv4 网络和 IPv6 网络之间直接通信。因此，隧道技术只适用于 IPv6 over IPv4 过渡初期和后期 IPv4 over IPv6 过渡网络部署。

3．网络地址转换-协议转换技术

在过渡早期，IETF 推荐双协议栈和隧道技术，却没有真正推动 IPv4 网络到 IPv6 网络的过渡。由于 IPv4 业务在很长一段时间仍存在，只能以缓慢的速度逐步过渡到 IPv6 网络。这就给 IPv6 网络推广带来难题：因为 IPv6 网络中的用户无法直接访问 IPv4 网络中的资源，反过来也一样。如何才能解决 IPv4 网络与 IPv6 网络之间主机互访问题？

网络地址转换-协议转换（Network Address Translation-Protocol Translation，NAT-PT）技术及时地解决了 IPv4 网络与 IPv6 网络之间主机互访的难题，其也称为 IPv4/IPv6 转换技术，如图 12-7 所示。

图 12-7　NAT-PT 技术

NAT-PT 是 IETF 提出的解决 IPv4/IPv6 网络之间互通问题方案，该方案直接转换两种协议，进行数据包封装，实现两种协议互通。简单地说，就是将 IPv4 地址和 IPv6 地址分别看成传统 NAT 技术中的内部地址和外部地址，或者相反。

NAT-PT 技术的优点是：不需要对现有 IPv4 网络或 IPv6 网络进行改造和升级，只需要在边界网关上配置 NAT-PT 技术，即可实现 IPv4 网络和 IPv6 网络互相访问。

NAT-PT 技术的缺点是：每次实施 NAT-PT 技术时，都会带来延迟；NAT-PT 技术会破坏 IP 网络中端到端的路径跟踪。

此外，在一些高层协议中，如果采用网络层加密和数据完整性保护，会导致 NAT-PT 技术失效。在现有网络中大规模部署 NAT-PT 技术变得不大可能。目前 IETF 已不再重点推荐 NAT-PT 技术大规模实施。

12.2 了解双协议栈技术

双协议栈技术是最重要的过渡技术之一，安装在两种网络的边界，同时支持 IPv4 和 IPv6。如图 12-8 所示，连接双协议栈网络的边界上，同时配置 IPv4 地址和 IPv6 地址。双协议栈技术是 IPv4 向 IPv6 过渡的基础技术，其他的过渡技术都以此为基础。

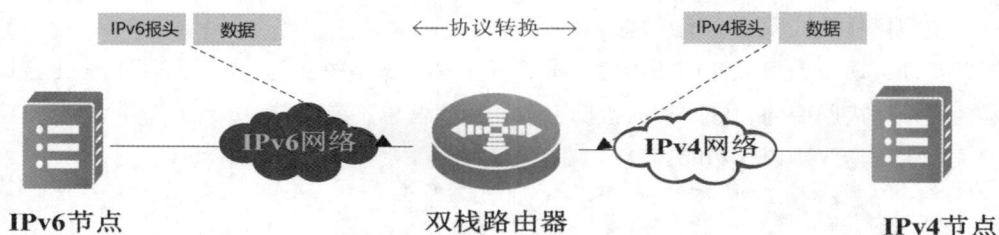

图 12-8　双协议栈路由场景

1. 什么是双协议栈技术

双协议栈技术要求网络通信的边界同时支持 IPv4 和 IPv6。与 IPv6 节点通信使用 IPv6，与 IPv4 节点通信使用 IPv4，实现与 IPv4 网络和 IPv6 网络互联。

2. 配置双协议栈

在 IPv4 与 IPv6 网络边界，配置双协议栈，同时配置接口上 IPv4 地址和 IPv6 地址。

（1）开启接口 IPv6 报文转发功能。

在接口模式下，使用如下命令开启接口上 IPv6 报文转发功能。

```
Switch(config-if)#ipv6 enable
```

（2）配置接口上的 IPv4 地址和 IPv6 地址。

在接口模式下，使用如下命令给双协议栈设备的接口配置 IPv4 地址。

```
Switch(config-if)#ip addressip-address mask
```

在接口模式下，使用如下命令给双协议栈设备的接口配置 IPv6 地址。

```
Switch(config-if)#IPv6 address auto link-local
//配置接口自动链路本地地址
Switch(config-if)#IPv6 address IPv6-address link-local
//配置接口自定义链路本地地址
Switch(config-if)#IPv6 address IPv6-address prefix-length
//配置全局单播地址
Switch(config-if)#IPv6 address [IPv6-address prefix-length ] eui-64
//配置 IPv6 EUI-64 地址
```

（3）检查配置结果。

```
Switch#show IPv6 interface [interface-number | brief ]
......
```

【案例 12-1】实施双协议栈技术。

如图 12-9 所示，在双栈节点上启用双协议栈功能。

图 12-9　双协议栈技术

（1）按照拓扑完成网络场景组建。

依据实训环境，也可以使用路由器完成，部分操作做相关变化。尽量按照拓扑上接口连接组网，如果有接口变化，修改相应接口名称，配置信息不变。

（2）配置设备双协议栈功能。

```
Switch(config)#Interface Gigabitethernet 0/0
Switch(config-if)#no switch
Switch(config-if)#ip addressress 192.168.1.1 255.255.255.0
Switch(config-if)#exit

Switch(config)#Interface Gigabitethernet 0/1
Switch(config-if)#no switch
Switch(config-if)#ipv6 enable
Switch(config-if)#IPv6 address 2001::1/64  //配置 IPv6 地址
Switch(config-if)#exit
```

12.3　掌握 IPv6 over IPv4 隧道技术

隧道技术是将 IPv6 报文封装在 IPv4 报文中，让 IPv6 数据包穿过 IPv4 网络进行通信，隧道技术只需要在隧道的入口和出口处进行修改，对其他部分没有要求，容易实现。隧道技术的缺点是，它不能实现 IPv4 主机与 IPv6 主机的直接通信。

12.3.1　IPv6 over IPv4 隧道技术概述

IPv4 向 IPv6 过渡初期，IPv6 网络是散落在 IPv4"海洋"中的"孤岛"。通过隧道技术，把 IPv6 报文封装为 IPv4 报文，在 IPv4 网络中传输，实现 IPv6 网络之间的通信。

1. 什么是隧道

隧道是一种封装技术，利用一种网络协议来封装，传输另一种网络协议。即利用一种网络协议，将其他协议产生的数据报文封装在自身报文中，然后在网络中实现传输。图 12-10

所示为隧道传输的场景。

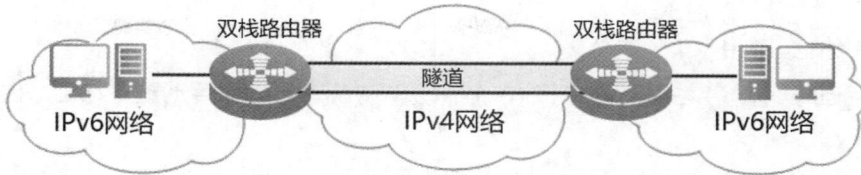

图 12-10　隧道传输的场景

在隧道封装过程中，首先在通信两端建立一条虚拟、点到点隧道连接；通常在一条隧道两端，分别对传输的 IP 数据报文进行封装及解封装。

2. 什么是 IPv6 over IPv4 隧道技术

在 IPv4 向 IPv6 过渡早期，IPv6 网络是散落的孤岛网络，通过 IPv6 over IPv4 隧道技术，实现 IPv6 孤岛网络通信。其中，IPv6 over IPv4 隧道是一种基于 IPv4 网络，传送 IPv6 报文的隧道封装技术。IPv6 over IPv4 隧道技术将 IPv6 报文封装在 IPv4 报文中，通过隧道穿越 IPv4 网络，实现 IPv6 孤岛网络之间的互联。

3. IPv6 over IPv4 隧道技术原理

IPv6 over IPv4 隧道技术要求隧道两端设备支持两种协议的双栈，如图 12-11 所示，孤岛 IPv6 网络通过 IPv6 over IPv4 隧道技术通信。

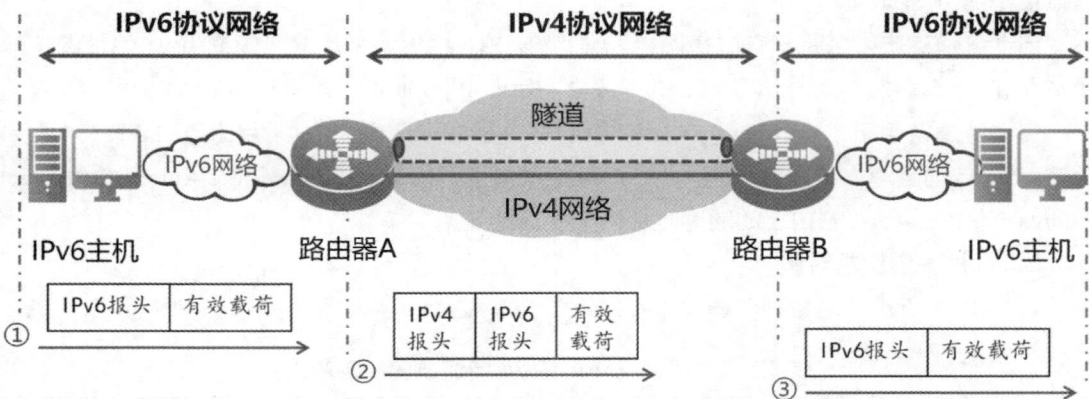

图 12-11　IPv6 over IPv4 隧道技术原理

首先，在网络边界路由器 A 上，启动双协议栈，在接口分别配置 IPv4 地址和 IPv6 地址。连接 IPv4 网络接口上，配置 IPv6 over IPv4 隧道。

来自 IPv6 主机的 IPv6 报文经过 IPv6 网络，到达网络边界路由器 A 上，即隧道源端设备。路由器 A 收到 IPv6 报文后，如果目的地址不是自身且下一跳出接口为隧道接口，就把收到的 IPv6 报文作为数据载荷对待，添加 IPv4 报头，封装成 IPv4 报文。

封装后的 IPv4 报文通过隧道物理接口转发出去，通过 IPv4 网络传输，到达隧道目的设备路由器 B 上。最后，隧道对端路由器 B 对收到的 IPv4 报文进行解封装，去掉 IPv4 报头，还原出隧道中封装的 IPv6 报文。解封装后的 IPv6 报文，根据目的 IPv6 地址转发到 IPv6 网络中。

4. IPv6 over IPv4 隧道分类

根据隧道获取 IPv4 地址不同，将 IPv6 over IPv4 隧道分为：手动隧道和自动隧道。

（1）手动隧道

手动隧道即隧道终点设备不能从 IPv6 报文的目的地址中自动获得隧道终点设备的 IPv4 地址，需要通过手动配置方法获取隧道终点设备的 IPv4 地址，保障封装的隧道报文正确传输到隧道终点。

图 12-12 所示为 IPv6 over IPv4 手动隧道报文封装格式。

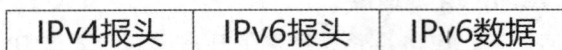

IPv4报头	IPv6报头	IPv6数据

图 12-12　IPv6 over IPv4 手动隧道报文封装格式

手动隧道通常用于路由器到路由器之间隧道连接，根据 IPv6 报文封装不同，手动隧道又分为：IPv6 over IPv4 手动隧道和 IPv6 over IPv4 GRE（Generic Routing Encapsulation，通用路由封装）隧道。

（2）自动隧道

自动隧道即在网络边界设备上自动获得隧道终点设备的 IPv4 地址，不需要手动配置隧道终点设备的 IPv4 地址。

自动隧道实施方案是：在隧道两端配置特殊 IPv6 地址，采用的是内嵌 IPv4 地址的特殊 IPv6 地址，隧道终端设备就可以从 IPv6 报文的目的 IPv6 地址中提取出 IPv4 地址。

自动隧道常用于主机到主机，或者主机到路由器之间隧道连接。常用的自动隧道有：IPv4 兼容 IPv6 自动隧道（简称自动隧道）、6to4 自动隧道、ISATAP（Intra-Site Automatic Tunnel Addressing Protocol，站内自动隧道寻址协议）自动隧道。

5. 几种隧道技术对比

如表 12-1 所示，对各种隧道技术参数进行简单对比。

表 12-1　IPv6 over IPv4 隧道技术参数对比

隧道技术	隧道源/目的地址	隧道接口地址
IPv6 over IPv4 手动隧道	源/目的地址为手动配置的 IPv4 地址	IPv6 地址
IPv6 over IPv4GRE 隧道	源/目的地址为手动配置的 IPv4 地址	IPv6 地址
IPv4 兼容 IPv6 自动隧道	源地址为手动配置的 IPv4 地址，目的地址不需要配置	IPv4 兼容 IPv6 地址，其格式为::IPv4-source-address/96
6to4 自动隧道	源地址为手动配置的 IPv4 地址，目的地址不需要配置	6to4 地址，其格式为 2002:IPv4-source-address::/48
ISATAP 自动隧道	源地址为手动配置的 IPv4 地址，目的地址不需要配置	ISATAP 地址，其格式为 Prefix:0:5EFE:IPv4-source-address/64

12.3.2 IPv6 over IPv4 GRE 隧道技术

1. 什么是 GRE 隧道

GRE 协议对网络层协议（如 IPX、IPv6 等）的数据报文进行封装，被封装的报文能够在另一个网络层协议（如 IPv4 等）中传输。图 12-13 所示为 GRE 隧道传输场景，在 GRE 隧道中，需要手动指定隧道终点地址。

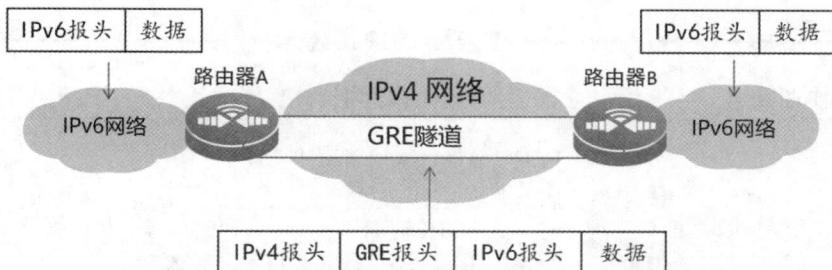

图 12-13　GRE 隧道传输场景

其中，IPv6 over IPv4 的隧道技术是 GRE 隧道技术应用的一个子集，是在 IPv4 网络向 IPv6 过渡中应用的一项重要的过渡技术，下面首先了解 GRE 隧道技术特征。

2. GRE 隧道特点

标准的 GRE 隧道技术提供点到点连接服务，如图 12-14 所示。在 GRE 隧道中，将一种协议报文封装在另一种协议报文中，GRE 隧道是一种三层隧道封装技术，封装后的报文通过 GRE 隧道透明传输，解决不同协议网络中信息传输问题。

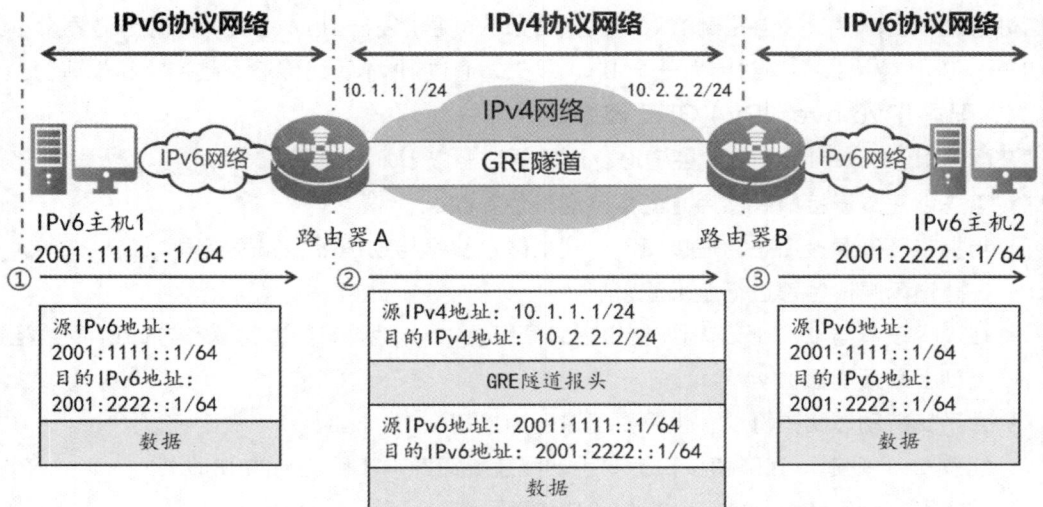

图 12-14　点到点的 GRE 隧道

与 IPv6 over IPv4 手动隧道相同，在 GRE 隧道中，使用标准的 GRE 协议对 IPv6 报文进行封装，使 IPv6 报文通过隧道穿越 IPv4 网络。

IPv6 over IPv4 GRE 隧道基于 GRE 隧道技术封装报文，具有通用性好、易于理解等优点。但 GRE 隧道是一种手动隧道技术，在接入网络中的站点数量多时，需要管理人员逐个手动配置隧道，隧道维护难度上升。

3. GRE 隧道通信原理

使用标准的 GRE 隧道在 IPv4 网络边界设备上封装 GRE 协议，承载 IPv6 数据报文，提供点到点连接。如图 12-15 所示，IPv6 over IPv4 过渡期间，使用 GRE 隧道封装和传输。

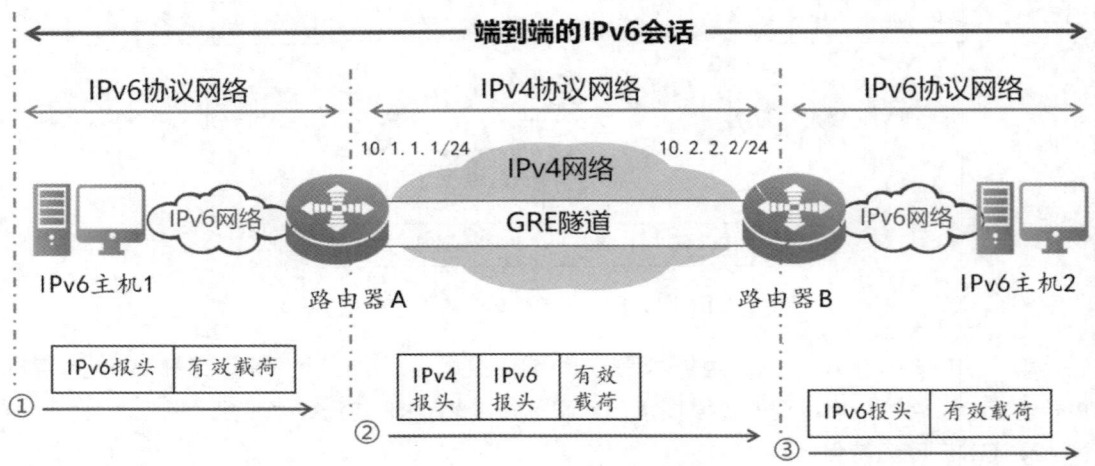

图 12-15　IPv6 over IPv4 GRE 隧道封装和传输

网络边界路由器 A、路由器 B 为双协议栈设备，通过跨由器 A、路由器 B 连接 IPv4 网络和两个 IPv6 网络，在它们之间建立一条 IPv6 over IPv4 的隧道，实现两个 IPv6 网络穿越 IPv4 网络进行通信。其中，来自左侧 IPv6 网络中的 IPv6 主机发出 IPv6 报文，在网络边界设备上添加一个 IPv4 隧道报头，封装为一个 IPv4 报文，通过 IPv4 网络传输到隧道的终端解封装。

4. 配置 IPv6 over IPv4 GRE 隧道

在配置 IPv6 over IPv4 GRE 隧道时，还需要注意以下几种情况。

- 首先创建隧道接口，然后才配置隧道其他参数。
- 当指定隧道源接口是物理接口时，建议隧道编号与物理接口编号相同。
- 在隧道两端设备都进行全部配置。
- 在边界设备与 IPv6 网络相连接口上必须配置 IPv6 地址；在边界设备与 IPv4 网络相连接口上必须配置 IPv4 地址。
- 为了支持动态路由协议，也需要配置隧道接口上 IP 地址。
- 配置 GRE 隧道，在隧道接口上要手动配置隧道源端和目的端的 IP 地址。

通过如下命令完成 IPv6 over IPv4 GRE 隧道配置。

（1）创建隧道接口。

在全局模式下，使用如下命令创建隧道接口，指定隧道号。

```
Router(config)#interface tunnel tunnel-num
```

（2）指定隧道为 GRE 隧道模式。

在隧道模式下，指定隧道为 GRE 隧道，指定隧道承载协议是 IPv4 或 IPv6。

```
Router(config-if-Tunnel-id)#tunnel mode GRE {ip |IPv6}
```

（3）指定隧道源地址。

如果指定接口，那么接口上必须配置 IP 地址。

```
Router(config-if-Tunnel-id)#tunnel source { IPv4-address | IPv6-address }
```

（4）指定隧道目的地址。

如果指定接口，那么接口上必须已配置 IP 地址。

```
Router(config-if-Tunnel-id)#tunnel destination { IPv4-address | IPv6-address }
```

其中，隧道目的地址可以是物理接口地址，也可以是 Loopback（环四）接口地址。

（5）在接口模式下，开启接口的 IPv6 功能。

```
Router(config-if)#ipv6 enable
```

（6）在接口模式下，设置隧道接口的 IPv6 地址。

```
Router(config-if)#IPv6 address { IPv6-address prefix-length | IPv6-address/
prefix-length }
```

指定隧道接口 IPv6 地址前缀，与边界设备连接 IPv6 网络地址前缀相同。

（7）查看隧道信息。

在日常维护工作中，可以执行以下命令，了解 GRE 协议运行情况。

```
Router#show interface tunnel        //查看隧道接口状态
Router#show ip route                //查看 IPv4 路由表
Router#show IPv6 route              //查看 IPv6 路由表
```

【案例 12-2】GRE 隧道技术应用。

图 12-16 所示为 IPv6 over IPv4 GRE 隧道部署场景。两个 IPv6 网络通过 IPv4 网络互通。三层设备 SwitchA 与 SwitchB 是双协议栈设备，依托 IPv4 网络通信。在 IPv4 网络上建立 IPv6 over IPv4 GRE 隧道，实现两个孤岛 IPv6 网络通信。

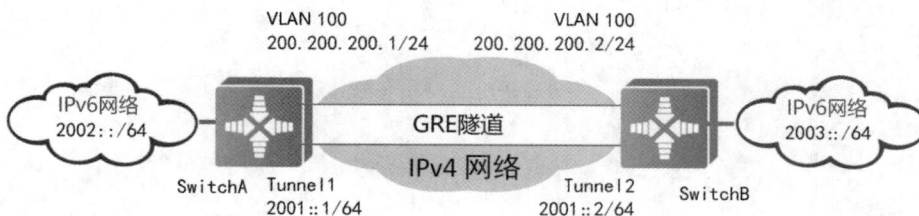

图 12-16　IPv6 over IPv4 GRE 隧道部署场景

（1）按照拓扑完成网络场景组建。

本案例使用交换机，推荐使用路由器作为隧道起点，可以根据相关命令做对应修订。尽量按照拓扑上接口连接组网，如果有接口变化，修改相应接口名称，配置信息不变。

（2）配置网络边界设备 SwitchA 基本信息。

```
Switch#configure terminal
Switch(config)#hostname SwitchA
```

```
SwitchA(config)#vlan 100
SwitchA(config-vlan)#exit
SwitchA(config)#interface vlan 100        //配置 VLAN 100 接口
SwitchA(config-if)#ip address 200.200.200.1 255.255.255.0
SwitchA(config-if)#exit
```

（3）配置网络边界设备 SwitchA 隧道信息。

```
SwitchA(config)#interface Tunnel 1        //配置 Tunnel 1 接口
SwitchA(config-if-Tunnel 1)#ipv6 enable
SwitchA(config-if-Tunnel 1)#IPv6 address 2001::1/64
SwitchA(config-if-Tunnel 1)#tunnel mode gre ip
SwitchA(config-if-Tunnel 1)#tunnel source vlan 100
SwitchA(config-if-Tunnel 1)#tunnel destination 200.200.200.2
SwitchA(config-if-Tunnel 1)#exit
SwitchA(config)#IPv6 route 2003::/64 tunnel 1 2001::2
//配置到 IPv6 网络 2 路由，走隧道接口
SwitchA(config)#exit
```

（4）配置网络边界设备 SwitchB 基本信息。

```
Switch#configure terminal
Switch(config)#hostname SwitchB
SwitchB(config)#vlan 100
SwitchB(config-vlan)#exit
SwitchB(config)#interface vlan 100        //配置 VLAN 100 接口
SwitchB(config-if)#ip address 200.200.200.2 255.255.255.0
SwitchB(config-if)#exit
SwitchB(config)#
```

（5）配置网络边界设备 SwitchB 隧道信息。

```
SwitchB(config)#interface Tunnel 1        //配置 Tunnel 1 接口
SwitchB(config-if-Tunnel 1)#ipv6 enable
SwitchB(config-if-Tunnel 1)#IPv6 address 2001::2/64
SwitchB(config-if-Tunnel 1)#tunnel mode gre ip
SwitchB(config-if-Tunnel 1)#tunnel source vlan 100
SwitchB(config-if-Tunnel 1)#tunnel destination 200.200.200.1
SwitchB(config-if-Tunnel 1)#exit
SwitchB(config)#IPv6 route 2002::/64 tunnel 1 2001::1
//配置到 IPv6 网络 1 路由，走隧道接口
SwitchB(config)#exit
```

（6）查看 Tunnel 的运行情况。

```
SwitchA#show interface Tunnel 1
Index(dec):3 (hex):3
Tunnel 1 is UP , line protocol is UP
Hardware is Tunnel
Interface address is: no ip address
 MTU 1496 bytes, BW 9 Kbit
 Encapsulation protocol is Tunnel, loopback not set
 Keepalive set (10 sec), retries 3
 Carrier delay is 2 sec
 RXload is 1 ,Txload is 1
Tunnel source 200.200.200.1 (VLAN 100), destination 200.200.200.2
 Tunnel TOS 0x14, Tunnel TTL 255
 Tunnel protocol/transport GRE/IP
```

```
Key disabled, Sequencing disabled
Checksumming of packets disabled
Path MTU Discovery, ager 10 mins, min MTU 92, MTU 0, expires never
Queueing strategy: FIFO
Output queue 0/40, 0 drops;
Input queue 0/75, 0 drops
5 minutes input rate 0 bits/sec, 0 packets/sec
5 minutes output rate 0 bits/sec, 0 packets/sec
0 packets input, 0 bytes, 0 no buffer, 0 dropped
Received 0 broadcasts, 0 runts, 0 giants
0 input errors, 0 CRC, 0 frame, 0 overrun, 0 abort
0 packets output, 0 bytes, 0 underruns , 0 dropped
0 output errors, 0 collisions, 0 interface resets
```

12.3.3　IPv6 over IPv4 手动隧道技术

1．什么是 IPv6 over IPv4 手动隧道

　　IPv6 over IPv4 过渡期间，使用手动隧道技术直接把 IPv6 报文封装到 IPv4 报文中，把 IPv6 报文作为 IPv4 报文的净载荷。手动隧道的源地址和目的地址都需要手动指定，提供一个点到点连接。

　　如图 12-17 所示，手动隧道为被 IPv4 网络分离的 IPv6 网络之间提供稳定连接；或在终端系统与边界路由器之间建立隧道，为终端系统访问 IPv6 网络提供隧道连接。

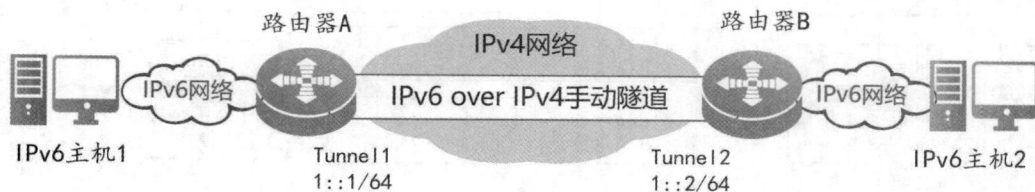

图 12-17　手动隧道为 IPv6 网络提供连接

2．IPv6 over IPv4 手动隧道原理

　　手动隧道中的边界设备也必须支持双协议栈设备，网络中其他设备只需实现单协议栈即可。在实现 IPv6 over IPv4 手动隧道过程中，需要管理员通过手动方法，配置隧道的源地址和目的地址，为两个孤岛 IPv6 网络提供通信连接。

　　如果网络中的一台边界设备需要与多台远程设备建立手动隧道，就需要在该台设备上配置多个隧道。图 12-18 所示为 IPv6 over IPv4 手动隧道报文封装格式。

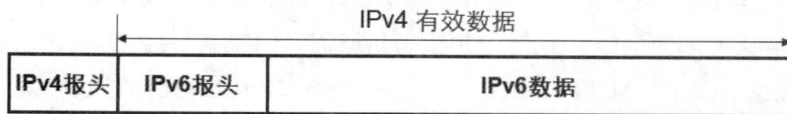

图 12-18　IPv6 over IPv4 手动隧道报文封装格式

IPv6 over IPv4 手动隧道转发原理如下。

当隧道边界设备收到一个 IPv6 报文后，该边界设备根据 IPv6 报文中目的地址，查找 IPv6 路由表。如果该 IPv6 报文从该边界设备的虚拟隧道接口被转发出去，则根据隧道接口上配置的隧道源端和目的端的 IPv4 地址，完成 IPv4 数据报文的封装。

通过隧道协议封装的 IPv6 报文，变成一个 IPv4 报文。封装完成的 IPv4 报文，最终通过 IPv4 网络，使用 IPv4 路由转发到隧道终点。隧道终点也是一台双协议栈设备，收到一个隧道封装的报文后，对其进行解封装。最后将解封装后的 IPv6 报文交给 IPv6 网络处理。

3. IPv6 over IPv4 手动隧道转发过程

图 12-19 所示为 IPv6 over IPv4 手动隧道场景，网络边界路由器 A 和路由器 B 都连接一个 IPv6 网络，中间通过一个 IPv4 网络互联。其中，路由器 A 使用地址 10.1.1.1 接入 IPv4 网络，路由器 B 使用地址 10.2.2.2 接入 IPv4 网络，两个网段的 IPv4 网络通过路由连通，实现互相访问。

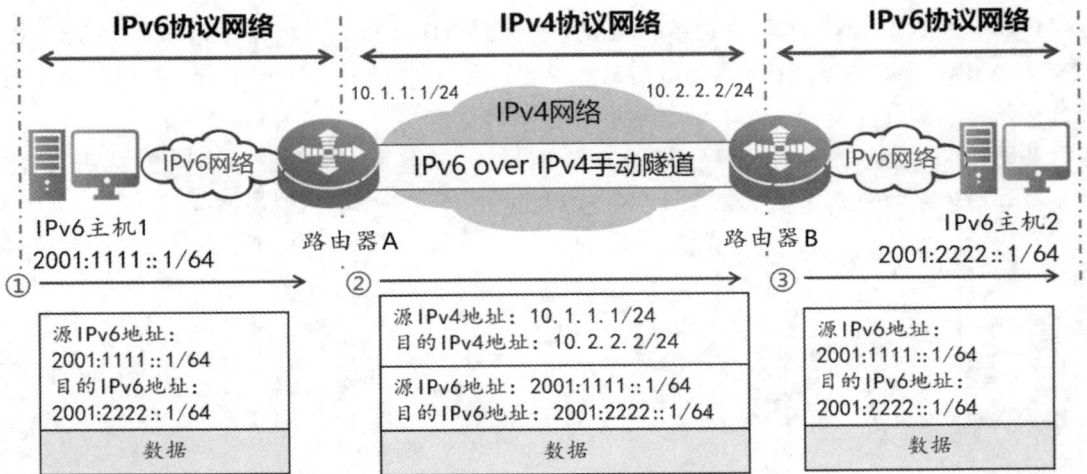

图 12-19　IPv6 over IPv4 手动隧道场景

由于路由器 A 和路由器 B 是网络边界设备，都连接一个 IPv6 网络，两个 IPv6 网络之间无法通信，通过 IPv4 网络实现连通。需要在路由器 A 和路由器 B 之间利用隧道技术，建立起一条点到点 IPv6 over IPv4 手动隧道，即建立一条虚拟手动隧道。其中，配置 IPv6 over IPv4 手动隧道时，在路由器 A 上配置手动隧道的源地址是 10.1.1.1，手动隧道的目的地址是 10.2.2.2。

当 IPv6 网络中的主机 1 要访问另一个 IPv6 网络中的主机 2 时，主机 1 发送出 IPv6 数据包，该 IPv6 数据包传输给路由器 A。路由器 A 经过查找 IPv6 路由表，发现这些 IPv6 数据包要发往网络边界上的隧道接口。因此，使用手动隧道技术将需要转发的 IPv6 报文进行封装，封装为 IPv4 报文。其中，封装完成的 IPv4 报头中的源 IP 地址为隧道的源地址 10.1.1.1，目的 IP 地址为隧道的目的地址 10.2.2.2。

由于需转发 IPv6 报文作为 IPv4 数据载荷，在穿越 IPv4 网络时，IPv4 网络中的设备通过

IPv4 路由转发 IPv4 数据包,最终到达路由器 B(隧道的目的地址为 10.2.2.2)。路由器 B 收到 IPv4 报文后将其解封装为 IPv6 数据包,转发给另一个 IPv6 网络中的主机 2。

4. 配置 IPv6 over IPv4 手动隧道

在配置 IPv6 over IPv4 手动隧道时,请注意以下情况。

- 首先,需要创建隧道接口;然后,才能配置隧道的其他参数。
- 当指定的隧道源接口是物理接口时,建议隧道的编号与隧道的源物理接口的编号相同。并在隧道两端设备上都进行配置。
- 在边界设备与 IPv6 网络相连的接口上必须配置 IPv6 地址;在边界设备与 IPv4 网络相连的接口上必须配置 IPv4 地址。
- 配置手动隧道,在隧道接口上要配置 IPv6 地址;并且,手动配置隧道的源端和目的端的 IPv4 地址。为了支持动态路由协议,也需要配置隧道接口的网络地址。

(1)创建隧道接口。

在接口模式下,执行如下命令创建隧道接口。

```
Router(config)#interface tunnel tunnel-num
```

(2)指定隧道为手动隧道模式。

在隧道模式下,执行如下命令指定隧道为手动隧道模式。

```
Router(config-if-Tunnel-id)#tunnel mode IPv6ip
```

(3)开启隧道接口 IPv6 功能。

在隧道模式下,执行如下命令开启隧道接口 IPv6 功能。

```
Router(config-if-Tunnel-id)#ipv6 enable
```

(4)设置隧道接口上的 IPv6 地址。

在隧道模式下,执行如下命令设置隧道接口上的 IPv6 地址。

```
Router(config-if-Tunnel-id)#IPv6 address IPv6-address  prefix-length
//指定隧道接口上的 IPv6 地址前缀,应与边界设备所属 IPv6 网络地址前缀相同
```

(5)指定隧道的 IPv4 源地址或引用的源接口号。

在隧道模式下,执行如下命令指定隧道的 IPv4 源地址或者引用的源接口号。

```
Router(config-if-Tunnel-id)#tunnel source { ip-address | type-num }
```

需要注意的是:如果指定了接口,那么接口上必须已经配置 IPv4 地址。

(6)指定隧道的目的地址或目的接口。

在隧道模式下,执行如下命令指定隧道的目的地址。

```
Router(config-if-Tunnel-id)#tunnel destination ip-address
```

其中,指定隧道的目的地址可以是物理接口地址,也可以是 Loopback 接口地址。

(7)查看隧道配置结果。

```
Router#show IPv6 interface tunnel interface-number
```

【案例 12-3】IPv6 over IPv4 手动隧道技术应用。

如图 12-20 所示,IPv6 网络被 IPv4 网络隔离。通过手动隧道技术将两个 IPv6 网络互联,实现连通。其中,网络边界路由器 A 和路由器 B 都是双协议栈设备。

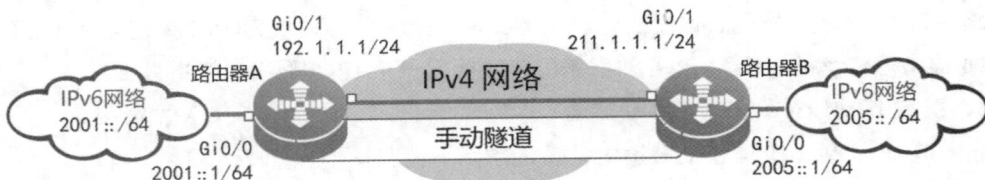

图 12-20　IPv6 over IPv4 手动隧道应用场景

（1）按照拓扑完成网络场景组建。

尽量按照拓扑上接口连接组网，如果有接口变化，修改相应接口名称，配置信息不变。

受设备限制，也可以使用三层交换机完成实验过程，配置需要做相应修改。

（2）配置路由器 A 基本信息。

```
Router#configure terminal
Router(config)#hostname RouterA
RouterA(config)#interface GigabitEthernet 0/1          //连接 IPv4 网络接口
RouterA(config-if)#ip address 192.1.1.1 255.255.255.0
RouterA(config-if)#exit
RouterA(config)#interface GigabitEthernet 0/0          //连接 IPv6 网络接口
RouterA(config-if)#ipv6 enable
RouterA(config-if)#ipv6 address 2001::1/64
RouterA(config-if)#exit
```

（3）配置路由器 A 手动隧道。

```
RouterA(config)#interface Tunnel 1                      //配置 Tunnel 1 接口
RouterA(config-if-Tunnel 1)#ipv6 enable
RouterA(config-if-Tunnel 1)#tunnel mode IPv6ip
RouterA(config-if-Tunnel 1)#tunnel source GigabitEthernet 0/1
RouterA(config-if-Tunnel 1)#tunnel destination 211.1.1.1
RouterA(config-if-Tunnel 1)#exit
RouterA(config)#ipv6 route 2005::/64 tunnel 1           //配置 IPv6 网络隧道路由
RouterA(config)#exit
```

（4）配置路由器 B 基本信息。

```
Router#configure terminal
Router(config)#hostname RouterB
RouterB(config)#interface GigabitEthernet 0/1          //连接 IPv4 网络接口
RouterB(config-if)#ip address 211.1.1.1 255.255.255.0
RouterB(config-if)#exit
RouterB(config)#interface GigabitEthernet 0/0          //连接 IPv6 网络接口
RouterB(config-if)#ipv6 enable
RouterB(config-if)#ipv6 address 2005::1/64
RouterB(config-if)#exit
```

（5）配置路由器 B 手动隧道。

```
RouterB(config)#interface Tunnel 1                      //配置 Tunnel 1 接口
RouterB(config-if-Tunnel 1)#ipv6 enable
RouterB(config-if-Tunnel 1)#tunnel mode IPv6ip
RouterB(config-if-Tunnel 1)#tunnel source GigabitEthernet 0/1
RouterB(config-if-Tunnel 1)#tunnel destination 192.1.1.1
RouterB(config-if-Tunnel 1)#exit
```

```
RouterB(config)#ipv6 route 2001::/64 tunnel 1      //配置 IPv6 网络隧道路由
Router2(config)#exit
```

（6）查看隧道的运行情况。

```
RouterA#show interface tunnel 1
……
RouterB#show interface tunnel 1
……
```

12.3.4　6to4 自动隧道技术

前文所述的两种隧道技术都有一个共同点：明确指定隧道对端地址或接口。这类隧道技术在连接的网络地址固定情况下可行，但隧道的扩展性太差，在某些场合，需要在网络中实施自动隧道技术。

1. 什么是自动隧道

所谓自动隧道，就是指用户仅在网络边界设备上配置隧道起点，而隧道终点由网络边界设备自动生成。为了使网络边界设备自动产生隧道终点的 IP 地址，在网络边界设备上创建隧道接口时，首先，采用内嵌 IPv4 地址的特殊 IPv6 地址（见图 12-21），帮助设备从 IPv6 报文的目的 IPv6 地址中解析出 IPv4 地址；然后，以这个 IPv4 地址作为隧道终点地址。

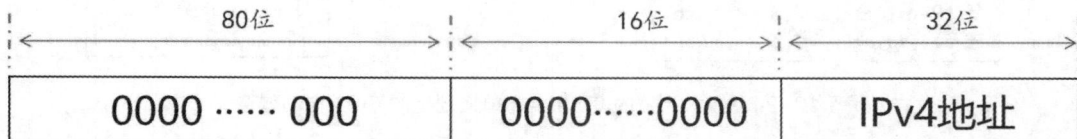

图 12-21　内嵌 IPv4 地址的特殊 IPv6 地址

图 12-22 所示为 6to4 自动隧道场景。根据 IPv6 报文封装不同，自动隧道分为 6to4 隧道自动和 ISATAP 自动隧道两种。本小节重点介绍 6to4 自动隧道技术。

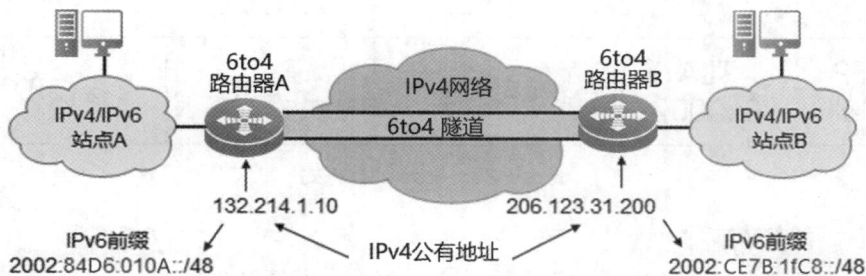

图 12-22　6to4 自动隧道场景

2. 什么是 6to4 自动隧道

6to4 自动隧道是点到多点自动隧道，通过 IPv4 网络实现 IPv6 网络通信。6to4 自动隧道通过在 IPv6 报文的目的地址中使用特殊 IPv6 地址，获取自动隧道终点 IPv4 地址，如图 12-23 所示。

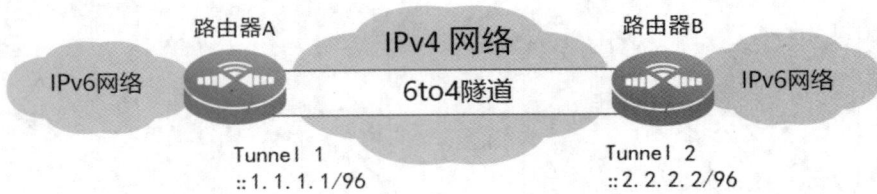

图 12-23　嵌入 IPv4 地址的特殊 IPv6 地址的 6to4 自动隧道

　　6to4 自动隧道使用特殊 6to4 地址，实现自动隧道通信。这里的特殊 6to4 地址是一类特殊的 IPv6 全局单播地址，通过公网 IPv4 地址映射而来，如图 12-24 所示。

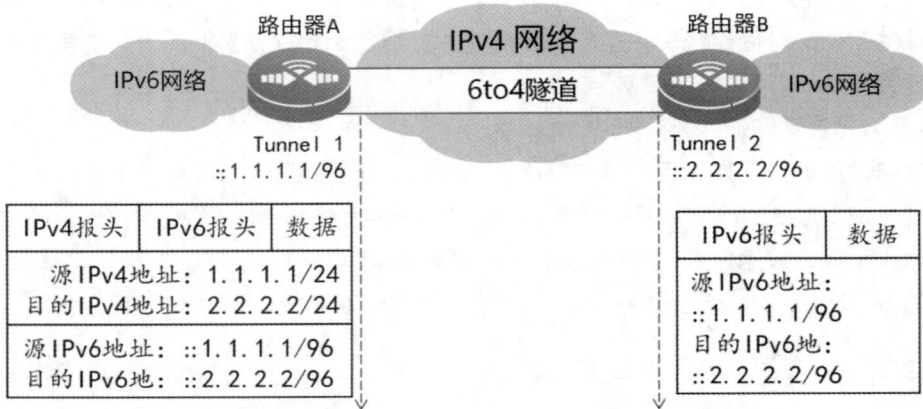

图 12-24　嵌入特殊的 IPv6 全局单播地址的 6to4 自动隧道

　　与 IPv4 兼容 IPv6 自动隧道不同，6to4 自动隧道支持路由器到路由器、主机到路由器、路由器到主机、主机到主机等多种网络类型的连接。其中，6to4 自动隧道使用特殊 IPv6 地址格式，即 6to4 地址格式，如图 12-25 所示。

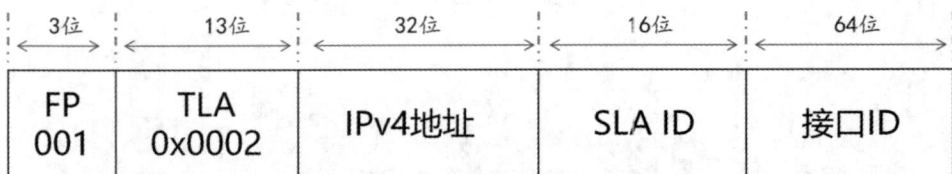

图 12-25　6to4 地址格式

相关参数说明如下。
- FP：全局单播地址的格式前缀（Format Prefix，FP），其值为 001。
- TLA：顶级聚合（Top Level Aggregation，TLA）标识符，其值为 0x0002。
- SLA ID：站点级聚合（Site Level Aggregation，SLA）标识符。

3．6to4 自动隧道应用场景

　　图 12-26 所示为 6to4 自动隧道应用场景。边界路由器 A 已有公网 IPv4 地址 200.1.1.1。该 IPv4 地址对应 6to4 特殊 IPv6 地址是：2002:C801:0101::/48。其中，C801:0101 是 200.1.1.1

的十六进制。如此一来，就得到 48 位 IPv6 地址前缀，这个前缀可进一步划分子网，最终形成 64 位的 IPv6 前缀，应用在终端上。

路由器 B 连接 IPv6 网络配置转换过程同理。

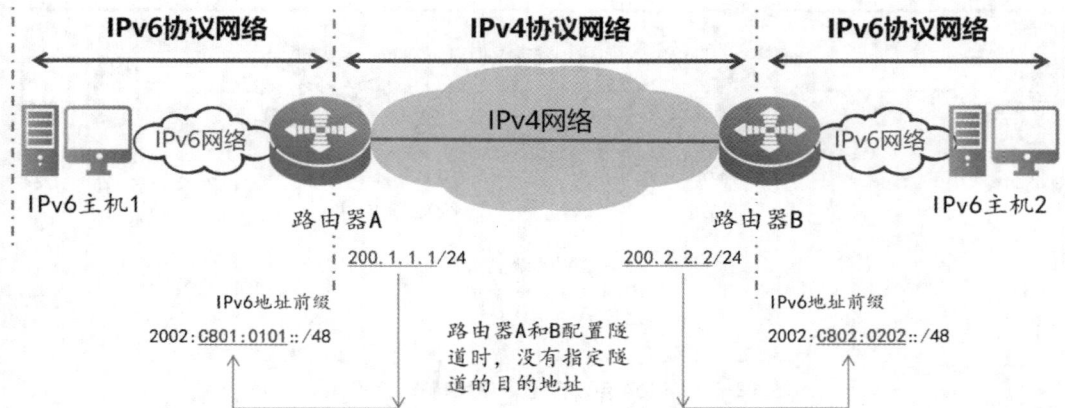

图 12-26　6to4 自动隧道应用场景

4. 6to4 自动隧道地址格式

6to4 自动隧道采用特殊 IPv6 地址，其格式为"2002: a.b.c.d:子网号::接口 ID/64"。该特殊 IPv6 地址中的相关信息说明如下。

- 2002 表示固定的 IPv6 地址前缀。
- a.b.c.d 表示 6to4 自动隧道对应 32 位公网 IPv4 地址，使用十六进制表示（如 1.1.1.1 表示为 0101:0101）。一个 6to4 网络格式表示为"2002: a.b.c.d::/48"。
- 子网号表示 16 位子网号，由用户自定义。
- 接口 ID 能唯一标识一台主机在 6to4 网络内的位置。

5. 6to4 自动隧道原理

6to4 地址的 64 位前缀中，前 48 位（2002: a.b.c.d）由分配给路由器上的 IPv4 地址决定，用户不能改变。后 16 位是由用户定义的子网号。前缀中前 48 位已由固定数值、隧道起点或终点设备 IPv4 地址确定，使 IPv6 报文通过隧道进行自动转发成为可能。

通过嵌入 IPv4 地址的特殊 IPv6 地址，自动确定隧道终点，使隧道的建立非常方便。通过 6to4 自动隧道，利用 IPv4 网络使 IPv6 网络互联，克服 IPv4 兼容 IPv6 自动隧道使用的局限性。

6. 6to4 自动隧道通信过程

在 6to4 自动隧道方案中，利用 2002::/16 固定 6to4 地址空间，实现自动隧道的建立，其过程如下。

首先，边界路由器 A 和路由器 B 配置公网 IPv4 地址：200.1.1.1/24 和 200.2.2.2/24。

对边界路由器 A 来说，通过该设备上公网地址 200.1.1.1/24（十六进制为 C8.01.01.01），映射得到该 IPv4 地址对应 6to4 的 IPv6 地址为 2002:C801:0101::/48（前 16 位固定为 2002，后面 32 位是 200.1.1.1 对应十六进制数，组装得到 48 位 IPv6 地址前缀）。

IPv6 网络中主机 1 使用特殊 IPv6 地址，组建 6to4 自动隧道网络，实现 IPv6 网络之间通信，如图 12-27 所示。

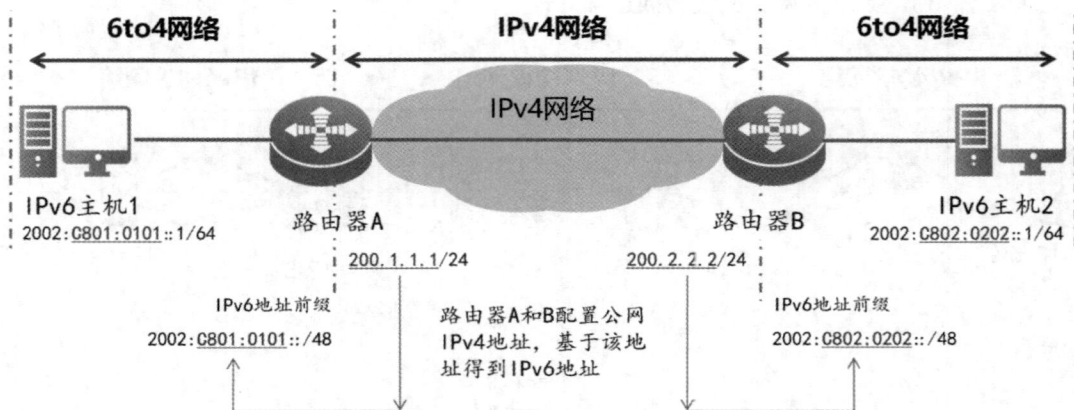

图 12-27 6to4 自动隧道中使用特殊 IPv6 地址

当主机 1 访问另一个 IPv6 网络 2002:C802:0202::/48 时，6to4 自动隧道中封装 IPv6 数据包，如图 12-28 所示。

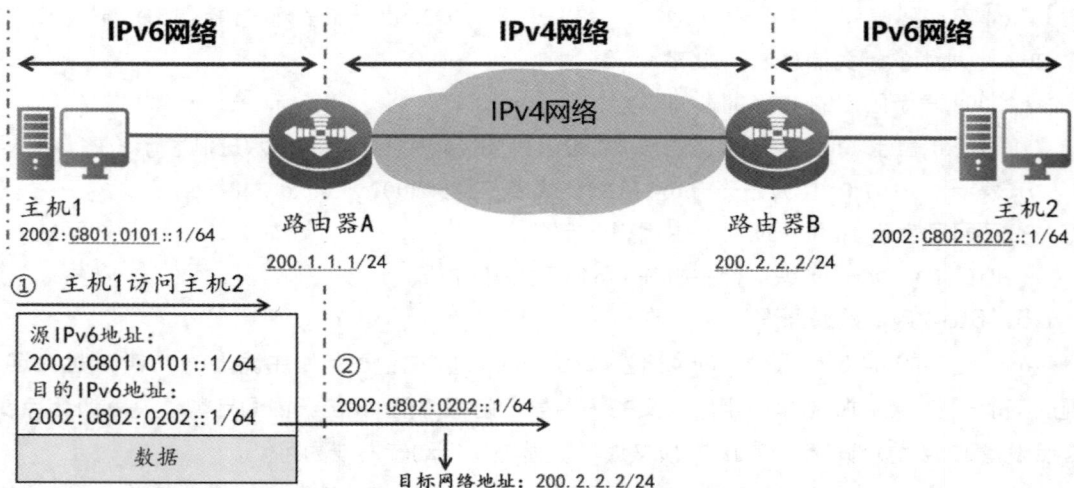

图 12-28 6to4 自动隧道中封装 IPv6 数据包

封装完成的 IPv6 数据包到达路由器 A 后，路由器 A 发现封装目的地址以"2002："开头的特殊 IPv6 地址作为 6to4 自动隧道的专用地址。于是，从 IPv6 地址中抽出关键字段"C802:0202"，计算出对应 IPv4 地址为 200.2.2.2。

接下来，路由器 A 在原始 IPv6 报文基础上，重新封装 IPv4 报头，作为 IPv4 数据包的数据载荷部分，完成 IPv4 数据包封装。其中，该 IPv4 数据包的源地址作为 6to4 自动隧道的源地址，目的地址为 200.2.2.2。

封装完成的 IPv4 数据包，通过 6to4 自动隧道，穿越 IPv4 网络，传输到隧道对端的路由器 B。路由器 B 通过该 IPv4 数据包中标识信息，将外层 IPv4 报头剥离，取出数据载荷部分的 IPv6 报文，转发给对端的 IPv6 网络中的主机 2。

6to4 自动隧道中报文封装、通信过程如图 12-29 所示。

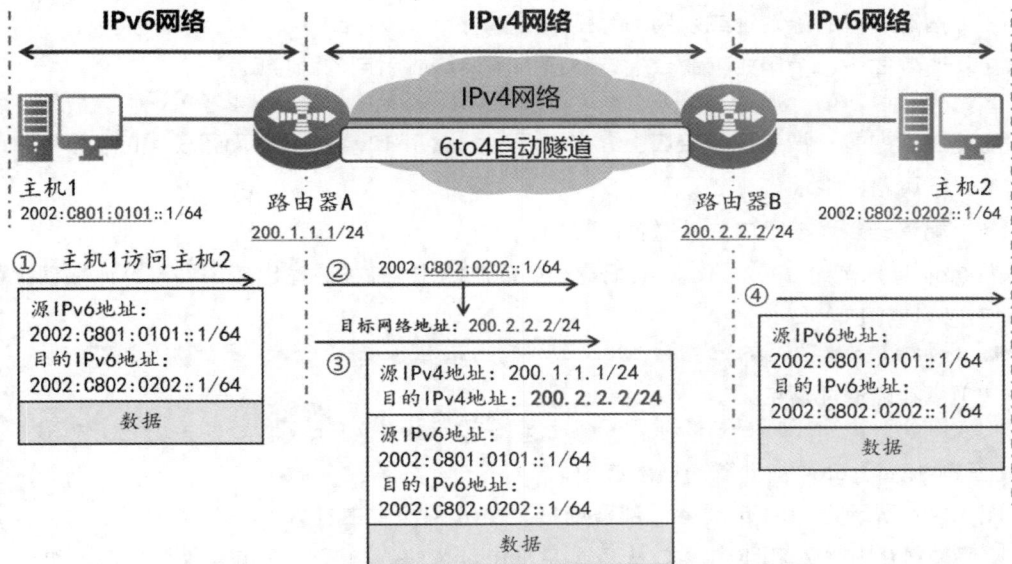

图 12-29　6to4 自动隧道中报文封装、通信过程

7．配置 6to4 自动隧道

在配置 6to4 自动隧道时，需要注意以下几点。

* 首先，需要创建隧道接口；然后，才能配置隧道其他参数。
* 在边界设备与 IPv6 网络相连的接口上必须配置 IPv6 地址；在边界设备与 IPv4 网络相连的接口上必须配置 IPv4 地址。
* 当指定隧道源接口是物理接口时，建议隧道编号与隧道源物理接口编号相同。在配置 6to4 自动隧道时，只需要确定隧道源地址，隧道目的地址从原始 IPv6 报文的目的地址中获取。

通过如下命令完成 6to4 自动隧道配置。

（1）创建隧道接口。

在接口模式下，使用如下命令指定隧道接口号，创建隧道接口。

```
Router(config)#interface tunnel tunnel-num    //创建隧道接口
```

（2）指定 6to4 隧道模式。

在隧道模式下，使用如下命令指定隧道类型为 6to4 隧道模式。

```
Router(config-if-Tunnel-id)#tunnel mode IPv6 6to4
```

（3）开启隧道接口上的 IPv6 功能。

在隧道模式下，使用如下命令开启隧道接口上的 IPv6 功能。

```
Router(config-if-Tunnel-id)#ipv6 enable
```

（4）设置隧道接口的 IPv6 地址。

在隧道模式下，使用如下命令设置隧道接口的 IPv6 地址。

```
Router(config-if-Tunnel-id)#IPv6 address { IPv6-address prefix-length | IPv6-
address|prefix-length }
```

在设置隧道接口上 IPv6 地址时，指定隧道接口 IPv6 地址前缀应该与边界设备所属的 IPv6 网络地址前缀相同。

（5）指定隧道的源地址或引用的源接口号。

在隧道模式下，使用如下命令指定隧道的源地址或引用的源接口号。

```
Router(config-if-Tunnel-id)#tunnel source { ip-address | type-num }
```

需要注意的是：被引用的接口上，必须已经配置了 IPv4 地址，而且使用的 IPv4 地址必须是全局、可路由地址。

（6）配置一条静态路由并关联输出接口。

为 6to4 特殊前缀 2002::/16 网络配置一条静态路由，并关联输出接口到该隧道接口上（即前面指定隧道接口）。

```
Router(config)#IPv6 route 2002::/16 tunnel tunnel-number
```

（7）查看隧道配置结果。

```
Router#show IPv6 interface tunnel interface-number
```

【案例 12-4】6to4 自动隧道技术应用。

图 12-30 所示为 6to4 自动隧道部署场景，IPv6 网络中主机 A 和主机 B 使用全局 IPv6 地址。网络边界路由器 A 和路由器 C 从两端接入 IPv4 网络，申请公网 IPv4 地址，配置动态 6to4 自动隧道。

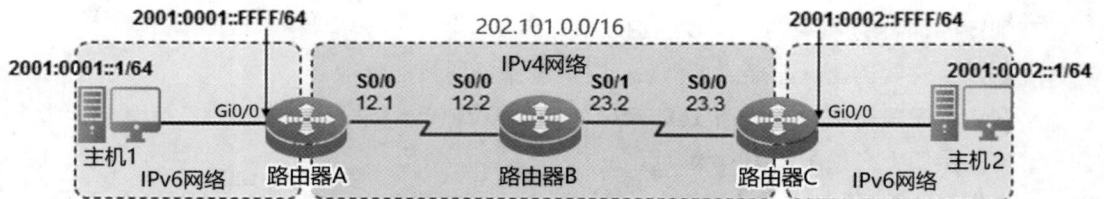

图 12-30　6to4 自动隧道部署场景

首先，在网络边界路由器 A 上创建 Tunnel 0，配置 6to4 的特殊 IPv6 地址，即 202.101.12.1 对应 2002:CA65:0C01::1/48。路由器 C 上配置方法相同。

IPv6 网络中的主机 1（2001:0001::/16 网络）发往主机 2（2001:0002::1/16 网络）的信息，通过路由器 A 转发。

路由器 A 通过查询到下一跳路由为 2002:CA65:1703::FFFF，通过路由器 A 上 Tunnel 0 转发。由于 Tunnel 0 是 6to4 自动隧道，于是从 2002:CA65:1703::FFFF 特殊 6to4 自动隧道地址中提取对应 IPv4 地址，也就是 202.101.23.3。

详细配置步骤如下。

（1）按照拓扑完成组网。

按照拓扑完成网络场景组建。尽量按照拓扑上接口连接组网，如果有接口变化，修改相应接口名称，配置信息没有变化。

（2）配置路由器 A 的基本信息。

```
Router(config)#hostname RouterA
RouterA(config)#interface Serial 0/0      //连接 IPv4 网络接口
RouterA(config-if)#ip address 202.101.12.1 255.255.255.0
RouterA(config-if)#exit
RouterA(config)#interface GigabitEthernet 0/0     //连接 IPv6 网络接口
RouterA(config-if)#ipv6 enable
RouterA(config-if)#ipv6 address 2001:0001::FFFF/64
RouterA(config-if)#no shutdown
RouterA(config-if)#exit

RouterA(config)#router ospf      //配置 IPv4 网络中 OSPF 路由
RouterA(config-route)#network 202.101.12.0 0.0.0.255 area 0
RouterA(config-route)#exit
```

（3）配置路由器 A 的 6to4 自动隧道信息。

```
RouterA(config)#interface Tunnel 0      //配置 Tunnel 0 接口
RouterA(config-if-Tunnel 0)#ipv6 enable
RouterA(config-if-Tunnel 0)#ipv6 unicast-routing
RouterA(config-if-Tunnel 0)#ipv6 address 2002:CA65:C01::FFFF/64
RouterA(config-if-Tunnel 0)#tunnel mode ipv6ip 6to4
RouterA(config-if-Tunnel 0)#tunnel source Serial 0/0
RouterA(config-if-Tunnel 0)#no shutdown
RouterA(config-if-Tunnel 0)#exit
```

（4）配置路由器 A 及隧道路由。

```
RouterA(config)#ip route 0.0.0.0 0.0.0.0202.101.12.2     //配置下一跳路由
RouterA(config)#ipv6 route 2001::/16 2002:CA65:1703::FFFF
RouterA(config)#ipv6 route 2002:CA65:1703::/48 Tunnel 0
RouterA(config)#exit
```

（5）配置路由器 B 的 IPv4 网络基本信息及路由。

按照拓扑完成 IPv4 网络中路由器 B 基本接口地址信息及路由配置。其中，在 IPv4 网络中配置 OSPF 路由，实现 IPv4 网络中设备通信。

```
Router(config)#hostname RouterB
RouterB(config)#interface Serial 0/0      //连接 IPv4 网络接口
RouterB(config-if)#ip address 202.101.12.2 255.255.255.0
RouterB(config)#interface Serial 0/1      //连接 IPv4 网络接口
RouterB(config-if)#ip address 202.101.23.2 255.255.255.0
RouterB(config-if)#exit

RouterB(config)#router ospf               //配置 IPv4 网络中 OSPF 路由
RouterB(config-route)#network 202.101.12.0 0.0.0.255 area 0
RouterB(config-route)#network 202.101.23.0 0.0.0.255 area 0
RouterB(config-route)#exit
```

（6）配置路由器 C 的基本信息。

```
Router(config)#hostname RouterC
RouterC(config)#interface Serial 0/0      //连接 IPv4 网络接口
RouterC(config-if)#ip address 202.101.23.3 255.255.255.0
RouterC(config-if)#exit
```

```
RouterC(config)#interface GigabitEthernet 0/0      //连接 IPv6 网络接口
RouterC(config-if)#ipv6 enable
RouterC(config-if)#ipv6 address 2001:0002::FFFF/64
RouterC(config-if)#exit

RouterC(config)#router ospf          //配置 IPv4 网络中 OSPF 路由
RouterC(config-route)#network 202.101.23.0 0.0.0.255 area 0
RouterC(config-route)#exit
```

（7）配置路由器 C 的 6to4 自动隧道信息。

```
RouterC(config)#interface Tunnel 0      //配置 Tunnel 0 接口
RouterC(config-if-Tunnel 0)#ipv6 enable
RouterC(config-if-Tunnel 0)#ipv6 unicast-routing
RouterC(config-if-Tunnel 0)#ipv6 address 2002:CA65:1703::FFFF/64
RouterC(config-if-Tunnel 0)#tunnel mode ipv6ip 6to4
RouterC(config-if-Tunnel 0)#tunnel source Serial 0/0
RouterC(config-if-Tunnel 0)#exit
```

（8）配置路由器 C 及隧道路由。

```
RouterC(config)#ip route 0.0.0.0 0.0.0.0 202.101.23.2   //配置默认路由
RouterC(config)#ipv6 route 2001::/16 2002:CA65:C01::FFFF
RouterC(config)#ipv6 route 2002:CA65:C01::/48 Tunnel 0
RouterC(config)#end
```

（9）查看隧道的运行情况。

```
RouterC#show interface tunnel 0
......
```

12.3.5 ISATAP 自动隧道技术

1. 什么是 ISATAP 自动隧道

随着 IPv6 技术推广，IPv4 网络中出现越来越多 IPv6 主机，ISATAP 隧道技术为这种应用提供解决方案。

ISATAP 是另外一种自动隧道技术，实现点到点隧道通信。ISATAP 自动隧道通过嵌入 IPv4 地址的特殊 IPv6 地址自动建立隧道，实现 IPv6 报文通过 ISATAP 自动隧道传送，也通过在 IPv6 报文的目的地址中嵌入 IPv4 地址，自动获取隧道的终点地址，如图 12-31 所示。

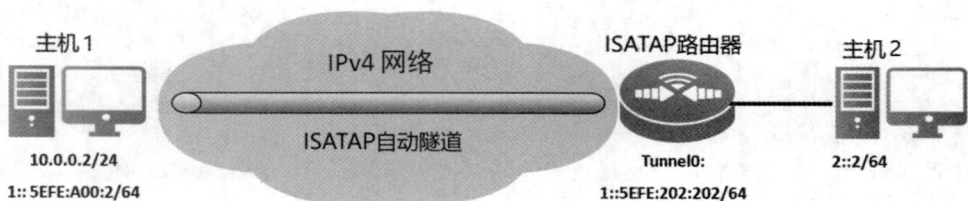

图 12-31 ISATAP 自动隧道场景

在许多场合中，客户为了节省成本，希望网络中 IPv6 主机能够访问 IPv6 资源，同时又不愿意对现有网络做大规模变更或者设备升级。此时，就可以采用这种方法：购买一台

ISATAP 路由器，将 ISATAP 路由器旁挂在网络上，用它能够访问 IPv6 资源，并且响应 ISATAP 主机的隧道建立请求。此方法部署起来非常简单。

2. ISATAP 自动隧道特殊 IPv6 地址

在部署 ISATAP 自动隧道时，IPv6 报文的目的地址和隧道接口的 IPv6 地址，都采用特殊 ISATAP 地址。如图 12-32 所示，在 ISATAP 自动隧道中使用特殊 IPv6 地址格式。其中，64 位前缀为合法 IPv6 单播地址；最后 32 位为内嵌 IPv4 源地址，格式为 a.b.c.d 或者 abcd: efgh，且该 IPv4 地址不要求全球唯一。

64位	32位	32位
IPv6单播地址	0000:5EEEE	内嵌IPv4源地址

图 12-32　ISATAP 自动隧道地址格式

和 6to4 自动隧道有所不同，ISATAP 是另外一种自动隧道。两种自动隧道的主要区别是：6to4 自动隧道使用 IPv4 地址作为网络前缀；而 ISATAP 自动隧道使用 IPv4 地址作为接口 ID。ISATAP 自动隧道地址接口 ID 格式如图 12-33 所示。

64位	16位	16位	32位
IPv6单播地址	000000ug00000000	0101111011111110	内嵌IPv4源地址

图 12-33　ISATAP 自动隧道地址接口 ID 格式

各项参数说明如下。

- u 置 1，表示 IPv4 地址是全局唯一地址；否则 u 置 0。
- g 是 IEEE 群体/个体标志位。

由于 ISATAP 自动隧道地址通过接口 ID 表现。所以，ISATAP 自动隧道地址类型有全局单播地址、链路本地地址、唯一本地地址、组播地址等多种形式。其中，ISATAP 自动隧道地址的前 64 位通过向 ISATAP 路由器发送请求获得，并进行地址自动配置。

3. ISATAP 自动隧道应用场景

ISATAP 是一种容易部署的 IPv6 过渡技术。在一个 IPv4 网络中，可以轻松进行 ISATAP 自动隧道部署。首先，在 ISATAP 路由器上部署 ISATAP，这样网络中支持 ISATAP 双栈主机在访问 IPv6 资源时，与 ISATAP 路由器建立 ISATAP 自动隧道。

ISATAP 自动隧道在 IPv4 网络中常见连接场景为 IPv6 路由器-IPv6 路由器的连接、IPv6 主机-IPv6 路由器的连接，如图 12-34 所示。

IPv6主机　　ISATAP路由器

IPv4地址：2.1.1.1/24
IPv6地址：FE80::5EFE:0201:0101
　　　　　3FFE::5EFE:0201:0101

图 12-34　常见 ISATAP 自动隧道连接场景

　　IPv6 主机根据 ISATAP 路由器下发 IPv6 前缀，构造自己 IPv6 地址（这个 IPv6 地址被自动关联到 IPv6 主机本地产生一块 ISATAP 虚拟网卡）。并且，将这台 ISATAP 路由器设置为自己 IPv6 默认网关，后续这台 IPv6 主机通过这台 ISATAP 路由器访问 IPv6 资源。

　　典型的 ISATAP 自动隧道应用在内网中，图 12-35 所示为 ISATAP 自动隧道典型应用场景。其中，内嵌 IPv4 地址不需要全局唯一地址。在 IPv4 网络内部有两台双栈主机，即主机 B 和主机 C，都分配有 IPv4 地址。

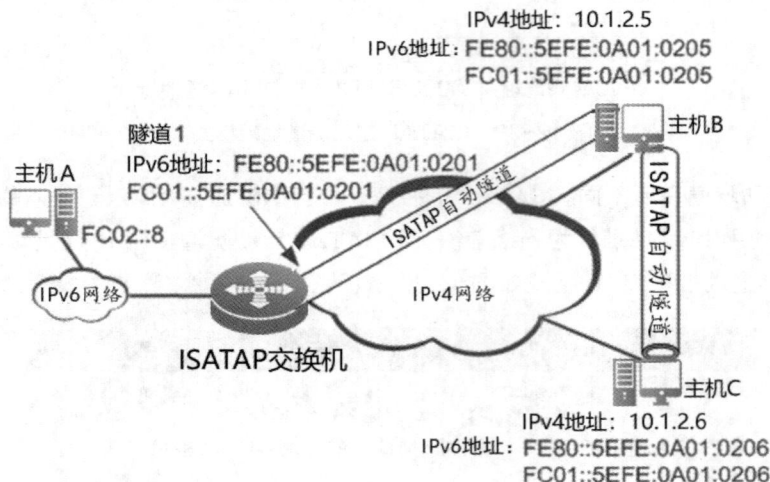

图 12-35　ISATAP 自动隧道典型应用场景

　　首先，配置边缘路由器 ISATAP 隧道接口，根据 IPv4 地址生成 ISATAP 接口 ID。

　　然后，根据接口 ID 生成一个 ISATAP 链路本地 IPv6 地址。依据链路本地地址，主机就有本地链路上 IPv6 通信能力。

　　最后，通过 IPv6 地址自动配置机制，主机获得 IPv6 全球单播地址、链路本地地址等。

　　当主机与其他 IPv6 主机通信时，通过网络边界设备上隧道接口转发，从报文的下一跳 IPv6 地址中取出 IPv4 地址，作为 IPv4 封装的目的地址。在通信过程中，如果目的主机在本站点内，则下一跳就是目的主机本身；如果目的主机不在本站点内，则下一跳为 ISATAP 路由器的地址。

4．ISATAP 自动隧道功能组件

　　ISATAP 自动隧道部署在主机和 ISATAP 路由器之间。其中，主机需要知道 ISATAP 路由器的 IPv4 地址。

　　（1）ISATAP 地址格式

　　分配给 ISATAP 路由器的 IPv6 地址是全局单播地址，该地址前缀被 ISATAP 主机用来构造自己的 IPv6 地址。ISATAP 主机通过在 IPv4 网络中建立起来的 ISATAP 自动隧道，从 ISATAP 路由器发送的消息中接收前 64 位的 IPv6 前缀，使用这个前缀结合"特殊的接口标识"构造自己的 IPv6 地址。

（2）ISATAP 接口 ID

在主机上启用 ISATAP 自动隧道后，产生一块 ISATAP 虚拟网卡。该虚拟网卡会产生一个 64 位的特殊接口 ID，类似 EUI-64 接口 ID，但是产生机制不同，它由专为 ISATAP 自动隧道技术保留的 32 位的 0200:5EFE，再加上主机上配置的 32 位 IPv4 地址构成。

例如，ISATAP 主机配置 IPv4 地址为 1.1.1.1，那么生成的 ISATAP 虚拟网卡 64 位接口 ID 如图 12-36 所示。

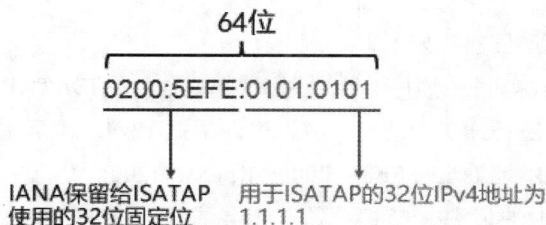

图 12-36　ISATAP 接口 ID

此外，在路由器上部署 ISATAP 后，路由器会产生一个隧道接口，用于响应 ISATAP 主机隧道请求，这个隧道接口同样会产生接口 ID，其地址格式是 IANA 保留给 ISATAP 使用的 32 位的 0000:5EFE，后面再加上 32 位的 IPv4 地址。

假设给 ISATAP 路由器配置的 IPv4 地址（用于隧道）是 2.2.2.2，那么其 ISATAP 的隧道接口 ID 如图 12-37 所示。

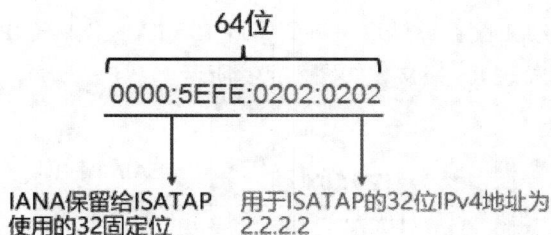

图 12-37　ISATAP 的隧道接口 ID

ISATAP 主机和 ISATAP 路由器产生 64 位接口 ID，可进一步构造隧道接口的链路本地地址和 IPv6 全局单播地址。另外，因为 ISATAP 操作范围在站点内，所以 ISATAP 主机和 ISATAP 路由器的 IPv4 地址可以是私有 IP 地址，也可以是公有 IP 地址。

5. ISATAP 自动隧道工作原理

图 12-38 所示为 ISATAP 自动隧道穿越 IPv4 网络场景，IPv4 网络中设备都不支持 IPv6，但是网络中某台 IPv6 主机（即 ISATAP 主机）和出口路由器（即 ISATAP 路由器）支持 IPv6，通过 ISATAP 路由器，实现内网中 ISATAP 主机访问 IPv6 资源。

为实现网络通信，最简单的部署方式是：在 ISATAP 路由器上部署 ISATAP 自动隧道接口，ISATAP 主机与 ISATAP 路由器之间建立一个 ISATAP 自动隧道。ISATAP 主机通过 ISATAP 自动隧道，将信息传输到 ISATAP 路由器上，实现穿越 IPv4 网络。

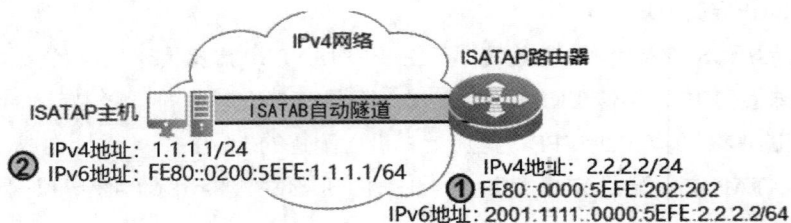

图 12-38　ISATAP 自动隧道穿越 IPv4 网络场景

其中，主要的通信过程描述如下。

（1）给 ISATAP 路由器分配 IPv4 地址为 2.2.2.2/24。在 ISATAP 路由器上建立一个隧道接口实现 ISATAP 自动隧道通信。此时，隧道接口根据 IPv4 地址产生一个 64 位接口 ID，自动生成隧道接口的链路本地地址：FE80::0000:5EFE:202:202。

（2）给 ISATAP 路由器上隧道接口配置一个全局 IPv6 单播地址，可以手动配置，也可以通过 "前缀+EUI-64" 方式构建，这里的 EUI-64 就是特殊 64 位接口 ID。

其中，构建出 IPv6 地址：2001:1111::0000:5EFE:2.2.2.2/64。因此，IPv4 前缀为 "2001:1111::/64"，这个前缀稍后会通过隧道下发给 ISATAP 主机，帮助 ISATAP 主机构建自己的 IPv6 地址。

此外，在 ISATAP 主机上激活 ISATAP。Windows 7 以上操作系统默认安装 IPv6，因此也会产生一块 ISATAP 虚拟网卡。例如，给 ISATAP 主机网卡配置 IPv4 地址为 1.1.1.1/24，ISATAP 虚拟网卡依据 IPv4 地址计算出特殊接口 ID：0200:5EFE:1.1.1.1。

（3）在 ISATAP 主机上配置默认网关，即指向 ISATAP 路由器 IPv4 地址，ISATAP 主机开始向 ISATAP 路由器发送 RS 报文，如图 12-39 所示。

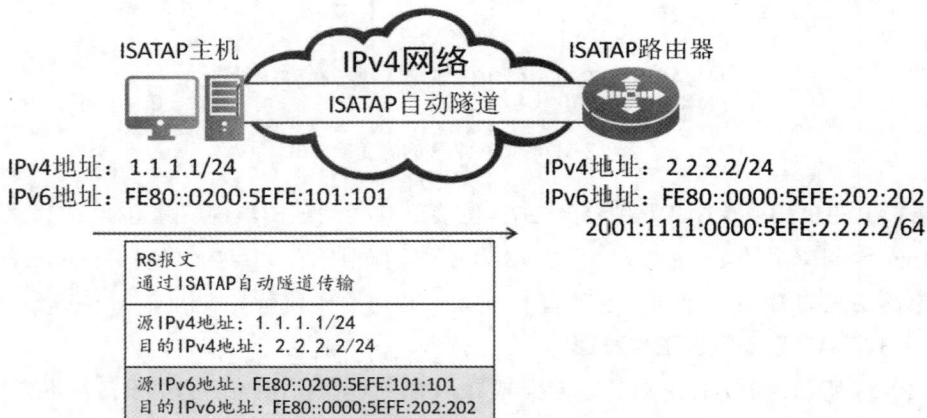

图 12-39　ISATAP 主机向 ISATAP 路由器发送 RS 报文

ISATAP 主机发送的 RS 报文通过 ISATAP 自动隧道传输。封装完成的 IPv4 数据包的外层是 IPv4 报头；源地址是 ISATAP 主机的 IPv4 地址 1.1.1.1；目的地址是 ISATAP 路由器的 IPv4 地址 2.2.2.2。因此，封装完成的 IPv4 数据报文里装载着 IPv6 报文，其源地址是 ISATAP

主机的 ISATAP 虚拟网卡链路本地地址；目的地址是 ISATAP 路由器的链路本地地址。

（4）ISATAP 主机发出 RS 报文，通过 ISATAP 隧道，经过 IPv4 网络中的路由，最终转发到 ISATAP 路由器上。

ISATAP 路由器会立即发送一个 RA 报文回应，如图 12-40 所示。在回应的 RA 报文里，就包含 ISATAP 主机上配置 IPv6 全局单播地址的前 64 位前缀。

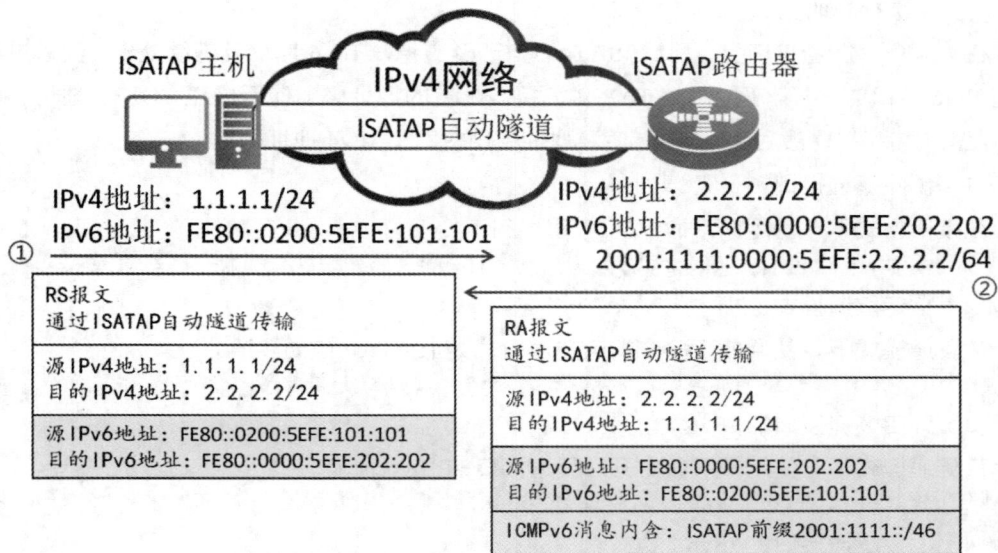

图 12-40　ISATAP 路由器发送 RA 报文回应

（5）ISATAP 主机收到这个 RA 报文，通过解封装取出里面的 IPv6 前缀，在后面加上自己 ISATAP 虚拟网卡 64 位接口 ID，构成 128 位的 IPv6 全局单播地址。同时，产生一条默认路由，指向 ISATAP 路由器的链路本地地址，如图 12-41 所示。

图 12-41　ISATAP 主机构建 IPv6 全局单播地址

此后，ISATAP 主机如果需要访问外部 IPv6 网络资源，就将 IPv6 数据包封装在 ISATAP 自动隧道中传输。其中，在 IPv6 数据包上封装 ISATAP 自动隧道的 IPv4 报头。

最后，穿越 IPv4 网络，将其转发给 ISATAP 路由器；再由 ISATAP 路由器解封装，取出 IPv6 数据包，转发到 IPv6 网络中。

6. 配置 ISATAP 自动隧道

在配置 ISATAP 自动隧道时，请注意以下情况。

- 首先，创建隧道接口；然后，配置隧道其他参数。
- 当指定的隧道源接口是物理接口时，建议隧道的编号与隧道的源物理接口编号相同。此外，在边界设备与 IPv6 网络相连接口上必须配置 IPv6 地址；在边界设备与 IPv4 网络相连接口上必须配置 IPv4 地址。
- 为了支持动态路由协议，需要配置隧道接口的网络地址。在隧道接口上配置 IPv6 地址为 ISATAP 地址。

在 ISATAP 隧道接口上，配置 ISATAP 自动隧道特殊 IPv6 地址及前缀公告，配置过程和普通 IPv6 接口的一样。但为 ISATAP 隧道接口配置的地址必须使用修正 EUI-64 地址，因为 IPv6 地址中接口 ID 最后 32 位由隧道源地址引用接口上 IPv4 地址构成。

（1）创建隧道接口。

在接口模式下，使用如下命令创建隧道接口。

```
Router(config)#interface tunnel tunnel-num
```

（2）指定隧道模式。

在隧道模式下，使用如下命令指定隧道模式为 ISATAP 自动隧道。

```
Router(config-if-Tunnel-id)#tunnel mode IPv6ip isatap
```

（3）开启隧道接口的 IPv6 功能。

在隧道模式下，使用如下命令开启隧道接口的 IPv6 功能。

```
Router(config-if-Tunnel-id)#ipv6 enable
```

（4）设置隧道接口的 IPv6 地址。

在隧道模式下，使用如下命令配置隧道接口的 IPv6 地址。

```
Router(config-if-Tunnel-id)#IPv6 address IPv6-prefix/prefix-length [eui-64]
```

需要注意的是：ISATAP 隧道接口上地址必须为 ISATAP 地址；使用 EUI-64 关键字将自动生成 ISATAP 地址。

（5）指定隧道的源地址或源接口号。

在隧道模式下，使用如下命令指定隧道引用的源接口号。其中，被引用的接口上必须已经配置了 IPv4 地址。

```
Router(config-if-Tunnel-id)#tunnel source type-num
```

（6）允许发布 RA 报文。

在隧道模式下，允许发布 RA 报文。

```
Router(config-if-Tunnel-id)#no IPv6 nd suppress-ra
```

在默认情况下，路由器禁止在接口上发送 RA 报文，使用该命令打开该功能，允许 ISATAP 主机进行自动配置。

（7）查看隧道配置结果。

```
Router#show IPv6 interface tunnel interface-number
```

在配置 ISATAP 自动隧道时，允许同时配置多个 ISATAP 自动隧道，但是每个 ISATAP 自动隧道的隧道源地址必须不同；否则收到 ISATAP 自动隧道发送的报文时，无法区分属于哪个 ISATAP 自动隧道。

【案例 12-5】ISATAP 自动隧道技术应用。

如图 12-42 所示，某网络中 ISATAP 主机（IP 地址为 1.1.1.1/24，网关为 1.1.1.254）连接核心交换机。在核心交换机上创建 VLAN 10 和 VLAN 20，分别连接 ISATAP 主机和 ISATAP 路由器。

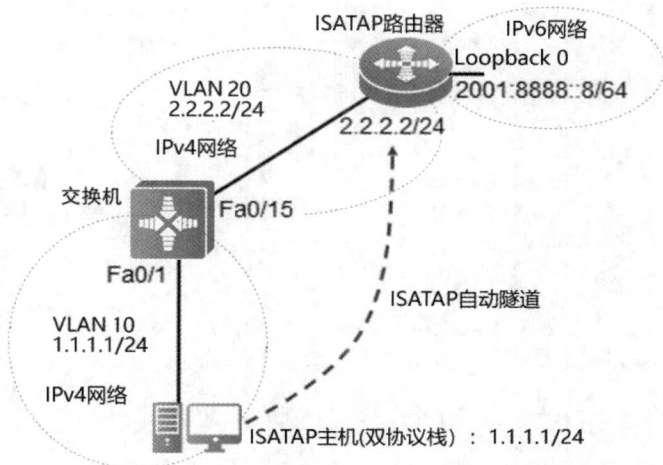

图 12-42　ISATAP 自动隧道应用案例

ISATAP 路由器连接 IPv6 网络接口 IPv6 地址为 2001:8888::8/64（Loopback 0 接口用于后续测试），连接 IPv4 网络的接口 IP 地址为 2.2.2.2/24，ISATAP 主机通过这个 IP 地址，找到 ISATAP 路由器，与之建立 ISATAP 自动隧道，实现自动隧道通信。

（1）按照拓扑完成网络场景组建。

尽量按照拓扑上接口连接组网，如果有接口变化，修改相应接口名称，配置信息不变。

（2）配置 IPv4 网络中的 ISATAP 主机。

首先，配置 ISATAP 主机网卡 IPv4 地址为 1.1.1.1/24，网关为 1.1.1.254。

接下来，安装或激活 ISATAP 主机 IPv6，Windows 系统自动产生一个 ISATAP 自动隧道虚拟接口，即隧道适配器 isatap.{0DB7233C-89B7-49DB-A8C0-D1AA005F4E6A}。

（3）配置 IPv4 网络中网络互联设备核心交换机。

```
Switch#configure terminal
Switch(config)#vlan 10
Switch(config-vlan)#vlan 20
Switch(config-vlan)#exit
Switch(config)#interface FastEthernet 0/1
Switch(config-if)#switchport access vlan 10
Switch(config-if)#exit
Switch(config)#interfaceFastFthernet 0/15
Switch(config-if)#switchport access vlan 20
Switch(config-if)#exit

Switch(config)#interface vlan 10
Switch(config-if)#ip address 1.1.1.254 255.255.255.0
Switch(config-if)#exit
```

```
Switch(config)#interface vlan 20
Switch(config-if)#ip address 2.2.2.254 255.255.255.0
Switch(config-if)#exit
```

（4）配置 IPv4 网络出口设备 ISATAP 路由器。

```
Router#configure terminal
Router(config)#IPv6 unicast-routing
Router(config)#interface FastEthernet0/0
Router(config-if)#ipv6 enable
Router(config-if)#ip address 2.2.2.2 255.255.255.0
Router(config-if)#exit

Router(config-if)#interface Tunnel1 //配置 Tunnel 1 接口
Router(config-if-Tunnel 1)#ipv6 enable
Router(config-if-Tunnel 1)#ipv6 address 2001:1111::/64 eui-64
//通告 IPv6 地址前缀给 ISATAP 主机
Router(config-if-Tunnel 1)#no IPv6 nd suppress-ra
Router(config-if-Tunnel 1)#tunnel source fastEthernet 0/0
Router(config-if-Tunnel 1)#tunnel mode IPv6ip isatap
//配置隧道模式为 ISATAP

Router(config-if-Tunnel 1)#interface loopback0
Router(config-if)#ipv6 enable
Router(config-if)#IPv6 address 2001:8888::8/64
Router(config-if)#exit
Router(config)#ip route 0.0.0.0 0.0.0.0 2.2.2.254
```

（5）测试网络。

```
Router#show IPv6 interface brief
FastEthernet0/0          [up/up]FE80::5EFE:202:202
Tunnel0                  [up/up]2001:1111::5EFE:202:202
```

注意：这里的链路本地地址"FE80::5EFE:202:202"是 ISATAP 格式地址，最后 64 位由 32 位的 0000:5EFE 加上 32 位的 IPv4 地址（这里是 2.2.2.2）构成，如图 12-43 所示。而 IPv6 全局单播地址，也使用 64 位接口 ID 构成，当然，也可以手动配置 IPv6 全局单播地址，不一定要使用接口 ID。

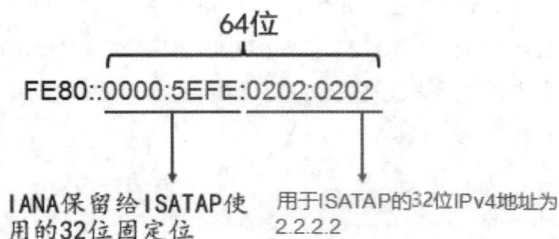

64位

FE80::0000:5EFE:0202:0202

IANA保留给ISATAP使
用的32位固定位

用于ISATAP的32位IPv4地址为
2.2.2.2

图 12-43　ISATAP 地址格式

（6）测试网络地址获取信息。

最终 ISATAP 主机获取到的 IPv4 地址如下。

```
隧道适配器 isatap.{0DB7233C-89B7-49DB-A8C0-D1AA005F4E6A}:
连接特定的 DNS 后缀 .......:
IPv6 地址 ............: 2001:1111::200:5efe:1.1.1.1
```

```
本地链接 IPv6 地址........: fe80::200:5efe:1.1.1.1@
默认网关............: fe80::5efe:2.2.2.2@
```

首先，ISATAP 主机根据本地 IPv4 地址"1.1.1.1"生成 64 位接口 ID，如图 12-44 所示。这个 64 位接口 ID 与从 ISATAP 路由器中获取的 IPv6 全局单播地址前缀"2001:1111::/64"一起构成 ISATAP 主机的 IPv6 全局单播地址：2001:1111::200:5EFE:1.1.1.1。

这个 64 位接口 ID 与"FE80::/10"构成 ISATAP 主机的链路本地地址：FE80::200:5EFE:1.1.1.1。同时，ISATAP 主机将 ISATAP 路由器的链路本地地址 FE80::5EFE:2.2.2.2 设置为默认网关。

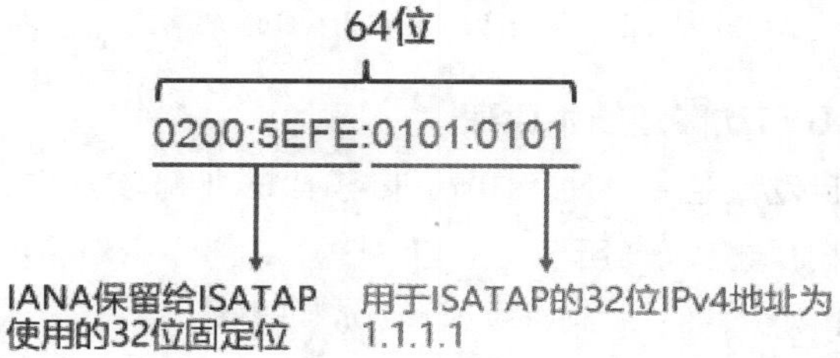

图 12-44　ISATAP 主机生成的接口 ID

当 ISATAP 主机与其他 IPv6 网络中的主机通信时，从 ISATAP 隧道接口转发，从报文的下一跳 IPv6 地址中取出 IPv4 地址，作为封装 IPv4 数据包的目的地址。

如果目的主机在本站点内，则下一跳为目的主机本身；如果目的主机不在本站点内，则下一跳为 ISATAP 路由器的地址。

12.3.6　IPv4 兼容 IPv6 自动隧道技术

一个隧道只有一个起点和一个终点。一旦起点和终点确定，隧道也就确定了。但在 IPv4 兼容 IPv6 自动隧道中，仅需要告诉设备隧道起点，隧道终点由设备自动生成。

1. 什么是 IPv4 兼容 IPv6 自动隧道

IPv4 兼容 IPv6 自动隧道是点到多点的链路。为了实现 IPv4 兼容 IPv6 自动隧道，隧道两端采用特殊的 IPv6 地址：IPv4 兼容 IPv6 地址。该类型地址格式为：0:0:0:0:0:0:a.b.c.d/96（或::IPv4），其中 a.b.c.d 是 IPv4 地址。

通过这个嵌入 IPv4 兼容 IPv6 地址中最后 32 位的 IPv4 地址，自动确定隧道终点的目的地址，从而使隧道的建立非常方便。由于它必须使用 IPv4 兼容 IPv6 地址，依赖于 IPv4 地址，在使用时有一定的局限性。IPv4 兼容 IPv6 自动隧道场景如图 12-45 所示。

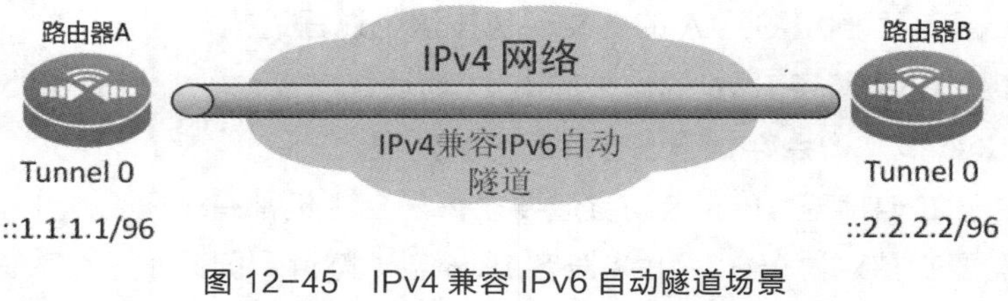

图 12-45　IPv4 兼容 IPv6 自动隧道场景

2．什么是 IPv4 兼容 IPv6 地址

在 IPv4 兼容 IPv6 自动隧道中，封装在 IPv6 报文中的目的地址（即自动隧道使用的特殊地址）是 IPv4 兼容 IPv6 地址。其中，IPv4 兼容 IPv6 地址的前 96 位全部为 0，后 32 位为 IPv4 地址，其格式如图 12-46 所示。

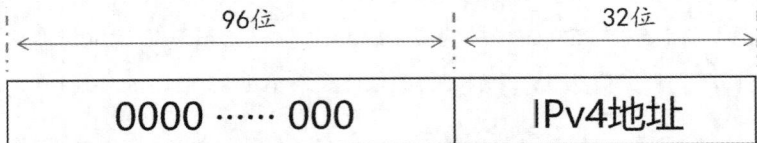

图 12-46　IPv4 兼容 IPv6 地址格式

3．IPv4 兼容 IPv6 自动隧道技术原理

在 IPv4 兼容 IPv6 自动隧道中，使用 IPv4 兼容 IPv6 地址实现自动隧道建立。其中，IPv4 兼容 IPv6 自动隧道拓扑如图 12-47 所示。来自"::1.1.1.1/96"网络中的 IPv6 数据包，经过边界路由器 A，穿越 IPv4 网络，发送给"::2.1.1.1/96"网络。

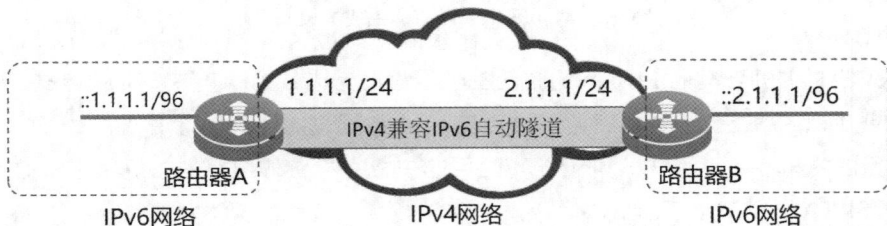

图 12-47　IPv4 兼容 IPv6 自动隧道拓扑

首先，来自"::1.1.1.1/96"网络中的 IPv6 数据包，到达路由器 A 后，路由器 A 以 IPv6 数据包中目的地址"::2.1.1.1"查找 IPv6 路由表转发，下一跳为虚拟隧道接口。

由于路由器 A 上配置的是 IPv4 兼容 IPv6 自动隧道，于是路由器 A 对 IPv6 报文进行隧道封装，把收到的 IPv6 报文封装为 IPv4 报文。其中，封装完成的 IPv4 报文的源地址为隧道起点地址"1.1.1.1/24"；目的 IP 地址直接从 IPv4 兼容 IPv6 地址中的"::2.1.1.1/96"后 32 位复制过来，即"2.1.1.1/24"。

接下来，封装完成的 IPv4 报文，被路由器 A 从隧道接口发出，穿越 IPv4 网络，通过 IPv4 路由转发到目的地址 2.1.1.1/24 设备，也就是路由器 B。

路由器 B 收到报文后对其进行解封装。依据 IPv4 报文中标志信息，把封装在载荷部分的 IPv6 报文取出，转送给 CPU 处理。

同样，路由器 B 返回路由器 A 的报文，也按这个过程进行。

备注 1：如果 IPv4 兼容 IPv6 地址中的 IPv4 地址是广播地址、组播地址、默认地址、环回地址，则该 IPv6 报文被丢弃，不进行隧道封装处理。

备注 2：由于 IPv4 兼容 IPv6 自动隧道要求每一台主机都有一个合法 IP 地址，而且网络中通信的主机需要支持双协议栈、IPv4 兼容 IPv6 自动隧道，因此不适合大面积部署。目前，

该技术已经被 6to4 自动隧道技术所代替。

4．配置 IPv4 兼容 IPv6 自动隧道

通过如下步骤，实施 IPv4 兼容 IPv6 自动隧道配置。

（1）创建隧道接口。

在接口模式下，使用如下命令创建隧道接口。

```
Router(config)#interface tunnel tunnel-num
```

（2）指定隧道模式。

在隧道模式下，使用如下命令指定隧道模式为 IPv4 兼容 IPv6 自动隧道。

```
Router(config-if-Tunnel-id)#tunnel mode IPv6ip auto
```

（3）开启隧道接口的 IPv6 功能。

在隧道模式下，使用如下命令开启隧道接口的 IPv6 功能。

```
Router(config-if-Tunnel-id)#ipv6 enable
```

（4）指定隧道的源地址或源接口号。

在隧道模式下，使用如下命令指定隧道的源地址或源接口号。其中，隧道引用源接口号，被引用的接口上必须已经配置 IPv4 地址。

```
Router(config-if-Tunnel-id)#tunnel source type-num
```

【案例 12-6】IPv4 兼容 IPv6 自动隧道技术应用。

图 12-48 所示为 IPv4 兼容 IPv6 自动隧道部署场景，使用 3 台路由器互相连接，完成孤岛 IPv6 网络穿越海洋 IPv4 网络，实现 IPv6 网络连通。

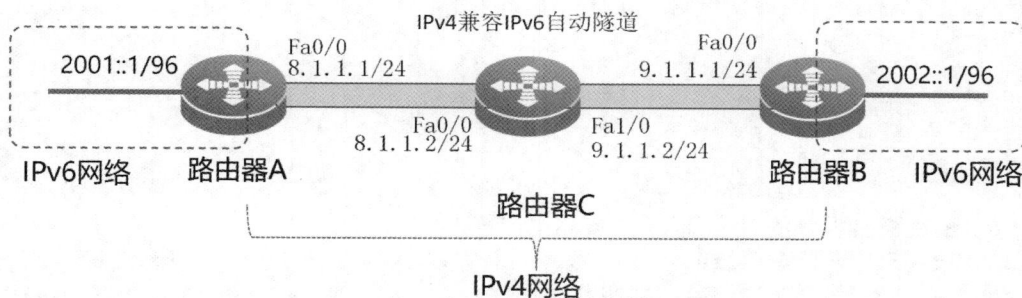

图 12-48　IPv4 兼容 IPv6 自动隧道部署场景

（1）按照拓扑完成网络场景组建。

尽量按照拓扑上接口连接组网，如果有接口变化，修改相应接口名称，配置信息不变。建议在路由器上完成配置，如果没有路由器设备，也可以使用三层交换机完成。

（2）配置路由器 A 基本信息。

```
Router#config terminal
Router(config)#hostname RouterA
RouterA(config)#interface FastEthernet0/0
RouterA(config-if)#ip address 8.1.1.1 255.255.255.0
Router1(config-if)#exit
RouterA(config)#interface loopback 0
RouterA(config-if)#ipv6 enable
```

```
RouterA(config-if)#IPv6 address 2001::1/96
RouterA(config-if)#exit
```

（3）配置路由器 A 的 IPv4 兼容 IPv6 自动隧道信息。

```
RouterA(config)#interface tunnel 0
RouterA(config-if-Tunnel 0)#ipv6 enable
RouterA(config-if-Tunnel 0)#tunnel mode IPv6ip auto
RouterA(config-if-Tunnel 0)#tunnel source FastEthernet0/0
RouterA(config-if-Tunnel 0)#exit

RouterA(config)#ip route 9.1.1.0 255.255.255.0 8.1.1.2
RouterA(config)#IPv6 unicast-routing
RouterA(config)#IPv6route 2002::/96 ::9.1.1.1
RouterA(config)#exit
```

（4）配置路由器 B 基本信息。

```
Router#config terminal
Router(config)#hostname RouterB
RouterB(config)#interface FastEthernet0/0
RouterB(config-if)#ip addressress 8.1.1.2 255.255.255.0
RouterB(config-if)#exit
RouterB(config)#interface FastEthernet1/0
RouterB(config-if)#ip addressress 9.1.1.2 255.255.255.0
RouterB(config-if)#exit
```

（5）配置路由器 C 基本信息。

```
Router#config terminal
Router(config)#hostname RouterC
RouterC(config)#interface FastEthernet0/0
RouterC(config-if)#ip addressress 9.1.1.1 255.255.255.0
RouterC(config-if)#exit

RouterC(config)#interface loopback 0
RouterC(config-if)#ipv6 enable
RouterC(config-if)#IPv6 address 2002::1/96
RouterC(config-if)#exit
```

（6）配置路由器 C 的 IPv4 兼容 IPv6 自动隧道信息。

```
RouterC(config)#interface tunnel 0
RouterC(config-if-Tunnel 0)#ipv6 enable
RouterC(config-if-Tunnel 0)#tunnel mode IPv6ip auto
RouterC(config-if-Tunnel 0)#tunnel source FastEthernet0/0
RouterC(config-if-Tunnel 0)#exit

RouterC(config)#iproute 8.1.1.0 255.255.255.0 9.1.1.2
RouterC(config)#IPv6 unicast-routing
RouterC(config)#IPv6 route 2001::/96 ::8.1.1.1
RouterC(config)#end
```

12.4   IPv4 over IPv6 隧道技术

1. 什么是 IPv4 over IPv6 隧道

在 IPv4 向 IPv6 过渡后期，IPv6 网络已大量部署，此时，可能出现孤岛 IPv4 网络。

利用 IPv4 over IPv6 隧道技术，可在 IPv6 网络上创建隧道，实现孤岛 IPv4 网络之间的互联。因此，把这种在 IPv6 网络上连接孤岛 IPv4 网络的隧道，称为 IPv4 over IPv6 隧道。

在孤岛 IPv4 网络中，通过在网络边界路由器上封装 IPv4 over IPv6 隧道，对 IPv4 报文进行封装，使这些被封装的 IPv4 报文能够穿越 IPv6 网络，传输到另一个孤岛 IPv4 网络。其中，封装后的数据报文即 IPv6 报文。图 12-49 所示为 IPv4 over IPv6 隧道场景。

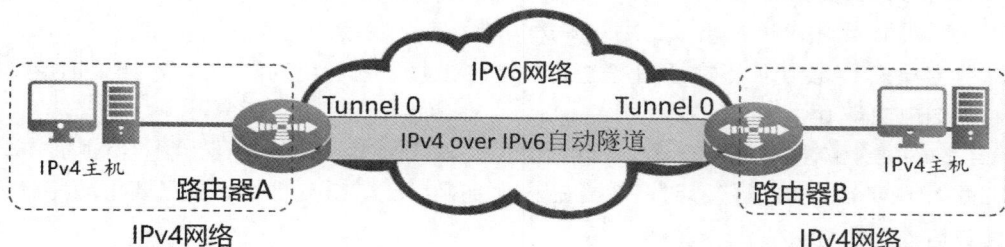

图 12-49　IPv4 over IPv6 隧道场景

2. IPv4 over IPv6 隧道原理

图 12-50 所示为 IPv4 over IPv6 隧道原理，其中，IPv4/IPv6 网络边界路由器上启动 IPv4/IPv6 双协议栈，并配置 IPv4 over IPv6 隧道。

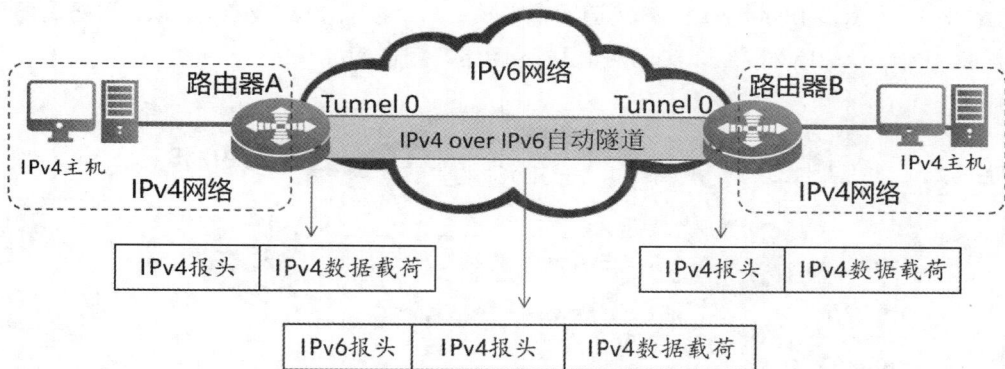

图 12-50　IPv4 over IPv6 隧道原理

路由器 A 收到 IPv4 网络发来的 IPv4 报文，如果该 IPv4 报文中目的地址不是路由器 A 自身的 IP 地址，就把收到的 IPv4 报文使用 IPv4 over IPv6 封装，把 IPv4 报文作为载荷添加上一个 IPv6 报头，封装为 IPv6 报文。

封装完成的 IPv6 报文，穿越海洋 IPv6 网络，通过 IPv6 路由转发到对端的路由器 B 上，对收到的 IPv6 报文进行解封装，取出载荷部分的 IPv4 报文。

然后，将解封装的 IPv4 报文发送到 IPv4 网络中，完成孤岛 IPv4 网络穿越海洋 IPv6 网络，实现网络连通的传输过程。

3. 配置 IPv4 over IPv6 隧道

在配置 IPv4 over IPv6 隧道时，需要网络的两端设备是双协议栈设备。

（1）配置隧道接口。

在接口模式下，使用如下命令指定隧道接口号，创建隧道接口。

```
Ruijie(config)#interface tunnel tunnel-num
```

（2）指定隧道模式。

在隧道模式下，使用如下命令指定隧道模式为 IPv4 over IPv6 隧道。

```
Ruijie(config-if-Tunnel-d)#tunnel mode IPv6
```

（3）指定隧道源 IPv6 地址或引用的源接口号。

在隧道模式下，使用如下命令指定隧道源 IPv6 地址或者引用的源接口号。如果指定接口，该接口必须已配置 IPv6 地址。

```
Ruijie(config-if-Tunnel-id)#tunnel source { IPv6-address | type-num }
```

在配置 IPv4 over IPv6 隧道时，需要在隧道接口上配置 IPv6 地址，并且要手动配置隧道的源端和目的端的 IPv6 地址。

（4）设置隧道接口的目的地址。

```
Ruijie(config-if-Tunnel-id)#tunnel destination IPv6-address
```

（5）检查 IPv4 over IPv6 隧道配置结果。

```
Ruijie#show interface tunnel [ interface-number ]//查看隧道接口状态
```

【案例 12-7】IPv4 over IPv6 隧道技术应用。

图 12-51 所示为 IPv4 over IPv6 隧道部署场景，两个孤岛 IPv4 网络被 IPv6 网络隔离。因此，配置 IPv4 over IPv6 隧道，实现两个 IPv4 网络之间连通。

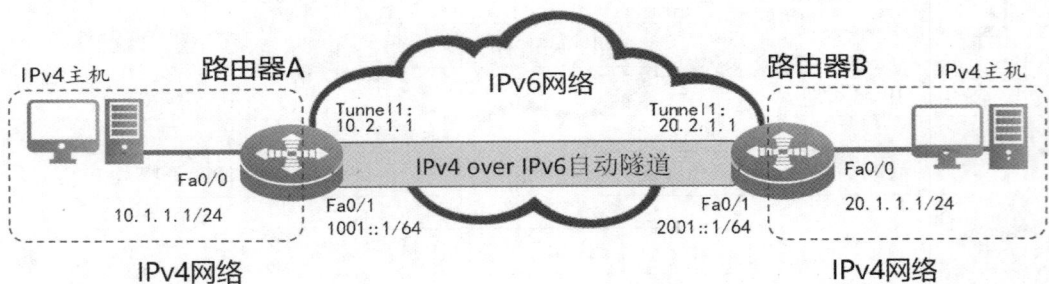

图 12-51　IPv4 over IPv6 隧道部署场景

（1）按照拓扑完成网络场景组建。

尽量按照拓扑上接口连接组网，如果有接口变化，修改相应接口名称，配置信息不变。

建议在路由器上完成配置，如果没有路由器设备，也可以使用三层交换机来完成。

（2）配置路由器 A 基本信息。

```
Router#config terminal
Router(config)#hostname RouterA
RouterA(config)#interface FastEthernet0/0    //连接 IPv4 网络接口
RouterA(config-if)#ip address 10.1.1.1 255.255.255.0
RouterA(config-if)#exit

RouterA(config)#interface FastEthernet 0/1    //连接 IPv6 网络接口
```

```
RouterA(config-if)#ipv6 enable
RouterA(config-if)#IPv6 address 1001::1/64
RouterA(config-if)#no IPv6 nd suppress-ra //打开 RA 功能（可选）
RouterA(config-if)#exit
```

（3）配置路由器 A 的 IPv4 over IPv6 隧道信息。

```
RouterA(config)#interface tunnel 0
RouterA(config-if-Tunnel 0)#ipv6 enable
RouterA(config-if-Tunnel 0)#ip address 10.2.1.1 255.255.255.0
RouterA(config-if-Tunnel 0)#tunnel mode IPv6
RouterA(config-if-Tunnel 0)#tunnel source FastEthernet 0/1
RouterA(config-if-Tunnel 0)#tunnel destination 2001::1
RouterA(config-if-Tunnel 0)#exit

RouterA(config)#ip route 20.1.1.0 255.255.255.0 tunnel 0
//配置隧道路由
RouterA(config)#exit
```

（4）配置路由器 B 基本信息。

```
Router#config terminal
Router(config)#hostname RouterB
RouterB(config)#interface FastEthernet0/0        //连接 IPv4 网络接口
RouterB(config-if)#ip address 20.1.1.1 255.255.255.0
RouterB(config-if)#exit

RouterB(config)#interface FastEthernet 0/1        //连接 IPv6 网络接口
RouterB(config-if)#ipv6 enable
RouterB(config-if)#IPv6 address 2001::1/64
RouterB(config-if)#no IPv6 nd suppress-ra          //打开 RA 功能（可选）
RouterB(config-if)#exit
```

（5）配置路由器 B 的 IPv4 over IPv6 隧道信息。

```
RouterB(config)#interface tunnel 0
RouterB(config-if-Tunnel 0)#ipv6 enable
RouterB(config-if-Tunnel 0)#ip address 20.2.1.1 255.255.255.0
RouterB(config-if-Tunnel 0)#tunnel mode IPv6
RouterB(config-if-Tunnel 0)#tunnel source FastEthernet 0/1
RouterB(config-if-Tunnel 0)#tunnel destination 1001::1
RouterB(config-if-Tunnel 0)#exit
RouterB(config)#ip route 10.1.1.0 255.255.255.0 tunnel 0    //配置隧道路由
```

【认证测试】

下列选择题中每题都只有一个正确选项，把其挑选出来。

1. 通常将 IPv4 向 IPv6 过渡分为 3 个阶段，下面（   ）描述错误。

A. 清零阶段　　　　　B. 孤岛阶段　　　　　C. 共存阶段　　　　　D. 主导阶段

2. IPv4 通过 3 种过渡技术向 IPv6 平稳过渡，下面（   ）不是采用的 3 种过渡技术。

A. 双协议栈技术　　　　　　　　　　B. 隧道技术

C. NAT-PT 技术　　　　　　　　　　D. 自动转换技术

3．下面关于隧道技术，描述错误的是（　　）。

A．隧道是一种封装技术，利用一种网络协议来封装，传输另一种网络协议

B．隧道利用一种网络协议，将其他协议产生的报文封装在自身报文中

C．隧道技术就是指 IP 报文实现包括数据封装、传输和解封装在内的全过程

D．隧道技术就是指广泛使用的 GRE 隧道技术

4．下面自动隧道技术，描述错误的是（　　）。

A．自动隧道即在网络边界设备上自动获得隧道终点的 IPv4 地址的技术

B．自动隧道不需要手动配置终点的 IPv4 地址

C．自动隧道在隧道两端配置特殊 IPv6 地址，采用的是内嵌 IPv4 地址的特殊 IPv6 地址

D．自动隧道仅仅用于路由器和路由器之间隧道连接

5．下面手动隧道技术，描述错误的是（　　）。

A．手动隧道的源地址和目的地址都需要手动指定，提供点到点连接

B．手动隧道为被 IPv4 网络分离的孤岛 IPv6 网络之间提供稳定连接

C．手动隧道中的边界设备必须支持 IPv6/IPv4 双协议栈设备，网络中其他设备只需实现单协议栈即可

D．在实现 IPv6 over IPv4 隧道过程中，需要采用特殊的 IPv6 地址的方式

单元13

了解NAT-PT技术

13

【技术背景】

在 IPv4 向 IPv6 过渡期间，将过渡技术解决方案分成两类：第一类是孤岛 IPv6 网络穿透海洋 IPv4 网络通信，第二类是 IPv6 网络与 IPv4 网络通信。

其中，隧道技术是第一类过渡技术解决方案。而 NAT-PT 技术是第二类过渡技术解决方案，如图 13-1 所示。

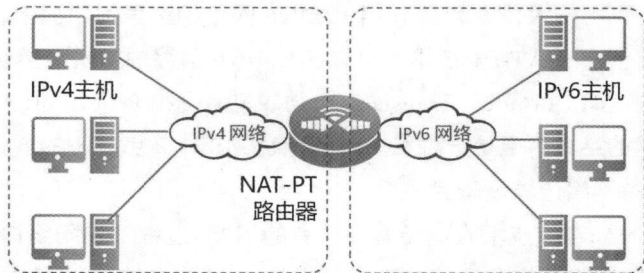

图 13-1　通过 NAT-PT 技术实现 IPv6 和 IPv4 网络通信场景

【学习目标】

在本单元中，学生需要了解 NAT-PT 技术知识，实现 IPv6 over IPv4 过渡。具体学习目标如下。

1. 知识目标

（1）了解 NAT 技术。

（2）了解 NAT-PT 技术。

2. 技能目标

学会配置 NAT-PT 技术，实现 IPv6 over IPv4 过渡。

3. 素养目标

（1）通过地址转换学习，了解我国互联网发展历程，懂得没有强大的祖国，没有安定的社会，就没有便捷的网络环境，激发学生的爱国热情。

（2）掌握互联网和 ISP 的生态系统演进，帮助学生了解网络世情、国情，透视历史、现实和未来，懂得科技发展前瞻研究的重要性，及其对社会发展、人类命运具有决定性影响，激发学生勇做走在时代前列的奋进者、开拓者。

（3）遵守教学秩序，按规范要求使用工具及仪器设备，遵守 6S 现场管理标准。

【技术介绍】

随着时间推移，海洋 IPv4 网络逐渐变小，最终被孤岛 IPv6 网络取代，IPv6 成为主流网络。在 IPv4 网络过渡到 IPv6 网络之前，两个网络之间通信还可以通过 NAT-PT 技术实现。

13.1 了解 NAT-PT 技术

13.1.1 NAT-PT 技术概述

1. 什么是 NAT-PT

NAT-PT 是常用转换技术，安装在 IPv4 和 IPv6 网络的边界路由器上，实现 IPv4 报文与 IPv6 报文互相转换。使用 NAT-PT 技术，可以实现 IPv6 网络中主机直接访问 IPv4 网络。

NAT-PT 是 NAT、PT（Protocol Translation，协议转换）和 PAT（Port Address Translation，端口地址转换）技术的结合，更是一种纯 IPv6 节点和 IPv4 节点之间的通信转换技术。其中，NAT、PT 等工作都由网络边界设备完成。

图 13-2 所示为 NAT-PT 技术应用场景。所有的 NAT 过程都由网络边界设备实现，即用户在不必改变 IPv4 网络中主机配置情况下，实现 IPv6 网络与 IPv4 网络之间通信。

IPv4主机　　　　　　NAT-PT路由器　　　　　　IPv6主机

图 13-2　NAT-PT 技术应用场景

NAT-PT 技术不必修改现有 IPv4 网络配置，就可实现 IPv4 主机访问 IPv6 主机；并且通过上层协议映射技术，使大量的 IPv6 主机使用同一个 IPv4 地址，节省宝贵的 IPv4 地址资源，所以它是一个很优秀的 IPv4 网络与 IPv6 网络之间的过渡技术。但 NAT-PT 技术也有缺点，属于同一会话的请求和响应，都通过同一台 NAT-PT 设备，对 NAT-PT 设备性能要求很高。

2. NAT-PT 技术特性

在 IPv4 网络向 IPv6 网络过渡期间，采用 NAT-PT 技术，保证 IPv6 网络与 IPv4 网络通信。NAT-PT 设备负责通信过程中 PT，无须对主机升级。

（1）NAT

NAT-PT 中 NAT 技术是 IPv4 网络中 NAT 技术的升级，实现地址映射关系建立，完成 IPv4 地址与 IPv6 地址转换。

（2）PT

NAT-PT 中 PT 技术负责 IPv6 报头和 IPv4 报头互换，构建新的 IP 数据包。

（3）PAT

PAT 技术也应用在 IPv6 网络到 IPv4 网络动态地址转换中，实现多个 IPv6 地址映射到一个 IPv4 地址不同端口，区分不同的连接。

3. 区分 NAT-PT 和 NAT

在 IPv4 网络没有完全过渡到 IPv6 网络之前，两种类型网络之间通信可以通过 NAT-PT 技术实现，如图 13-3 所示。

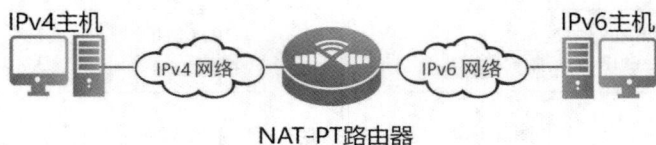

图 13-3　NAT-PT 技术部署示意

虽然 NAT-PT 技术和 NAT 技术之间有一定关系，但在原理上有很多不同。其中，NAT 技术用于 IPv4 网络中私网 IPv4 地址与公网 IPv4 地址之间转换，解决公网 IPv4 地址枯竭问题。而 NAT-PT 技术用于 IPv6 与 IPv4 之间转换，解决两种不同协议之间互通问题。

13.1.2　NAT-PT 技术类型

常见的 NAT-PT 技术实现机制有以下几种：静态映射 NAT-PT 机制、动态映射 NAT-PT 机制和 NAPT-PT 机制。

1. 静态映射 NAT-PT 机制

静态映射 NAT-PT 机制提供一对一 IPv6 地址和 IPv4 地址之间的映射。静态 NAT-PT 由 NAT-PT 网关设备静态配置 IPv6 地址和 IPv4 地址绑定关系。

当 IPv6 网络中的主机要访问 IPv4 网络中主机时，每一个 IPv4 地址都必须在网络边界 NAT-PT 设备中完成静态映射，根据配置绑定关系转换。NAT-PT 设备针对每一个目的 IPv4 地址，都映射成一个预定义的 NAT-PT 前缀的 IPv6 地址，如图 13-4 所示。

在这种模式下，每一个 IPv6 地址映射成 IPv4 地址，需要一个源 IPv4 地址。对那些经常在线的主机，静态配置能提供稳定连接。对于不经常使用的主机，采用动态配置方法，可以简化配置。

2. 动态映射 NAT-PT 机制

动态 NAT-PT 改进了静态 NAT-PT 配置大量 IP 地址池的缺点，用很少的 IP 地址就能实现大量 IPv6 地址和 IPv4 地址之间的转换。动态映射 NAT-PT 机制实施多对多地址映射，从一个 IPv6 地址池中取空闲 IPv6 地址分配给申请设备。

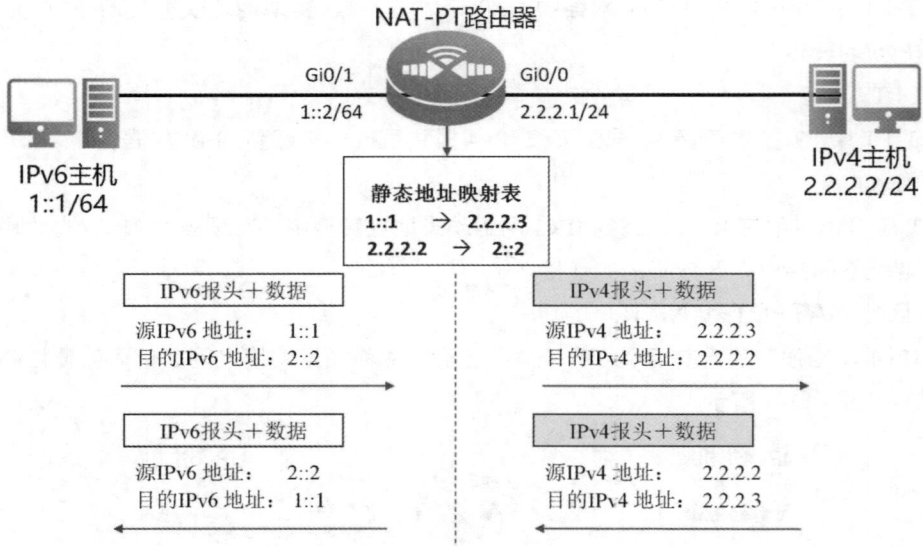

图 13-4　静态映射 NAT-PT 机制示意

　　IPv6 网络中主机向 IPv4 网络中主机发送报文，其目的地址前缀与 NAT-PT 网关路由器发布地址前缀相同，这些报文被路由到 NAT-PT 网关路由器上，由 NAT-PT 网关路由器对 IP 报头进行修改，取出 IPv4 地址信息，替换为目的地址。同时，NAT-PT 网关路由器从定义好的 IPv4 地址池中取出一个地址，替换 IPv6 报文源地址，完成 IPv6 地址到 IPv4 地址转换。

　　动态映射 NAT-PT 机制只能由 IPv6 网络中主机首先发起连接。数据包传输到网络边界 NAT-PT 网关路由器后，依据地址池把 IPv6 地址转换为 IPv4 地址，转发到 IPv4 网络中实现通信。

　　动态映射 NAT-PT 机制示意如图 13-5 所示，当 IPv6 网络中主机 A 向 IPv4 网络中主机 B 发送报文时，其源地址为 1::1，目的地址为 2.2.2.2。

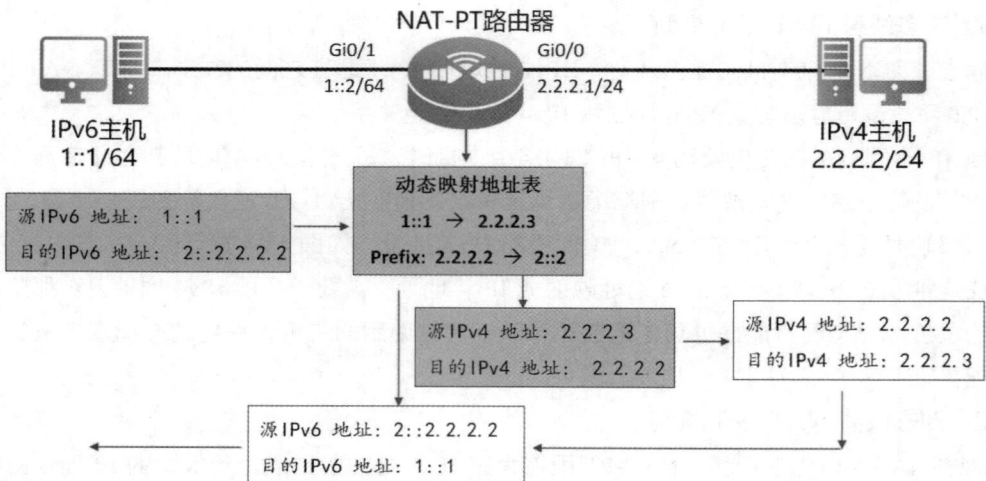

图 13-5　动态映射 NAT-PT 机制示意

首先，此报文在到达 NAT-PT 网关路由器时，其目的地址符合 IPv4 静态规则，从动态映射地址池中选择一个未使用的地址，假设是 2.2.2.2，作为 IPv4 报文的源地址。

接下来，转换后的 IPv4 报文源地址就是 2.2.2.3，目的地址为 2.2.2.2。通过 NAT-PT 网关路由器转发到 IPv4 网络中，实现 IPv6 网络向 IPv4 网络通信。

最后，IPv4 网络中主机 B 返回的 IPv4 报文，到达 NAT-PT 网关路由器时以同样方式转换。

3．NAPT-PT 机制

NAPT-PT（Network Address Port Translation-Protocol Translation，附带协议转换的网络地址端口转换）在 IP 地址动态转换的基础上，对 TCP、UDP 的端口号也进行 IPv6 到 IPv4 的转换。

由于静态映射 NAT-PT 机制和动态映射 NAT-PT 机制都比较浪费 IPv4 地址，没有体现出 IPv6 技术的优越特性。采用 NAPT-PT 机制，只需一个 IPv4 地址，使用不同的端口来表示 IPv6 网络中的主机，节省 IPv4 地址应用。

采用这种"地址＋端口号"映射方式，不同的 IPv6 地址转换时，可以对应同一个 IPv4 地址，通过端口号来区分不同的 IPv6 主机，从而使多个 IPv6 主机能共享一个 IPv4 地址来完成转换，NAPT-PT 机制示意如图 13-6 所示。

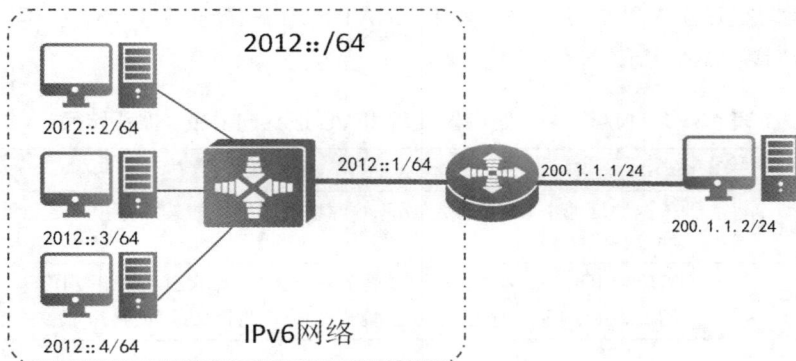

图 13-6　NAPT-PT 机制示意

13.2　了解 NAT-PT 实现过程

NAT-PT 技术配置在 IPv6 网络和 IPv4 网络边界路由器上，实现 IPv4 网络与 IPv6 网络之间透明传输。NAT-PT 技术可以使用静态方式进行地址替换，也可以使用动态方式进行地址替换。

为了跟踪转换会话，会话只能在同一台网络边界 NAT-PT 路由器上实现。

1．IPv6 主机主动发起会话

NAT-PT 实现过程如图 13-7 所示，由 IPv6 主机主动发起会话，实现 NAT-PT。

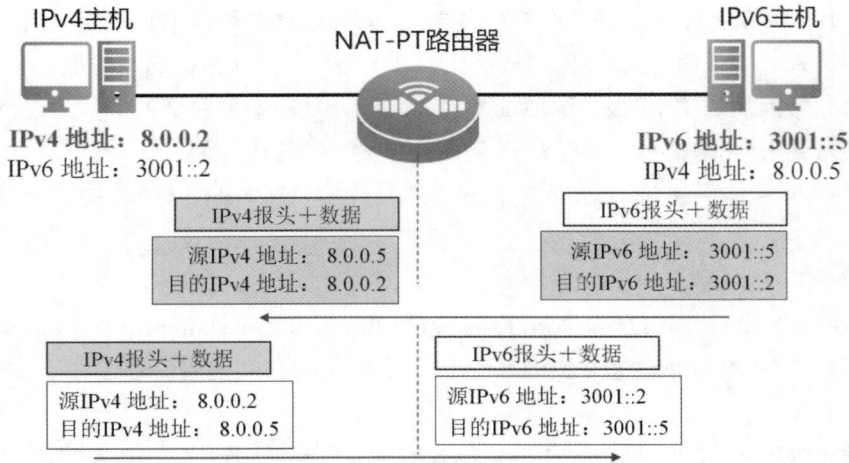

图 13-7　NAT-PT 实现过程（IPv6 主机主动发起会话）

当 IPv6 主机发送报文给 IPv4 主机时，封装完成的 IPv6 报文传到网络边界 NAT-PT 路由器上。NAT-PT 路由器判断该 IPv6 报文需转发到 IPv4 网络中，利用配置完成的静态地址映射或动态地址映射关系，进行 IPv6 地址到 IPv4 地址转换。

将 IPv6 报文中源 IPv6 地址转换为 IPv4 地址。同时，NAT-PT 路由器还将 IPv6 地址与转换后的 IPv4 地址的映射关系保存下来。其中，NAT-PT 路由器实现 IPv6 报头向 IPv4 报头转换，转换规则如表 13-1 所示。

表 13-1　NAT-PT 路由器实现 IPv6 报头向 IPv4 报头转换

字段	设置
IPv4 报文中源地址	依据地址池中 IPv4 地址与 IPv6 源地址之间映射关系，将 IPv6 源地址使用 IPv4 地址替代
IPv4 报文中目的地址	被转换 IPv6 报文中目的地址遵循标准格式：PREFIX ::IPv4/96。 因此，IPv6 报文中目的地址的低 32 位将直接转换为 IPv4 报文中目的地址

首先，NAT-PT 路由器将收到的 IPv6 报文中源地址和目的地址都转换为 IPv4 地址。然后，NAT-PT 路由器将转换完的 IPv4 报文转发到 IPv4 网络中，通过 IPv4 网络中路由，传输到 IPv4 网络的目标主机上。

接下来，来自 IPv4 主机回送给 IPv6 主机的 IPv4 报文，在到达 NAT-PT 路由器后，将根据之前存储的 NAT-PT 映射关系，进行相反的转换。

最后，依据 IPv6 路由信息，将该报文回送到 IPv6 网络中指定的主机上。

2. IPv4 主机主动发起会话

当 IPv4 主机发送报文时，需要和 IPv6 网络中主机通信。封装完成的 IPv4 报文到达 NAT-PT 路由器。NAT-PT 路由器判断该 IPv4 报文要转发到 IPv6 网络中，就利用配置在 IPv4 网络侧的静态或者动态映射关系，进行 IPv4 地址到 IPv6 地址的转换，将报文的源 IPv4 地址转换为 IPv6 地址。同时，将 IPv4 地址与转换后的 IPv6 地址映射关系保存在 NAT-PT 路由器中。

其中，NAT-PT 实现 IPv4 报头向 IPv6 报头转换，转换规则如表 13-2 所示。

表 13-2　NAT-PT 实现 IPv4 报头向 IPv6 报头转换

字段	设置
IPv6 报文中源地址	低 32 位是 IPv4 的 32 位源地址，高 96 位是被指定的前缀（PREFIX ::/96）。符合此类地址格式报文，将被路由到 NAT-PT 路由器上
IPv6 报文中目的地址	NAT-PT 路由器保存 IPv4 目的地址和 IPv6 目的地址之间映射关系，根据映射关系，IPv4 目的地址被 IPv6 目的地址所替代

NAT-PT 路由器将收到的 IPv4 报文的源 IPv4 地址和目的 IPv4 地址都转换为 IPv6 地址后，将转换完成的 IPv6 报文转发到 IPv6 网络中的目标主机上。

同样，来自 IPv6 主机回送给 IPv4 主机的 IPv6 报文，在到达 NAT-PT 路由器后，将根据之前存储的 NAT-PT 映射关系，进行相反的转换。然后将报文回送到 IPv4 网络中指定的主机上。

13.3　配置 NAT-PT

使用如下命令，完成 NAT-PT 配置。

1. 配置 NAT-PT 源静态地址映射

（1）在全局模式下，使用如下命令分配一个 IPv6 前缀，作为全局 NAT-PT 前缀。

```
Router(config)#ipv6 nat prefix ipv6-prefix/ prefix-length
```

（2）在连接 IPv6 网络接口，配置该接口 IPv6 地址，开启 NAT-PT 功能。

```
Router(config)#interface interface-id
Router(config-if)#ipv6 enable
Router(config-if)#ipv6 address ipv6-address {/prefix-length |link-local}
Router(config-if)#ipv6 nat
```

（3）在连接 IPv4 网络接口，配置该接口 IPv4 地址，开启 NAT-PT 功能。

```
Router(config)#interface interface-id
Router(config-if)#ip address ip-address mask
Router(config-if)#ipv6 nat
```

（4）在全局模式下，配置 IPv6 网络到 IPv4 网络的源静态地址映射。

```
Router(config)#ipv6 nat v6v4 source ipv6-address ipv4-address
//对于 NAT-PT 源静态地址映射，该配置项为强制配置项
```

（5）在全局模式下，配置 IPv4 网络到 IPv6 网络的源静态地址映射。

```
Router(config)#ipv6 nat v4v6 source ipv4-address ipv6-address
//对于 NAT-PT 源静态地址映射，该配置项为可选配置项
```

（6）查看配置结果。

```
Router#show ipv6 nat translations
```

需要注意：如果没有配置 NAT-PT 源静态地址映射，IPv6 网络中主机发起访问 IPv4 网络的 IPv6 报文，使用该 IPv6 报文中目的地址最后 32 位，作为转换后的 IPv4 目的地址。

IPv4 网络中主机发起到 IPv6 网络访问的 IPv4 报文，用之前配置的全局 NAT-PT 前缀加

上源 IPv4 地址构成转换后的源 IPv6 地址。

2. 配置 NAT-PT 源动态地址映射

首先，配置 NAT-PT 全局前缀。然后，完成 IPv4 网络及 IPv6 网络接口地址配置，在两个接口上开启 NAT-PT 功能。最后，完成 IPv4 网络到 IPv6 网络及 IPv6 网络到 IPv4 网络源动态地址映射。其中前两步配置过程同上，下面仅介绍源动态地址映射配置过程。

（1）在全局模式下，配置 IPv6 网络到 IPv4 网络源动态地址映射。

```
Router(config)#ipv6 nat v6v4 source list access-list-name pool name
```

启用 IPv6 网络到 IPv4 网络源动态地址映射。其中，access-list-name 匹配该 IPv6 ACL 表项，name 是名为 name 的 IPv4 地址池。

启用 IPv4 网络到 IPv6 网络源动态地址映射，进行相反配置。

```
Router(config)#ipv6 nat v4v6 source list access-list-name pool name
```

其中，access-list-name 匹配该 IPv4 ACL 表项，name 是名为 name 的 IPv6 地址池。

（2）在全局模式下，配置 IPv4 网络到 IPv6 网络源动态地址映射。

使用如下命令配置指定前缀长度的 IPv4 地址池。

```
Router(config)#ipv6 nat v6v4 pool name start-ipv4 end-ipv4 prefix-length
prefix-length
```

或者使用如下命令，配置指定前缀长度的 IPv6 地址池。

```
Router(config)#ipv6 nat v4v6 pool name start-ipv6 end-ipv6 prefix-length
prefix-length
```

（3）配置 IPv6 ACL 或 IPv4 ACL 表项。

```
Router(config)#ipv6 access-list name
Router(config)#ipv6 nat v6v4 pool name start-ipv4 end-ipv4 prefix-length
prefix-length
```

或者

```
Router(config)#ipv6 nat v4v6 pool name start-ipv6 end-ipv6 prefix-length
prefix-length
```

（4）查看配置结果。

```
Router#show ipv6 nat translations
```

【技术实践】实施 NAT-PT 静态映射

NAT-PT 静态映射场景如图 13-8 所示，在网络边界设备配置 NAT-PT 静态映射，实现两种协议网络通信。其中，在路由器 C 进行源静态地址映射时，尽量避免映射后源 IPv4 地址和 IPv4 地址域其他地址冲突，保证路由器 A 到 NAT-PT 路由器路由可达。

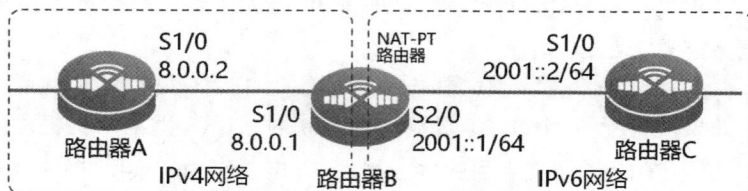

图 13-8 NAT-PT 静态映射场景

详细配置步骤如下。

（1）按照拓扑完成网络场景组建。

尽量按照拓扑上接口连接组网，如果有接口变化，修改相应接口名称，配置信息不变。

（2）配置 IPv4 网络中路由器 A 信息。

```
Router#configure terminal
Router(config)#hostname RouterA
RouterA(config)#interface Serial 1/0
RouterA(config-if)#ip address 8.0.0.2 255.255.255.0
RouterA(config-if)#no shutdown
RouterA(config-if)#exit
```

（3）配置 IPv6 网络中路由器 C 信息。

```
Router#configure terminal
Router(config)#hostname RouterC
RouterC(config)#interface Serial 1/0
RotuerC(config-if)#ipv6 enable
RouterC(config-if)#ipv6 address 2001::2/64
RouterC(config-if)#no shutdown
RouterC(config-if)#exit
```

（4）配置网络边界 NAT-PT 路由器 B 信息。

```
Router#configure terminal
Router(config)#hostname RouterB
RouterB(config)#interface Serial 1/0          //连接 IPv4 的网络侧
RouterB(config-if)#ip address 8.0.0.1 255.255.255.0
RouterB(config-if)#no shutdown
RouterB(config-if)#exit

RouterB(config)#interface Serial 2/0          //连接 IPv6 的网络侧
RouterB(config-if)#ipv6 enable
RouterB(config-if)#ipv6 nat
RouterB(config-if)#ipv6 address 2001::1/64
RouterB(config-if)#no shutdown
RouterB(config-if)#exit

RouterB(config)#ipv6 nat prefix 2001::/96
//分配一个 IPv6 前缀作为全局 NAT-PT 前缀
RouterB(config)#ipv6 nat v4v6 source 8.0.0.2 3001::5
//实施 IPv4 到 IPv6 的网络映射
RouterB(config)#ipv6 nat v6v4 source 2001::2 8.0.0.5
//实施 IPv6 到 IPv4 的网络映射
RouterB(config)#exit
```

（5）配置 IPv6 网络中路由器 C 静态路由。

```
RouterC#configure terminal
RouterC(config)#ipv6 route 3001:5:/96 Serial 1/0
RouterC(config)#exit
```

（6）显示当前 NAT-PT 信息。

```
RouterB#show ipv6 nat translations
……
```

【认证测试】

下列选择题中每题都只有一个正确选项，把其挑选出来。

1. 下面关于 NAT-PT 技术，描述错误的是（　　　）。

A. 位于 IPv4 网络和 IPv6 网络边界设备，负责转换 IPv4 报文与 IPv6 报文

B. 使用 NAT-PT 实现 IPv6 网络中主机直接访问 IPv4 网络中主机

C. NAT-PT 是一种纯 IPv6 节点和 IPv4 节点之间通信转换技术

D. IPv6 中广泛应用的 NAT-PT 和 IPv4 中的 NAT 技术原理相同

2. NAT-PT 设备负责通信过程中 PT，下面描述错误的是（　　　）。

A. NAT-PT 中 NAT 技术是 IPv4 网络中 NAT 技术的升级，实现地址映射关系建立

B. NAT-PT 中 PT 技术负责 IPv6 报头和 IPv4 报头互换，构建新的 IP 数据包

C. PAT 技术也应用在 IPv6 网络到 IPv4 网络动态地址转换中，实现多个 IPv6 地址映射到一个 IPv4 地址不同端口

D. 可以通过 NAT-PT 技术实现网络中隧道技术自动转换

3. 一家只有 50 人的小型公司，为实现访问互联网，只申请到一个公网 IP 地址，因此只能让内部主机共享同一个公网 IP 地址进行上网。以下（　　　）技术可以实现这个目的。

A. 静态 NAT　　　　　　B. 动态 NAT　　　　　　C. PAT　　　　　　D. 端口映射

4. 在多出口网络中，路由器连接两个不同 ISP 的互联网线路，配置 NAT-PT 时（　　　）。

A. 可以配置一个地址池，在地址池中配置两个地址段

B. 需要配置两个地址池

C. 无法实现

D. 无须配置地址池

5. 下列哪一个 IPv6 地址是错误地址（　　　）。

A. ::0　　　　　　　　B. ::1　　　　　　　　C. ::1::FFFF　　　　　　D. ::1::FFFF